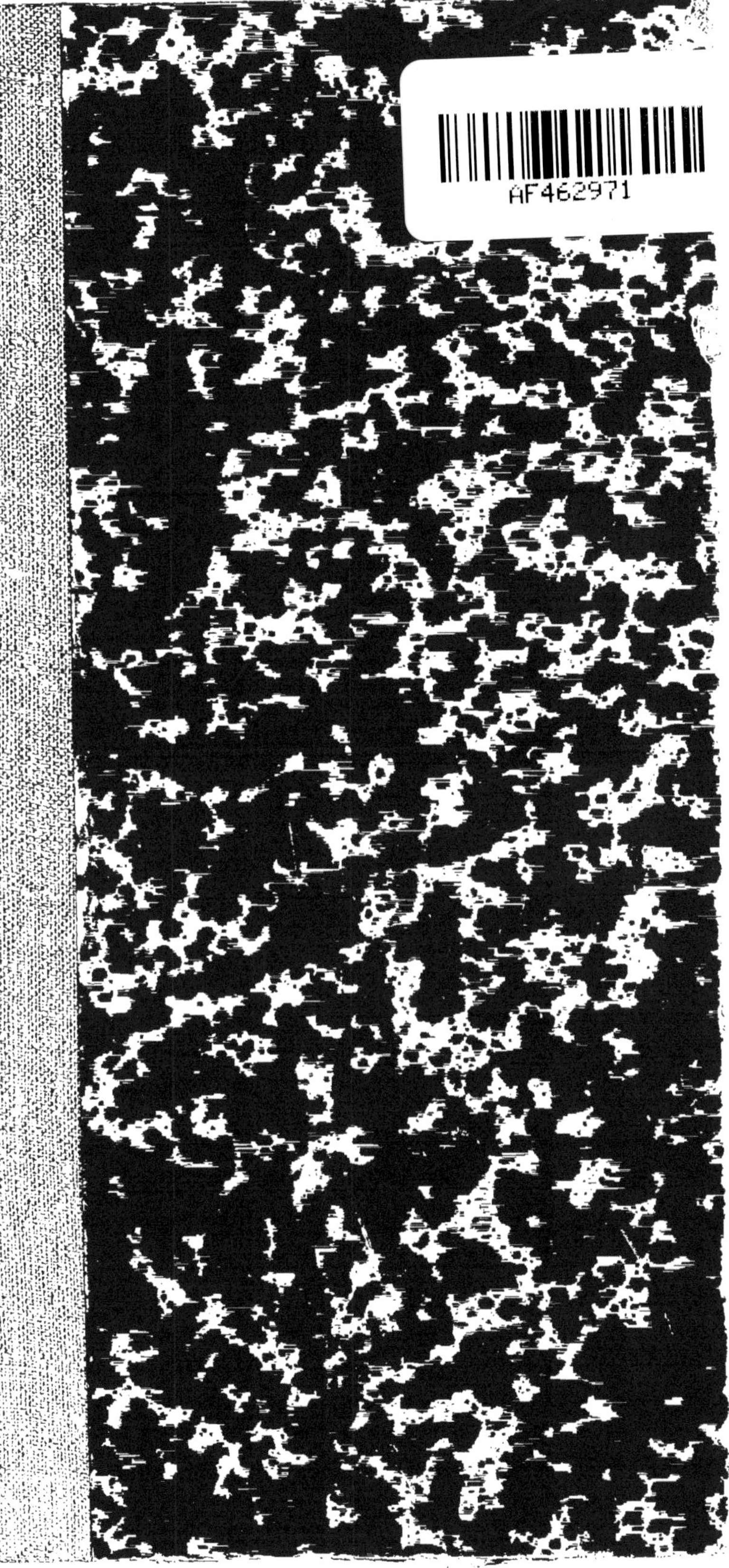

LE CONGO

GÉOGRAPHIE PHYSIQUE, POLITIQUE ET ÉCONOMIQUE

LE CONGO

GÉOGRAPHIE
PHYSIQUE, POLITIQUE ET ÉCONOMIQUE

PAR

Ferdinand GOFFART

Deuxième édition revue et mise à jour

PAR

George MORISSENS

PROFESSEUR SUPPLÉANT AU COURS COLONIAL DE L'ÉTAT
INDÉPENDANT DU CONGO

> La terre appartiendra à celui
> qui la connaîtra le mieux.
> L. DRAPEYRON.

BRUXELLES
MISCH & THRON, ÉDITEURS
126, RUE ROYALE, 126

1908

AU MAJOR CH. LIEBRECHTS

SECRÉTAIRE GÉNÉRAL DU DÉPARTEMENT DE L'INTÉRIEUR

CE LIVRE EST DÉDIÉ

AVERTISSEMENT

En publiant la première édition de cet ouvrage, M. Goffart avait eu pour objectif de dégager des travaux des géologues, des ethnographes et des naturalistes, de la masse des relations de voyages et des rapports des administrateurs, une synthèse des connaissances géographiques que l'on possédait sur le Congo il y a onze ans. Sous la forme volontairement concise d'un *manuel pratique,* il avait voulu faire un livre d'une utilité plus élevée. Pour mieux systématiser les faits d'observation, il avait dû faire la part de l'hypothèse. Il donnait mission aux voyageurs futurs de la vérifier.

L'œuvre des onze dernières années est venue confirmer certaines de ses théories ; elle en a infirmé d'autres ; elle a, sous la poussée du progrès administratif et économique, transformé l'aspect des territoires. Le moment est venu de faire une refonte de cet ouvrage. Nous nous sommes attaché, en le revisant, à n'en modifier ni la forme, ni le plan, ni l'esprit. La forme de manuel nuit peut-être à son aspect, mais elle laisse intacte sa valeur scientifique tout en augmentant son caractère pratique. Nous avons consulté tous les travaux de quelque importance qui ont apporté une contribution à la géographie de la région congolaise et, comme notre prédécesseur, nous avons discuté nos sources et nos conclusions dans un *appendice* auquel nous renvoyons ceux de nos lecteurs que la chose peut intéresser.

Qu'il nous soit permis de remercier ici tous ceux qui ont bien voulu nous prêter l'appui de leur autorité ou de leurs connaissances pour mener à bien notre travail et tout particulièrement MM. les Secrétaires généraux de Cuvelier, Droogmans et Liebrechts et M. le Professeur Cornet.

G. M.

Juin 1908.

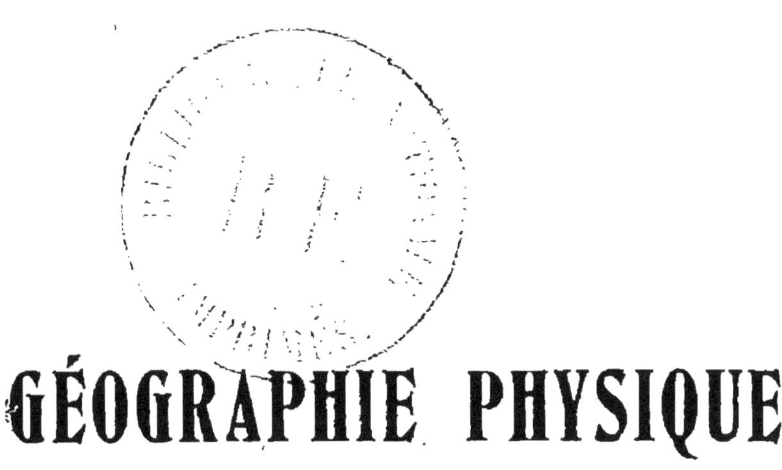

GÉOGRAPHIE PHYSIQUE

NOTIONS PRÉLIMINAIRES

Latitude. — Le Congo est à cheval sur l'équateur.

Au nord, il s'étend jusqu'au 5e degré de latitude nord qui passe près de Lado;

Au sud, jusqu'au 13e degré de latitude sud.

Longitude. — Le méridien de 22° est de Greenwich le divise en deux moitiés à peu près égales. Ce méridien passe près d'Upoto, de Luluabourg et du lac Dilolo.

A l'ouest, le Congo s'étend jusque près du 12e degré de longitude est qui passe au large de Banana;

A l'est, il dépasse un peu le 31e degré qui passe près de Mahagi sur le lac Albert.

Dimensions. — Le Congo s'étend sur 19° de longitude et 18° de latitude, soit environ 400 lieues du nord au sud et 395 de l'est à l'ouest.

Superficie. — La superficie du Congo est d'au moins 2.350.000 kilomètres carrés, soit environ quatre-vingts fois celle de la Belgique et plus de quatre fois celle de la France.

Population. — Une moyenne des évaluations les plus sérieuses permet d'estimer la population à 17.000.000 d'habitants.

Bornes du Congo. — Le Congo est borné :

Au nord : par les possessions du Congo français et dépendances jusqu'à la crête de partage Nil-Congo et le Soudan anglo-égyptien au nord des territoires à bail ;

A l'est : par le protectorat de l'Uganda jusqu'à 1° de latitude sud, l'Afrique orientale allemande jusqu'au sud du lac Tanganika et les territoires de la British South Afrika C° (Rhodésie) ;

Au sud, par la Rhodésie jusqu'à 24° est de Greenwich (1);

A l'ouest, par l'Angola portugais, l'océan Atlantique, l'enclave portugaise de Cabinda et les possessions du Congo français et dépendances.

Limites. — Envisagées dans leurs grandes lignes, ces limites sont :

Au nord, une ligne conventionnelle partant de la côte de l'Atlantique jusqu'au fleuve Shiloango ; le Shiloango jusqu'à sa source la plus septen-

(1) Arbitrage du roi d'Italie : juin 1905.

trionale; la crête de partage des eaux du Congo et du Niadi-Kwilu; une ligne aboutissant au fleuve Congo près de Manyanga; le cours du Congo jusqu'au confluent de l'Ubangi; le thalweg de l'Ubangi jusqu'au Bomu ; le Bomu jusqu'à sa source; la crête de partage des eaux du Nil et du Congo;

A l'est : cette crête de partage jusqu'au point où elle recoupe vers le sud le méridien 30° est de Greenwich (1); ce méridien jusqu'au parallèle 1°20' latitude sud; une ligne droite menée de cette intersection jusqu'à l'extrémité septentrionale du lac Tanganika; la ligne médiane de ce lac; une ligne allant directement du cap Akulunga (vers le sud du Tanganika) à la sortie du Luapula du lac Moero; la ligne médiane du lac Moero (mais déviant vers l'ouest dans sa partie sud pour laisser l'île de Kilwa à la Grande-Bretagne); le cours du Luapula jusqu'à sa sortie du lac Bangwello; le méridien de ce point de sortie vers le sud jusqu'à la crête de partage du Congo et du Zambèze;

Au sud : La crête de partage du Congo et du Zambèze jusque près du lac Dilolo; un affluent du Kasai; le Kasai; une ligne irrégulière formée de sections de parallèles se raccordant entre elles

(1) Des commissions de délimitation ont à fixer sur le terrain l'emplacement du 30° méridien est de Greenwich, qui sert de limite entre le Congoet, d'une part, l'Afrique orientale allemande, et d'autre part, l'Uganda. La partie de ces travaux qui intéresse la Grande-Bretagne est en cours d'exécution. (*Voir Historique.*)

par plusieurs affluents du Kasai; la Tungila; le Kwango jusqu'à sa rencontre avec le parallèle de Noki; ce parallèle jusqu'à Noki; le Congo suivant la ligne moyenne du chenal de navigation généralement suivi par les bâtiments de grand tirant d'eau jusqu'à l'embouchure du fleuve, de manière à laisser au Congo les îles de Bulabemba, Mateba et des Princes et, au Portugal, Bulicoco et Sacran Ambaca;

A l'ouest : l'océan Atlantique jusqu'au nord de Lunga.

I

GÉOLOGIE (1)

Le bassin du Congo appartient au système géologique de l'Afrique du Sud. C'est une vaste dépression produite par affaissement et entourée d'une bordure plus élevée de massifs anciens arasés.

Dans cette cuve, une mer intérieure est venue déposer de vastes formations continentales et lacustres (principalement grès rouge et grès blanc) et finalement en se retirant a laissé un immense dépôt d'alluvions.

---

(1) Les terrains se classent géologiquement de deux façons :

a) Au point de vue de leur âge, en cinq ères :

1° Ere quaternaire;

2° Ere tertiaire;

3° Ere secondaire;

4° Ere primaire { période permienne; période carboniférienne-ridement hercynien; période dévonienne; période silurienne; période précambrienne;

5° Ere primitive, période archéenne.

b) Au point de vue de leur composition en trois classes :

Ignés ou produits par le feu central; sédimentaires ou déposés par les eaux; métamorphiques ou terrains sédimentaires modifiés par les actions ignées.

FORMATION DU SOL DU CONGO

LA CUVE CONGOLIENNE

Au début du précambrien il existait dans le sud du bassin du Congo un continent ou tout au moins des îles importantes formées de roches archéennes.

L'existence de terres importantes dans cette même partie du bassin durant la période dévonienne peut également être affirmée.

Plus tard, un soulèvement hercynien fit émerger des flots la presque totalité de l'Afrique, qui fit dès lors partie d'un immense continent (1) réunissant l'Afrique australe à l'Inde, à l'Australie et peut-être à une partie de l'Amérique du Sud.

Ce continent devait avoir comme relief principal une chaîne montagneuse partant de l'ouest de l'Abyssinie et passant au sud du lac Bangwelo pour suivre ensuite la crête Congo-Zambèze.

Dans la région occupée aujourd'hui par le bassin du Congo et à l'ouest de celui-ci, ces mouvements avaient abouti à la formation d'une vaste dépression entourée d'un fort relief montagneux, qui l'isolait des contrées voisines.

---

(1) Le continent de *Gondwana* de Suess appelé encore continent austral ou brasiliano-éthiopique.

De sorte qu'à la fin de l'époque primaire la cuve congolienne devait déjà apparaître nettement.

TERRAINS PRIMAIRES

Il y a lieu de distinguer les *terrains primaires métamorphiques* et les *terrains primaires non métamorphiques*.

Terrains primaires métamorphiques.

La région du Katanga et surtout le bassin du Haut-Lualaba renferment une série de formations sédimentaires métamorphisées soit par voie dynamique, soit par des influences éruptives et en discordance non douteuse avec l'archéen : on y retrouve des représentants du précambrien (quartzites et phyllades), du cambrien (phyllades) et du silurien (calcaires).

Dans la région des Cataractes les terrains primaires métamorphiques se classent en deux groupes : les couches de la Bembizi (phyllades, schistes et quartzites) et celles de Sekelolo (grès et schistes).

Terrains primaires non métamorphiques.

Dans le Katanga on rencontre des formations métamorphiques que l'on peut comparer aux terrains dévoniens et remarquables par le grand développement qu'y accusent les calcaires.

Cette comparaison peut également s'étendre aux terrains schisto-calcareux de la région occidentale qui s'y présentent même avec plus d'unité que dans le Katanga. L'examen de ces terrains indique qu'il a dû se produire un refoulement vers l'ouest contre les massifs anciens; dans le voisinage de ces derniers, en effet, le plissement des couches est très marqué *(voir esquisse géologique, carton nº 3)*, alors qu'il se transforme en ondulations de moins en moins accentuées à mesure qu'on s'avance vers l'est.

Enfin, il y a lieu de signaler des terrains non cristallins dans le sud du bassin, comme par exemple entre le Congo et l'Ubangi-Uele et sur le Rubi en amont du confluent de la Likati.

Il n'y a pas de doute qu'ils existent également dans les régions de l'est du bassin, notamment dans le voisinage du Tanganika.

FORMATIONS POST-PRIMAIRES CONTINENTALES

A l'ère des dislocations que nous avons étudiée plus haut succéda, pour l'Afrique, la longue période d'érosion continentale qui eut pour effet d'émousser considérablement le relief créé par les plissements hercyniens; des nappes lacustres vinrent occuper le bassin primitif dont nous avons parlé plus haut, et les produits de l'érosion vinrent s'y accumuler en deux groupes superposés de formations, entre lesquels existe, au moins dans certaines parties du bassin, une discordance de stratification manifeste.

Groupe inférieur ou grès rouges (1).

Alors que dans le Congo occidental ce groupe comprend deux systèmes superposés : le système inférieur constitué par des schistes, des psammites et des grès sans galets, et le système supérieur consistant en bancs de grès rouges feldspathiques avec galets, dans les autres régions où on le rencontre, et notamment au Katanga, cette division ne se retrouve plus que d'une façon très obscure.

Le groupe inférieur s'étendit autrefois en immenses dépôts horizontaux sur tout le bassin, dont il recouvrit les chaînes primitives sous un vaste plateau de 1.700 mètres d'altitude environ.

Dans la suite, la mer intérieure se vida et la formation du grès dur fut à son tour soumise à une longue période d'érosion atmosphérique et fluviale. Cette érosion amena la disparition des couches sur tout le bassin, rongeant même les terrains primaires en ne laissant plus apparaître le grès qu'en quelques endroits, comme sur les flancs des monts de Cristal, dans le Muata-Yamvo et surtout dans le Katanga.

---

(1) Grès durs feldspathiques ou couches du Kundelungu de Cornet.

Cette dernière région devait être presque complètement aplanie lorsque se produisirent les dislocations qui mirent en évidence, par affaissement des parties intermédiaires, les trois massifs des monts *Hakansson, Mitumba* et *Kundelungu.* C'est ce qui explique le relief accidenté que présente cette région que l'érosion aurait dû niveler depuis longtemps si des causes étrangères aux agents externes n'étaient intervenues.

Les Crevasses.

La cause qui avait provoqué l'assèchement de la mer intérieure avait été la suivante : toutes les parties est et ouest du continent primitif, à peu près jusqu'aux côtes actuelles, s'abîmèrent sous les flots, pendant qu'une série de gigantesques crevasses longitudinales, orientées dans des directions voisines du méridien, ridaient l'Afrique équatoriale et en rompaient la masse compacte.

De ces crevasses, la plus importante, de beaucoup, fut celle appelée le *Graben Central,* où s'alignent maintenant les lacs Albert, Albert-Édouard, Kivu et Tanganika (1).

L'étroite bande de terrain comprise entre les lignes de rupture s'effondra, tandis que les lèvres

---

(1) Il en existe deux autres remarquables : le grand *Graben est-africain,* le long duquel se trouvent le Kenia et le Kilimandjaro, et le *Graben ouest-africain,* entre le Kamerun et l'île Fernando-Pô.

de la crevasse, en se relevant, redressaient fortement les couches préexistantes, bouleversant le grès dur et le plissant jusqu'aux monts de Cristal.

Le long de ces lignes de moindre résistance vinrent s'épancher une série de roches éruptives qui se manifestèrent, aux abords de la crevasse centrale, par le soulèvement longitudinal de diabase du *Ruenzori* et plus tard par les éruptions transversales des volcans *Virunga* qui séparèrent la crevasse en deux parties et rattachèrent définitivement sa partie septentrionale au domaine nilotique.

Le bassin du Congo lui-même n'a pas été exempt de ces dislocations, et l'on en rencontre à l'ouest du Tanganika qui le cèdent à peine en importance transversale, sinon en extension longitudinale, à l'accident dont nous venons de parler : ce sont les *Graben du Luapula*, de la *Lufira* et du *Haut-Lualaba,* dépressions destinées à devenir les grands bassins hydrographiques de l'intérieur.

Le *Graben du Luapula* forme la cuvette du *lac Moero* et les plaines alluviales qui l'entourent.

Le *Graben de la Lufira,* large de plus de 100 kilomètres et séparé de la première par les *monts Kundelungu,* déposa dans la plaine d'importantes alluvions.

Le *plateau de la Manika* se dresse à l'ouest de ce Graben, s'intercalant ainsi entre lui et le *Graben du Haut-Lualaba.*

Groupe supérieur ou grès blancs (1).

A la suite de ce premier assèchement, un affaissement de la cuve centrale provoqua la création d'un nouveau lac. Les sédiments de ce dernier s'accumulèrent en couches épaisses qui constituent le système des *grès tendres du Haut-Congo.*

Ce système se compose essentiellement de grès siliceux blancs ou jaunâtres, très purs, tendres, friables sous les doigts, formant des couches épaisses de plusieurs centaines de mètres et à stratification ondulée et entre-croisée. Ces couches doivent s'étendre sur toute l'étendue du bassin actuel du Congo, depuis la Likati jusqu'aux monts Mitumba, depuis les falaises du Stanley-Pool jusqu'à celles du lac Kivu.

*
* *

Une mer intérieure s'étendait donc sur tout le Congo pendant les époques secondaires et tertiaires, recevant tous les affluents de la région qui venaient y jeter leurs eaux chargées des produits de l'érosion. Par suite d'une sorte de phénomène de capture pratiqué par la partie supérieure d'un petit fleuve côtier, les eaux du lac lubilachien commencèrent à se déverser dans l'océan.

---

(1) Grès tendres du Haut-Congo ou couches du Lubilache de Cornet.

La différence du niveau étant énorme (1), le torrent attaqua énergiquement le massif montagneux et s'y creusa rapidement une profonde gorge d'écoulement. Le niveau du lac baissa rapidement, et, après l'évacuation de celui-ci, s'ouvrit une nouvelle ère d'érosion pluviale et fluviale. Une atténuation très avancée du relief du pays et la régularisation du cours du fleuve et de ses principaux affluents en furent la conséquence, de sorte que tout le bassin du Congo présenta bientôt l'aspect d'une immense plaine ondulée dont les différents cours d'eau aux allures paisibles se réunissaient en un tronc commun, le Congo, qui venait se jeter dans l'Atlantique par un long delta dont la pointe se trouvait à hauteur de Boma. Des poissons de type marin purent remonter le fleuve et ses affluents et des anastomoses permirent aux animaux fluviatiles du Nil, du Congo et du Zambèze de passer d'un bassin dans l'autre.

Un nouvel affaissement relatif des parties centrales du bassin, accompagné du relèvement en bourrelet des régions périphériques, barra la route au grand fleuve et restitua un régime torrentiel aux affluents supérieurs.

Le lac intérieur, qui déposa les vastes nappes d'alluvions qui bordent le fleuve actuel entre Bolobo et le confluent de Lomami, ne tarda pas à

(1) La chaîne des monts de Cristal devait avoir alors une altitude de beaucoup supérieure à celle qu'elle a maintenant, puisqu'on observe les couches de grès blanc à plus de 1.000 mètres d'altitude.

s'élever rapidement, de sorte que les eaux, après avoir été un instant arrêtées devant la barrière que le soulèvement avait créée, reprirent le chemin de leur ancien déversoir.

Cette fois le lac se vida définitivement et l'eau, en s'écoulant, entraîna avec elle des sédiments qui recouvrirent d'un immense dépôt superficiel la majeure partie du bassin. Ce dépôt, qu'on retrouve sur le flanc des vallées, est formé d'alluvions argilo-sableuses, grises, jaunes ou rouges, reposant sur un lit de cailloux roulés. Elles renferment généralement une forte proportion d'hydroxyde de fer, qui se concrétionne souvent en noyaux et même en bancs de limonite, d'aspect scoriacé, utilisés comme minerais de fer (latérite).

*
* *

Actuellement la période d'érosion n'est pas encore achevée; le fleuve creuse toujours son cours partout où il rencontre des obstacles, achevant de vider les derniers restes de la grande mer intérieure (lac Tumba, Léopold II et le Congo lui-même au-dessus de l'équateur) et les lacs secondaires (Bangwelo et Moero).

Dans son travail il dépose des alluvions quaternaires, qu'on signale au Moero, au Bangwelo, sur le moyen Lualaba, le haut Congo, le Kasai et l'estuaire du fleuve.

Le même phénomène se présente sur le lac Albert pour la Semliki.

FORMATIONS SUPERFICIELLES

Le sol superficiel du Congo est formé en dehors des roches compactes :

1° Des *produits de l'altération sur place des roches granitiques ou paléozoïques* qu'on rencontre surtout sur les hauts plateaux. La composition de ces formations détritiques varie avec celle des terrains sous-jacents. Elles sont argileuses là où le sous-sol est formé de micaschistes (forêt de l'Aruwimi), de schistes (Katanga) ou de calcaires argileux; d'autre part, les grès blancs friables du Haut-Congo donnent par leur décomposition de grandes zones sablonneuses très fertiles et très peuplées.

2° Des *produits du ruissellement sur les pentes sous l'influence des eaux pluviales.* Le ruissellement entraîne les produits d'altération des roches du sous-sol vers les fonds, et son intensité va en s'accentuant avec la raideur des pentes, surtout en l'absence de forêts. Un triage se produit par le transport : alors que les matières siliceuses, sableuses plus grossières restent sur les pentes, les matières argileuses, plus fines, sont entraînées plus loin et se localisent plus volontiers dans les fonds.

3° Des *alluvions actuelles des cours d'eau.* Les cours d'eau déposent sans cesse sur leurs rives les matériaux entraînés dans la partie supérieure de leur trajet, formant ainsi de chaque côté des rivières une nappe de sédiments tantôt sableux, tantôt argileux et même des cailloux roulés correspondant aux phases torrentielles de leur existence.

4° Des *alluvions anciennes des cours d'eau.* On retrouve en plus des bandes d'alluvions dont nous venons de parler, d'autres nappes sédimentaires du même genre, étagées sur le flanc des vallées à des hauteurs que les cours d'eau n'atteignent plus : elles ont été déposées à l'époque où les différentes rivières n'avaient pas encore rongé les barrages rocheux qui arrêtaient leur marche.

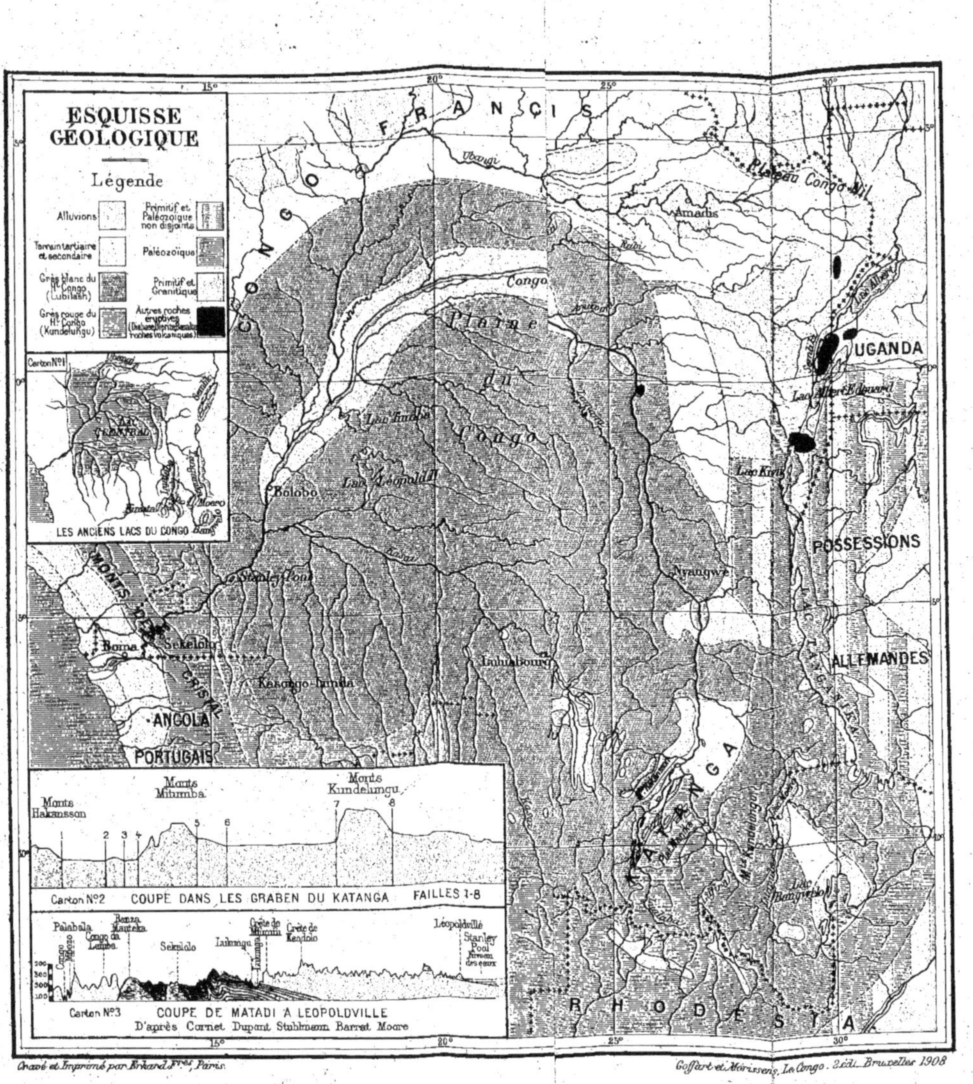

Gravé et Imprimé par Erhard Fres, Paris.

Goffart et Morissens, Le Congo. 2e éd. Bruxelles 1908

II

OROGRAPHIE

Aperçu d'ensemble.

La partie ouest du territoire du Congo est traversée par la chaîne côtière occidentale de l'Afrique; sa partie centrale appartient à la vaste dépression qui constitua, aux âges géologiques, les cuves du Tshad et du Congo; enfin l'est et le sud du pays se relèvent en formant les pentes de la grande dorsale africaine et de la crête de partage du Congo et du Zambèze.

Le système orographique apparaît ainsi de la façon la plus simple : trois chaînes de hauteurs élevées enserrant à l'est, au sud et à l'ouest une dépression, dont la partie septentrionale est fermée par un seuil relativement peu accentué.

Un observateur qui, du sommet du Ruenzori, pourrait embrasser tout ce bassin diviserait le territoire du Congo en trois régions bien distinctes : il verrait d'abord au sud et devant lui un pays allant en s'élevant vers les frontières, vaste région accidentée présentant des reliefs montagneux bien caractérisés et terminée à peu près à une ligne Kasongo Lunda-Luluabourg-Nyangwe-Amadis : c'est la *région supérieure.*

Plus à l'ouest il verrait à perte de vue une immense dépression sans relief appréciable, drainée par le fleuve : la *région centrale.*

Enfin, par delà les cimes de la grande forêt, il apercevrait une chaîne basse semblant fermer toute issue vers la mer : c'est la *région côtière.*

LA RÉGION SUPÉRIEURE

La région supérieure est caractérisée par deux systèmes montagneux :

1° Le système méridional, comprenant les *massifs du Katanga* et le *plateau de Lunda ;*

2° Le système de la crevasse du centre africain, formé dans le territoire du Congo par la *chaîne occidentale du Graben,* une partie de la chaîne bordière orientale et la chaîne des *monts Virunga ;*

3° On distingue encore un troisième système moins important que le premier : le *plateau Congo-Nil.*

LE SYSTÈME MONTAGNEUX MÉRIDIONAL

La ligne de faîte Congo-Zambèze, qui forme la frontière sud du Congo sur plus de 8° de longitude, présente généralement l'aspect d'une plaine sablonneuse d'une élévation moyenne de 1.400 à 1.500 mètres descendant vers les deux bassins en larges glacis coupés de nombreux ruisseaux. On n'y remarque que quelques sommets comme le *pic Musofi* (1640) près des sources du Lualaba et le *pic Ditemba* (1635) à l'ouest du premier.

La partie orientale de la ligne de faîte présente des reliefs plus accusés : les monts *Itaba, Irumu* (1700) et *Muchinga* (1850) au sud et au sud-est du lac Bangwelo.

Les massifs du Katanga. — Un certain nombre d'affaissements ont modelé la région élevée qu'embrasse le triangle : ligne de partage Congo-Zambèze, monts Mitumba, lac Tanganika. C'est d'abord le *Graben du haut Lualaba* qui la limite vers le nord-ouest, le *Graben du Luapula* qui le borne vers l'est et la *dépression de la Lufira* qui la creuse au centre.

Ces trois dépressions, qui se sont formées suivant des lignes de fracture bien marquées, ont déterminé les massifs que nous allons examiner.

Le système du Graben du haut Lualaba est formé par deux chaînes parallèles : les *monts Hakansson* (1100) et les *monts Bia* (1130), chaînes granitiques enserrant à l'est et à l'ouest la vallée du Lualaba depuis les chutes de Kalengwe jusqu'au lac Kabamba.

Les monts Hakansson se prolongent le long du Lualaba par des collines peu élevées.

Les monts Bia, collines accidentées qui dans la partie méridionale s'élèvent en pentes rapides vers le plateau de la Manika, sont prolongés vers le nord par des collines qui s'écartent du Lualaba à hauteur du lac Kabamba et s'infléchissent vers l'est pour couper le Luapula à hauteur de Kalombo.

Dans la dépression elle-même on voit pointer un certain nombre de hauteurs de peu d'importance, telles que les petites chaînes de la région des lagunes voisines du lac Kabue, et celles que l'on remarque dans l'entre Lualaba et Luapula.

Les monts Bia, que nous venons de citer, constituent le versant occidental **des Mitumba,** vaste relief montagneux s'étendant sous divers noms jusqu'aux abords du Tanganika.

On y distingue d'abord le plissement des **monts Kijika Luelo** formé par une ligne de collines schisteuses, à travers lesquelles se sont épanchées quelques roches éruptives; il se détache des hauts plateaux du sud du Katanga en présentant des altitudes de 1.500 à 1.600 mètres et coupe le Lualaba, qui s'y creuse une gorge profonde où se rencontrent des chutes dont les plus connues sont celles de Zilo au sud-est de Kazembe et où il tombe de 300 mètres de hauteur et presque à pic dans la vallée; plus au nord l'aride **plateau de la Manika** (1.400 m.) ou **de Biano** formé de couches de grès rouges et continué vers l'est jusqu'à la Lufira par les **monts Muta** qui offrent des pics élevés et enfin par les **monts Kibara** qui s'étendent de la Lufira au Luapula, formant une série de hauts plateaux sauvages et déserts de 1.000 à

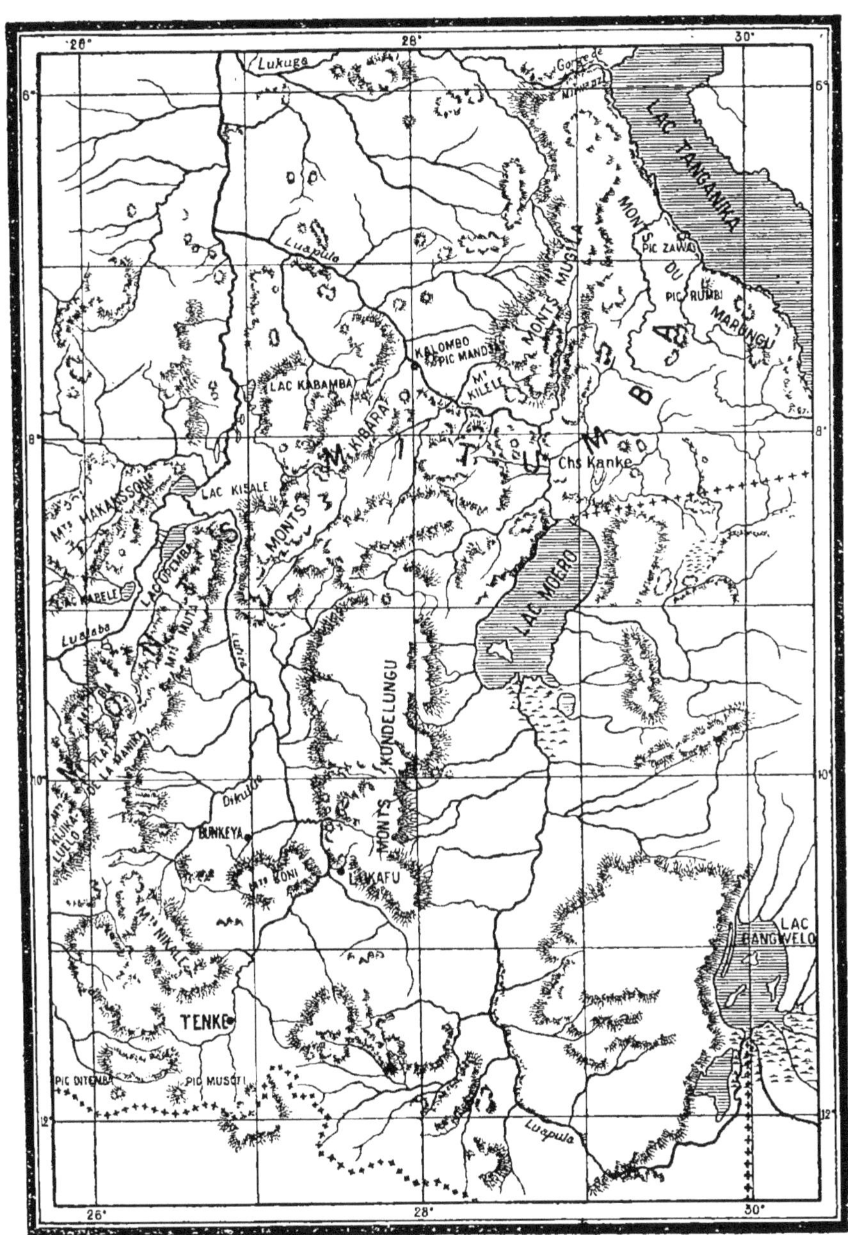

Les massifs du Katanga.

1.800 mètres, séparés par des gorges profondes et sillonnés de nombreux ravins.

Les monts Mitumba, à l'endroit où ils portent le nom de monts Manika, tombent en pentes raides et parfois même en falaises dans la *dépression de la Lufira.*

Celle-ci est bordée vers le sud par les **monts Koni** qui dévalent également vers elle en pentes rapides et par les **monts Nikale** d'où on arrive sans accident marqué aux plateaux de la ligne de faîte.

Vers l'est, la dépression de la Lufira est limitée par les terrasses du **Kundelungu,** formées de couches horizontales de grès rouges séparant le Luapula de la Lufira. Celles-ci commencent à se dessiner nettement à une cinquantaine de kilomètres au sud de Lukafu et se dirigent vers le nord-est en formant un large plateau (1.500 à 1.700 mètres) qui rejoint les monts Mitumba.

Tandis qu'à l'ouest la chaîne des Kundelungu tombe en falaises creusées d'étroits et profonds *cañons* dans les plaines de la Lufira, vers l'est elle dévale en pentes moins rapides dans le *Graben du haut Luapula.*

LE PLATEAU DE LUNDA. — A l'ouest du massif montagneux du Katanga, la ligne de faîte Congo-Zambèze descend vers le nord en ondulations insensibles, formant l'immense *plateau de Lunda.* Cette vaste plaine, aux horizons infinis, fait un contraste frappant avec la région que nous venons de décrire. Broussailleuse vers l'ouest, parsemée de petits lacs dans sa partie orientale, où elle prend le nom de *plateau de Samba,* elle s'étend entre le Kuleshi et le Haut-Kasai et donne source à un grand nombre d'affluents du Kuleshi, du Lomami et du Kasai, coulant pour la plupart dans des vallées d'érosion parallèles et orientées sud-nord.

Ces vallées, à peine visibles d'abord, se dessinent peu à peu, puis s'accentuent, se creusent de plus en plus en avançant vers le nord pour découper finalement le plateau en un certain nombre de reliefs, souvent tabulaires, d'une altitude d'environ 1.000 mètres. Ce plateau est soutenu vers le Graben du Lualaba par les monts Hakansson déjà cités; il se continue au delà du Kasai en se tourmentant avant de rejoindre les monts de Cristal.

Au nord du système montagneux méridional s'étend, à une altitude de 700 à 800 mètres, une contrée couverte de collines généralement arasées, ou de nombreuses élévations placées côte à côte, entre lesquelles les affluents du Congo coulent encaissés. Quelques petites chaînes de collines granitiques la rident près du Lualaba.

Par suite de l'absence de certaines couches du sous-sol, ce pays collinaire tombe brusquement dans la région centrale d'une hauteur de 180 à 200 mètres, à hauteur de la rivière Kashimbi (chute Wolff).

Sur le rebord supérieur de la faille se dessinent

les **monts Wissmann** entre le Lubefu et la Lurimbi (affluent du Lomami).

Plus à l'est, le Lualaba traverse une chaîne qui présente aux abords du fleuve deux sommets remarquables : le *mont Cleveland* (1.000 m.) et le *mont Dhanis* (1.070 m.).

LE SYSTÈME DE LA GRANDE CREVASSE CENTRE AFRICAINE

A la frontière orientale du Congo s'est produite, comme nous l'avons vu au chapitre précédent, une fracture qui, partant de l'extrémité sud du Tanganika, aligne dans sa dépression les lacs Tanganika, Kivu, Albert-Édouard et Albert, et dessine la vallée du Nil jusque vers le confluent du Bahr-el-Gazal. Cette fracture, produite par une dislocation du plateau de l'Est-Africain, est bordée par deux chaînes.

Puis, en travers de la fracture, se souleva la chaîne volcanique des monts *Virunga,* qui divisa la crevasse en deux bassins hydrographiques distincts.

LA CHAÎNE OCCIDENTALE DU GRABEN prend naissance entre 7° et 8° de latitude sud sous le nom de **monts du Marungu** (1.100 m.); ceux-ci émergent de 100 mètres environ au-dessus du plateau de ce nom. Après avoir formé, en rencontrant les Mitumba, les pics remarquables du *Rumbi* (1.790) et du *Zawa* (1.802), elle présente un large seuil d'une altitude inférieure à 1.000 mètres par une fracture duquel (*gorge de Mitwanzi*) s'écoule la Lukuga. Se relevant sous le nom de **monts de l'Ugoma,** la chaîne longe le Tanganika, souvent à pic vers le lac, en pentes moins raides, mais cependant rapides vers les terres, et présente les sommets du *Misosi* (1.730) et du *Samburisi* (2.250).

Longeant ensuite la vallée de la Ruzizi, puis le lac Kivu, la chaîne conserve une altitude qui dépasse rarement 2.000 mètres, sauf en quelques points isolés, pour s'abaisser plus loin en sommets de 1.700 à 2.000 mètres le long de l'Albert-Édouard, dans lequel elle tombe presque à pic, ne laissant entre elle et les eaux qu'une étroite corniche. Elle diminue encore d'altitude en longeant la plaine de la Semliki et le lac Albert, et forme successivement les **monts Biutwe,** le **plateau du Mboga** (altitude 1.000 à 1.300 m.), les **monts Balega,** le **plateau de Kavali** (1.400) et le massif des **monts Bleus** (1.000 à 1.200), d'où se détache vers l'ouest le *plateau Congo-Nil.*

La chaîne occidentale du Graben descend dans le bassin du Congo en pentes fortement ondulées. Elle est précédée de sérieux contreforts dans sa partie méridionale : les *monts Mugila* au sud de la Lukuga et les *monts Kaamba* au nord de cette rivière. Signalons encore le *mont Pisga* (1.400), pic isolé à l'ouest des monts Balega.

La chaîne bordière orientale entre dans le territoire du Congo vers 40' de latitude nord. Elle est située en majeure partie en dehors du Congo et n'offre sur le territoire de celui-ci que les premières pentes de la *chaîne du Ruenzori* et une partie

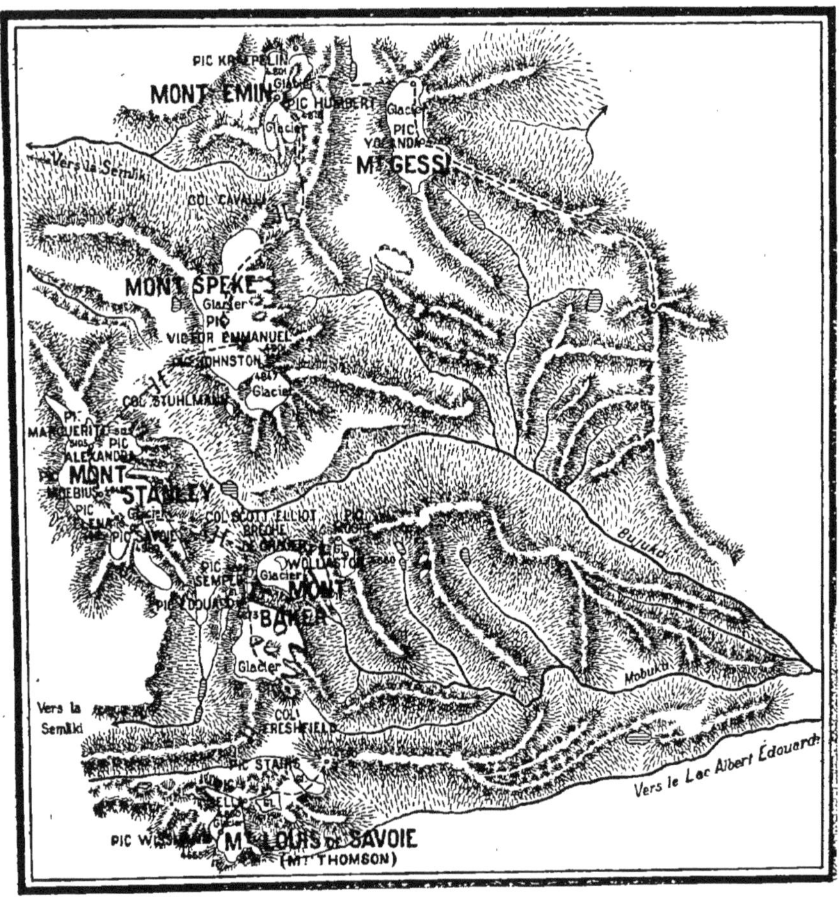

La chaîne du Ruenzori.

des *monts du Ruanda* et des monts *Misosi-ya-Mwesi*.

La chaîne du Ruenzori est une superbe masse de diabase qui s'élève entre le lac Albert et l'Albert-Édouard et dont le pic le plus élevé, le *pic Mar-*

guerite, atteint 5.130 mètres de hauteur. On y distingue six massifs principaux : ceux d'*Emin*, de *Gessi*, de *Speke*, de *Stanley*, de *Baker* et de *Thomson*. Elle renferme de nombreux glaciers, sources de cours d'eau dont les vallées communiquent par des cols d'une altitude variant entre 4.200 et 4.320 m. De la base au sommet des massifs de cette chaîne

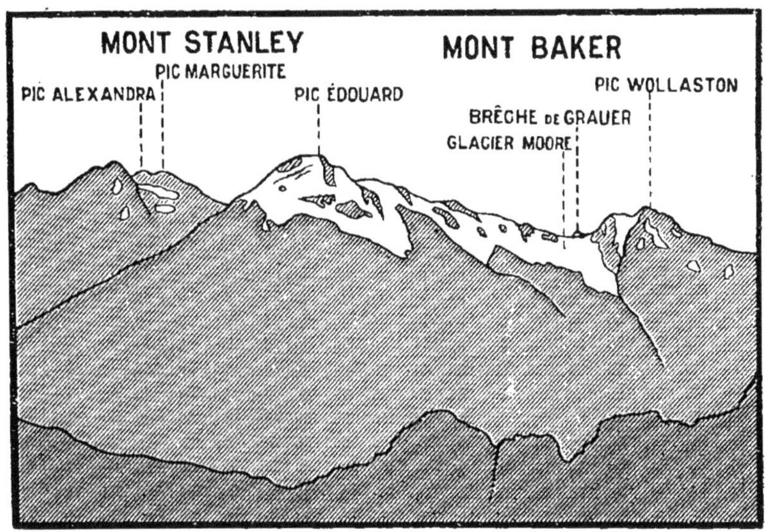

Le Ruenzori.

on rencontre successivement : d'abord la région des forêts (orchidées, lobélias, fougères arborescentes), puis celle des marais, plus haut les glaciers, et enfin les neiges. Ces dernières apparaissent à partir de 3.396 mètres.

Le Toro (est du Ruenzori) est traversé du nord au sud par une chaîne de volcans éteints.

Entre la chaîne du Ruenzori et les monts du

Ruanda, la crevasse est marquée par une ligne de hauteurs atteignant de 1.200 à 1.800 mètres à hauteur du lac Albert-Édouard et allant en s'élevant vers l'extrémité est des monts Virunga en accusant des altitudes variant entre 2.000 et 2.800 mètres.

Les monts du Ruanda qui bordent le plateau de ce nom du côté de l'ouest, à hauteur du lac Kivu, atteignent près de 3.000 mètres de hauteur. C'est une énorme chaîne couverte à sa base de pâturages plantureux et de belles cultures et dont la crête est encombrée de forêts de bambous presque impénétrables.

La chaîne tombe rapidement à l'est dans la vallée de la Kagera et plus rapidement encore vers l'ouest dans celle du lac Kivu. Elle se prolonge vers le sud par :

Les monts Misosi-ya-Mwezi qui limitent à l'est le bassin de la Ruzizi et forment une chaîne escarpée d'une altitude variant de 2.120 à 2.530 m. Ils sont habités jusque près de leurs cimes et sont couverts de gras et beaux pâturages.

La chaîne des monts Virunga, qui barre la grande crevasse en séparant le bassin du Nil de celui du Congo, est essentiellement volcanique. C'est un groupe de pics très élevés ; quand on s'élève sur leurs flancs on rencontre successivement une ceinture de forêt peu épaisse qui a poussé sur un terrain très fertile : le terrain détritique de la lave ancienne; puis des bois de bambous, des arbustes résineux, des champs de petites immortelles et vers le sommet des scories et des débris de lave.

Les grands volcans du Kivu, orientés est-ouest d'une façon générale, sont au nombre de huit dont deux donnent encore des traces permanentes d'activité (1) :

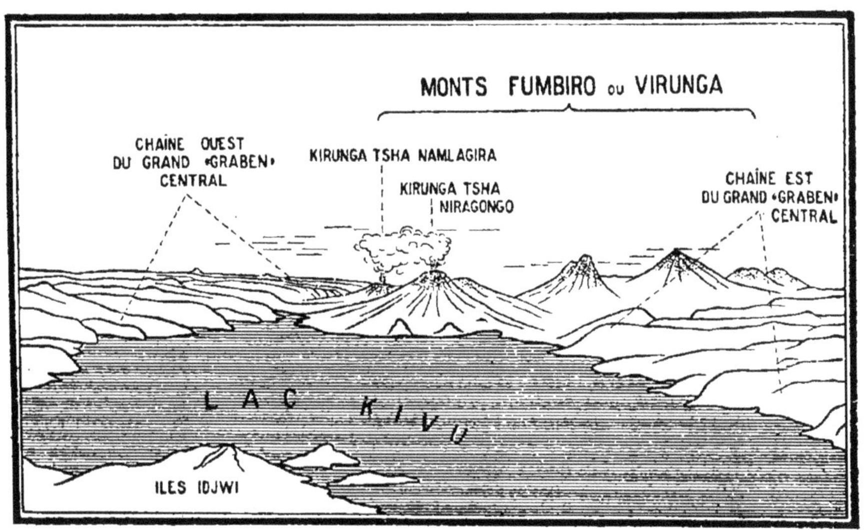

Les monts Virunga.

Le *Kirunga-Tsha-Niragongo* (3.412) ([8]), le *Kirunga-Tsha-Namlagira* (2.960) ([7]), le *Karisimbi* (4.500) ([6]), le *Mikeno* ou *Mukurumubi* (4.434) ([5]), le *Wisako* ou *Kisasa* (3.814) ([4]), le *Sabjino* (3.680) ([3]), le *Ngainga* ou *Kana* (3.845) ([2]) et le *Muhavura* (4.117) ([1]). (*Voir la carte de la grande crevasse*, p. 33.)

---

(1) Une éruption a été observée au volcan Kirunga-Tsha-Niragongo le 13 mai 1904.

Les deux premiers sont encore en activité; le cratère du *Tsha-Niragongo* est un ancien lac de lave refroidie, formant une plaine à 300 mètres en contrebas de la montagne. Deux grandes ouvertures analogues à des puits et aussi régulières que si elles avaient été faites de main d'homme se trouvent au centre. L'une d'elles laisse échapper avec fracas un nuage de vapeur sulfureuse.

LE PLATEAU CONGO-NIL

Le sol de l'Uele présente l'aspect d'un vaste glacis allant en s'élevant d'une façon assez régulière jusqu'à la ligne de partage des bassins du Congo et du Nil.

Cette dernière affecte d'abord la forme d'une crête depuis les environs du lac Albert jusqu'au **massif des Ndirfi** au nord d'Aba, pour se transformer au delà en une plaine sans dorsale bien définie où les affluents des deux grands fleuves confondent souvent leurs sources et dans laquelle pointent çà et là quelques collines isolées; au nord de Doruma, vers Tambura, la ligne de séparation est derechef bien marquée.

A part le bassin du Rubi, le district de l'Uele peut être considéré comme une région dont le sous-sol est presque intégralement granitique et métamorphique.

Parmi les hauteurs qui rompent la monotonie de cette région, la plus remarquable est le mont *Gaima*, très riche en fer, à l'ouest de Van Kerckhovenville, le mont *Tenar* et le mont *Kobe*, au nord du Bomokandi. Aux environs d'Amadis se dessine une chaîne de collines orientées sensiblement nord-sud et comprenant au nord de l'Uele le mont *Angba*, remarquable masse de minerai de fer, et le mont *Lingwa*, et au sud le mont *Manjana* et le mont *Majemo* au nord de Poko.

Enfin il y a lieu de citer la chaîne granitique orientée nord-ouest-sud-est, et située entre le Bali et Libokwa.

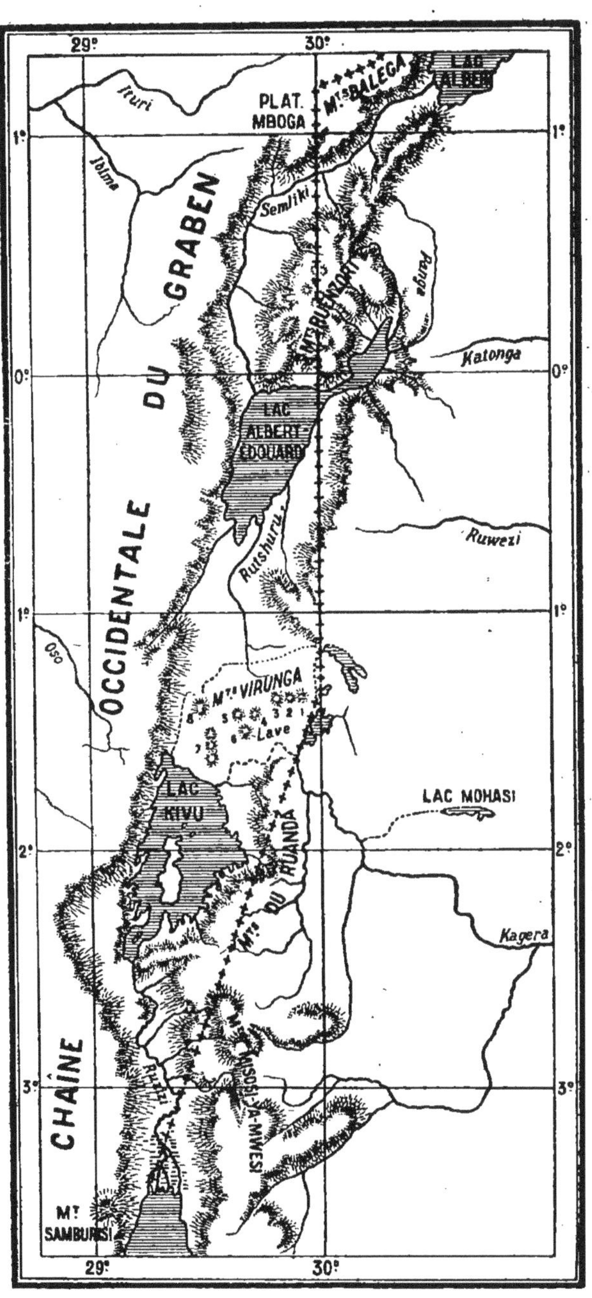

La grande crevasse du centre africain.

Au nord de la ligne de faîte, le pic *Londjolo,* vers les sources du Yei, atteint 1.300 mètres, et le *Gumbiri,* appelé souvent improprement mont Loka, s'élève à 800 mètres environ au-dessus de la plaine.

LA RÉGION CENTRALE

Entre la ligne Kasongo-Lunda, Luluabourg, Nyangwe, Amadis et celle déterminée par la Likuala et le moyen Kwango s'étend une immense plaine faiblement ondulée : c'est la *région centrale.*

Cette contrée, occupée jadis par la mer intérieure jusqu'aux dernières périodes de son écoulement, fut nivelée par les épaisses couches d'alluvions déposées depuis des siècles. Les affluents de la région supérieure vinrent y creuser leurs vallées et les eaux pluviales, drainées suivant la ligne de plus grande pente, achevèrent de donner au pays sa configuration actuelle.

La plaine se déploie depuis les lacs Léopold II et Tumba, où elle a son altitude minima (340 m.), jusqu'à la courbe de 500 mètres, au sud, à l'est et à l'ouest, en pentes d'une douceur infinie, à peine ridées par quelques molles ondulations séparant les bassins des rivières.

Elle se raccorde à la région supérieure par une zone un peu plus accidentée, où les cours d'eau commencent à s'encaisser.

Vers le nord elle se prolonge par la grande plaine du lac Tshad dont un seuil très surbaissé la sépare (460 m.).

La région centrale offre quelques reliefs plus remarquables par leur isolement que par leur élévation. Ce sont, entre autres, le *mont Pogge* (470 m.) sur le moyen Kasai, le plateau de la *haute Lukenie* (450 m.) et les collines d'*Upoto*.

Signalons encore les *collines de Zongo* et de *Banzyville* (700 m.) qui font partie de la petite chaîne unissant le plateau Congo-Nil aux monts de l'Adamaoua. C'est cette chaîne qui longe la rive gauche de l'Ubangi en refoulant celui-ci dans la direction est-ouest.

L'allure générale de la grande plaine du Congo n'est pas horizontale, mais légèrement inclinée vers l'ouest. Elle présente sa partie la plus élevée vers la haute Lukenie, d'où ses pentes descendent lentement vers le lac Léopold II.

LA RÉGION COTIÈRE

La région côtière est caractérisée par la chaîne des *monts de Cristal*, en avant de laquelle s'étendent jusqu'à la mer les plaines alluviales de l'estuaire du fleuve.

La chaîne des Monts de Cristal, qui longe la côte occidentale de l'Afrique, du Kamerun à l'Angola, est formée d'un massif de terrains paléozoïques.

Le relief, dont l'altitude moyenne ne dépasse guère 700 à 800 mètres, ne présente nulle part de crête bien dessinée. Il s'étend sur une largeur d'environ 550 kilomètres entre Boma et Tshumbiri.

Dans la partie de la chaîne située sur le territoire du Congo on peut distinguer :

1° **Le massif de Palabala,** chaîne rocheuse qui commence à apparaître sur le Congo, en aval de Boma, et présente son point culminant à l'est de Matadi (Palabala, 560 m.).

2° **Le plateau du Bangu** présente un relief triangulaire d'une altitude moyenne de 650 mètres, enserré entre le Congo, la Lukunga et la Pioka. Il est constitué par des schistes argileux et des grès durs souvent feldspathiques de couleur rouge foncé et prolonge au sud du fleuve le *plateau des Babuende* (760 m.).

Le plateau du Bangu est parcouru par quelques petites chaînes de collines et présente un pic important, le mont *Uia* (1.050 m.).

La voie ferrée Matadi-Léopoldville le contourne et franchit la chaîne à la cote maxima de 741 m. à Thysville.

La partie orientale de la chaîne descend dans la région centrale, en pentes tantôt assez raides comme sur la rive gauche du Kwango moyen, tantôt douces comme aux abords du Congo où elle forme les *plateaux de Ganchu* (450 m.) et de

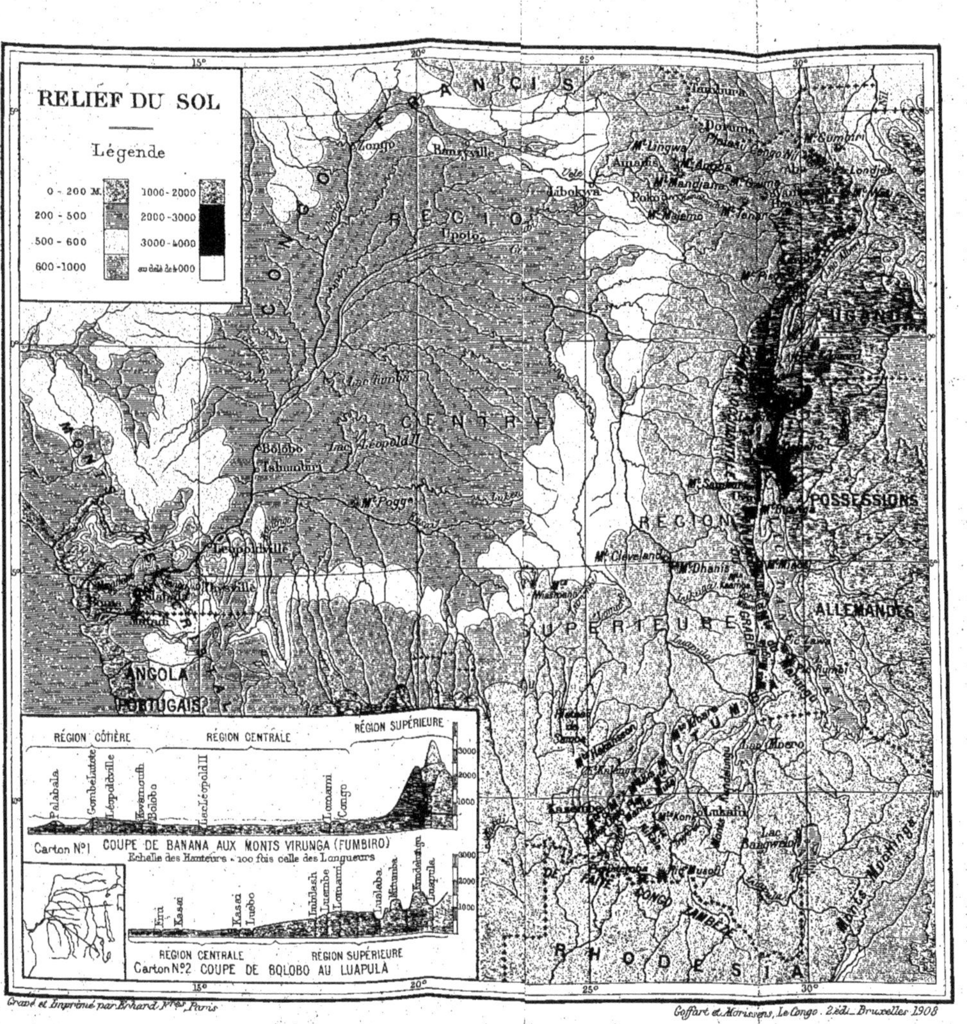
RELIEF DU SOL
Légende
0 - 200 M.
200 - 500
500 - 600
600 - 1000
1000 - 2000
2000 - 3000
3000 - 4000
au delà de 4000
CONGO FRANÇAIS
RÉGION CENTRE
RÉGION SUPÉRIEURE
ANGOLA
PORTUGAIS
POSSESSIONS ALLEMANDES
UGANDA
RHODESIA
Bolobo
Léopoldville
Thysville
Banzyville
Libokwa
Upoto
Lac Léopold II
Mt Pogge
Mt Cleveland
Mt Dhanis
Lac Moero
Lac Bangweolo
RÉGION CÔTIÈRE
RÉGION CENTRALE
RÉGION SUPÉRIEURE
Carton N°1 COUPE DE BANANA AUX MONTS VIRUNGA (FUMBIRO)
Echelle des Hauteurs = 100 fois celle des Longueurs
RÉGION CENTRALE
RÉGION SUPÉRIEURE
Carton N°2 COUPE DE BOLOBO AU LUAPULA
15°
20°
25°
30°
Gravé et Imprimé par Erhard Frères, Paris
Goffart et Morissens, Le Congo. 2e éd. Bruxelles 1908

Banfumu (400 m.) aux abords du Kasai. Elle cesse définitivement près de Bolobo.

C'est à travers les monts de Cristal que le Congo se creuse une étroite gorge d'écoulement vers la mer en formant les 32 *chutes de Livingstone.*

Entre les monts de Cristal et l'océan s'étendent des plaines basses, allant en se relevant du fleuve et de la côte vers l'intérieur du Mayumbe.

III

HYDROGRAPHIE

GRANDS FLEUVES ET FLEUVE COTIER

Le territoire du Congo appartient à trois bassins hydrographiques :

1° *Le bassin du Congo,* qui en occupe la majeure partie ;

2° *Le bassin du Nil supérieur* ou Semliki, aux frontières nord-est du territoire ;

3° *Le bassin du Shiloango,* petit fleuve côtier du Bas-Congo.

LIGNE GÉNÉRALE DE PARTAGE DES EAUX. *(Voir la carte du bassin du Congo.)*

Au nord comme au sud, les limites du bassin du Congo sont formées par de larges plateaux sans pentes accusées, sur lesquels les eaux pluviales forment des ruisseaux s'écoulant indifféremment vers le Nil ou le Congo au nord, vers le Congo ou le Zambèze au sud, et qui, par leur réunion, donnent lieu à des rivières aux vallées bien marquées.

Dans la partie orientale, au contraire, la région montagneuse de la grande dorsale africaine lui donne une ligne de faîte nettement dessinée par la chaîne occidentale du Graben, les monts Virunga, les monts de l'Urundi, de l'Unyamwesi et de

l'Ufipa. Le bassin du Nil occupe la partie de la grande crevasse située au nord des monts Virunga.

Le bassin du Shiloango, bien délimité vers le nord, n'est séparé du Congo que par les chaînettes du Mayumbe.

LE CONGO

ASPECT GÉNÉRAL

La géologie nous apprend que le bassin du Congo fut autrefois une vaste mer intérieure. Pendant les arrêts que présenta son écoulement à travers les monts de Cristal *(voir esquisse géologique, carton 1)*, les abondantes pluies tropicales tombant sur les parties déjà asséchées déterminèrent la formation de nombreux cours d'eau qui allaient grossir la mer centrale et se creusaient de profondes vallées dans les sédiments friables des rives; puis, un jour, à la suite des phénomènes que nous avons décrits au chapitre géologique, les eaux s'écoulèrent définitivement et donnèrent naissance au régime fluvial actuel. Le système hydrographique du Congo se présente d'une façon générale comme suit :

Un ensemble de rivières encaissées et tourmentées descendant de toutes les directions, nord, est, sud, dans une vaste dépression, où elles deviennent de larges fleuves, coulant majestueusement entre des rives peu élevées jusqu'au moment où, réunies en un seul bras, elles s'engagent dans les monts de Cristal, d'où elles sortent pour former l'estuaire du fleuve.

Le Congo a, de sa source à son embouchure,

environ 3.936 kilomètres de longueur. Il draine, avec ses affluents, un bassin qu'on peut évaluer à 3.766.350 kilomètres carrés. Ce bassin affecte la forme d'un vaste quadrilatère de 1.500 à 1.800 kilomètres de hauteur sur autant de largeur, rejoignant la côte par une étroite région, large à peine de 100 kilomètres.

L'étude hydrographique du Congo comporte trois parties :

L'étude du *Lualaba,* des sources aux Stanley-Falls ;

Celle du *haut Congo,* des Stanley-Falls à Léopoldville ;

Celle du *bas Congo,* de Léopoldville à la mer.

Ses principaux affluents sont :

A droite : la *Lufira,* le *Luapula,* la *Lukuga,* la *Luama,* la *Lowa,* la *Lindi,* l'*Aruwimi,* le *Rubi,* la *Mongala,* l'*Ubangi,* la *Sanga,* la *Likuala,* l'*Alima* et la *Lefini.*

A gauche : le *Lovoi,* le *Lomami,* la *Lulonga,* l'*Ikelemba,* la *Busira Tshuapa,* le *Kasai* et l'*Inkisi.*

COURS DU CONGO

LE LUALABA. — La rivière qui constitue la véritable source du Lualaba est le **Kuleshi**, qui sort à 1.550 mètres d'altitude d'une petite prairie éponge située par 11°24' de latitude sud et 24°27' de longitude est.

La rivière ne tarde pas à couler profondément encaissée sur un lit de dalles de grès schisteux avec galerie et, à une centaine de kilomètres de sa source, elle atteint déjà une largeur de 25 à 30 mètres.

Elle reçoit à droite le **Lubudi**, sorti, lui aussi, d'une prairie éponge, et coule à partir de 10° de latitude, parallèlement au Lualaba, dans une région peu accidentée où elle reçoit la **Luina** et le **Luabu** à gauche. Elle s'encaisse ensuite assez fort et forme, sur des schistes redressés, une série de chutes et de rapides au milieu d'un pays couvert d'une belle végétation.

Après avoir buté contre les monts Hakansson, elle s'infléchit vers l'est, puis vers le sud, s'élargit fortement en plusieurs bras et crée de nombreuses îles. Elle se resserre bientôt et, après avoir formé quelques nouveaux rapides, elle vient, au milieu d'une plaine alluviale, se grossir du **Lualaba** qui donne son nom au fleuve jusqu'aux Stanley-Falls, à partir du confluent duquel le Lualaba prend un cours large, rapide et peu profond.

Les monts Hakansson le font s'infléchir vers l'est.

Le fleuve entre alors dans le Graben du haut Lualaba que limitent les monts Hakansson et les monts Bia à l'ouest et à l'est, et forme les *chutes de Kalengwe* et plus loin, vers 9°10′ de latitude sud, le *rapide de Konde* à partir duquel il présente son premier bief navigable. A partir de ce moment le Lualaba serpente dans une plaine large et basse, où ses crues annuelles causent des inondations considérables dues à la nature imperméable du sol.

Dans la région qui s'étend jusqu'au lac Kisale, soit sur 250 kilomètres environ, le chenal principal est bordé tantôt à droite tantôt à gauche de lacs permanents : **Upemba et Kabele,** d'étendue variable suivant les niveaux du fleuve.

La présence de papyrus et d'autres plantes aquatiques produit, dans la passe du lac Kisale, des *sudd* ou *sedd* analogues à ceux du haut Nil.

En aval de ce lac, le Lualaba change d'aspect : sur un trajet de 400 kilomètres il coule entre des rives bien marquées, conservant une largeur moyenne de 500 mètres, une profondeur suffisante pour la navigation et un courant régulier.

Le premier affluent de droite qui suit le Lualaba, la **Lufira,** vient se jeter dans le lac Kisale, sur les bords duquel se trouve Kikondia. Le fleuve se gonfle ensuite à gauche du **Lovoi.** Après avoir longé les nouvelles lagunes de **Lusambo,** de **Nianga,** de **Zibanza** et de **Kabamba,** il se grossit à Ankoro du **Luapula,** qui vient doubler son importance et, plus loin, près de Buli, de la **Lukuga,** émissaire du lac Tanganika.

Au delà de la Lukaga, la vallée se resserre et le fleuve, après avoir formé deux nouvelles expansions, s'engage vers Kongolo dans la gorge rocheuse, large d'une cinquantaine de mètres, des *Portes d'enfer.* Au delà de cette passe il traverse une région de cinq groupes de rapides infranchissables.

Après avoir reçu la **Luama** à droite, sa vallée s'élargit à nouveau et le fleuve s'épanche, encombré d'îles, dans un pays de collines où il arrose Kasongo et Nyangwe et forme les chutes de *Nyangwe* et de *Shambo*.

A Nyangwe, le Lualaba atteint une largeur qui varie de 1.200 mètres aux eaux basses à 3.500 et 4.500 mètres aux eaux les plus hautes; il y roule 120.000 pieds cubes d'eau par seconde pour entrer un peu en aval de cette localité dans la grande forêt équatoriale. A partir du Kindu, en aval de Sendwe, le Lualaba redevient calme sur plus de 300 kilomètres et coule entre des berges bien marquées.

Sa vallée se relève à l'ouest en ondulations assez légères, allant rejoindre un plateau peu élevé, et à l'est en plis beaucoup plus accentués, pour former les premières pentes de la bordière occidentale du Graben. C'est de cette chaîne que descendent les importants affluents que le fleuve reçoit dans cette partie de son cours : l'**Elila**, l'**Ulindi**, la **Lowa** et la **Maiko**.

Un peu au delà de Ponthierville apparaissent des barrages rocheux, en partie constitués par du grès rouge, et le fleuve les traverse en franchissant les sept dangereuses *chutes des Stanley-Falls,* en aval desquelles se trouve le poste de Stanleyville, situé à une altitude de 428 mètres. La chute d'eau du Lualaba a donc été de 203 mètres depuis Nyangwe et de 1.122 mètres depuis sa source, soit plus de $0^{m}56$ par kilomètre.

LE HAUT CONGO. — Après avoir franchi les

Stanley-Falls, le Lualaba prend le nom de **Congo**, et à cette nouvelle appellation correspond une nouvelle forme de fleuve, totalement différente de la première : plus de vallée accentuée par des plis de terrain se relevant rapidement, plus de chutes ni de rapides, plus de méandres ni de brusques crochets.

A la direction générale sud-nord, le Congo en a substitué une autre est-nord-ouest, et, après avoir traversé une zone de transition, où il s'élargit entre des rives élevées de 5 à 10 mètres, il reçoit la **Lindi**.

Il s'épanche ensuite en une nappe encombrée d'îles et de bancs de sable et coulant, à pleins bords, dans un pays plat couvert d'épaisses forêts.

Le fleuve conserve cette allure pendant toute la traversée de la région centrale, se rétrécissant parfois en érodant son lit, s'élargissant ensuite à nouveau en déposant sur ses bords d'épaisses couches d'argile grise.

Après avoir reçu deux importants affluents, le **Lomami** au sud, l'**Aruwimi** (à Bazoko) et un autre de moindre grandeur, le **Rubi** au nord, il forme trois vastes expansions : la première, qui s'étend entre Dobo et Upoto, est séparée de la seconde, dont Budja marque la limite ouest, par l'étranglement d'Umangi ; au sortir du pool de Budja, le Congo, après avoir détaché au sud-ouest l'étroit chenal d'Ukaturaka, reçoit la **Mongala** à droite, et s'élargit à nouveau pour former la troisième expansion qui se termine vers Nouvelle-Anvers.

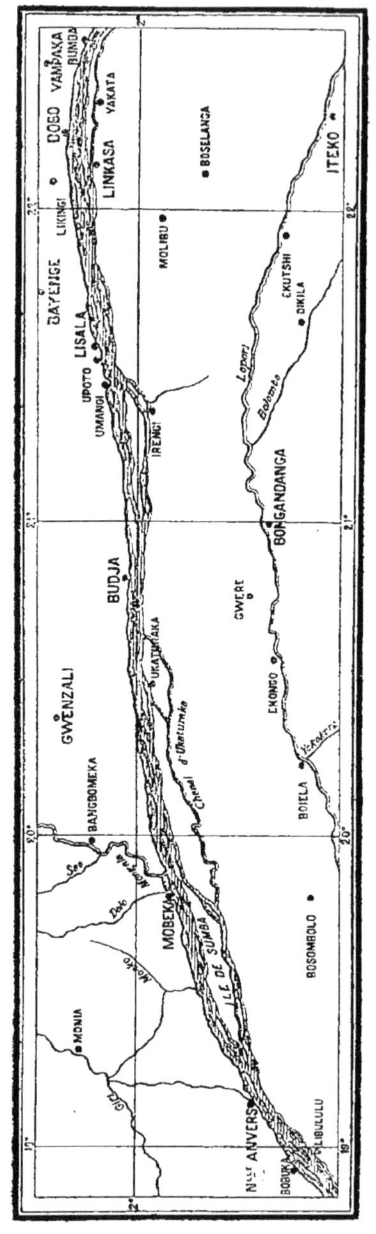

Les expansions du haut Congo.

Les trois pools dont nous venons de faire mention doivent être considérés, avec les lacs Tumba et Léopold II, comme les derniers vestiges de l'ancienne mer intérieure.

Le fleuve traverse ensuite la partie la plus déprimée de la région centrale, remarquable carrefour hydrographique, où il reçoit, sur un parcours de moins de 200 kilomètres, la **Lulonga**, à partir de laquelle il prend franchement la direction N.-S. jusqu'à Coquilhatville, l'**Ikelemba**, la **Busira Tshuapa** à l'est et l'énorme **Ubangi** à l'ouest. Dans tout ce trajet il se resserre à certains endroits jusqu'à n'avoir plus que deux kilomètres et demi de largeur, tandis qu'à d'autres il va en s'élargissant jusqu'à quinze kilomètres.

Entre Coquilhatville et Bolobo, le Congo suit une direction générale nord-est – sud-ouest. A Lukolela, il se rétrécit pour reprendre immédiatement au delà une largeur variant de 6 à 10 kilomètres et reçoit au delà de cette localité les importants tributaires du Congo français : la **Sanga**, la **Likuala** et l'**Alima**.

Les rives, d'une uniformité fatigante depuis Stanleyville, s'élèvent lentement après Bolobo et le fleuve, n'ayant plus que 1 à 4 kilomètres de largeur, commence à creuser son lit dans les premières pentes des monts de Cristal, en reprenant la direction nord-sud.

Il arrose ainsi l'agglomération de Tshumbiri, puis reçoit à gauche le **Kasai**, se resserre encore (500-700 m.) et coule entre les plateaux souvent à pic de *Ganchu* et *Banfumu,* présentant une rive droite fort boisée et une rive gauche formée de savanes entrecoupées de bois.

Le Congo s'épanche ensuite en formant le vaste **Stanley-Pool**, lac fluvial coupé en deux par l'île sablonneuse de *Bamu* (longueur 28 kilomètres; plus grande largeur 25 kilomètres), bordé au nord par de grandes falaises de grès blanc et au sud par une plaine sablonneuse se relevant rapidement vers l'intérieur. Le Stanley-Pool a une superficie de 1.500 kilomètres carrés et une altitude de 284 mètres.

Ici se termine la région du Haut-Congo, où le fleuve, navigable sur tout son parcours, n'est descendu que de 144 mètres sur un espace de

1.610 kilomètres, soit une pente de moins de 0m09 par kilomètre.

Le bas Congo. — Au sortir du Stanley-Pool, le Congo se jette dans une gorge étroite, profonde et sinueuse, où, sur un espace de 350 kilomètres, il forme trente-deux chutes d'une hauteur totale de 220 mètres (pente 0m62 par kilomètre, se décomposant comme suit : du Pool à Manyanga : 88 centimètres par kilomètre; de Manyanga à Isangila : 23 centimètres par kilomètre; bief navigable d'Isangila à Matadi : 100 centimètres par kilomètre). Il y traverse la crête du plateau des Babuende — plateau de Bangu à la *chute de Zinga* près de Manyanga, où ses rives tombent à pic de 100 mètres, devient relativement calme dans la partie centrale de la chaîne, reçoit à gauche l'**Inkisi** et le **Kwilu**, et franchit un deuxième massif entre Isangila et Matadi. On a donné à l'ensemble de ces cataractes le nom de *chutes Livingstone*.

Le fleuve, en plein travail d'érosion, y ronge énergiquement les roches primaires, approfondissant et élargissant son lit, qu'il modifie ainsi graduellement. En certains points cependant les eaux ont atteint la diabase et le fleuve a pris un aspect définitif.

A Matadi, le Congo, large de 800 mètres, redevient navigable, mais conserve un courant rapide et profond.

Les bords élevés s'abaissent peu à peu tout en restant sauvages et arides, puis le fleuve s'élargit, se parsème d'îles et arrose Boma, capitale du Congo, en aval de laquelle il atteint une largeur de 5 kilomètres, et sort définitivement des monts de Cristal à la *roche Fétiche*. Le gigantesque fleuve se divise ensuite en deux bras qui contournent l'île longue et basse de Mateba.

Les rives sont alors constituées par des criques profondes et le Congo s'encombre d'îles limoneuses et basses, couvertes, ainsi que les rives, d'une luxuriante végétation.

Parmi les îles rencontrées entre Boma et Banana citons : Bulabemba, des Princes, Bulicoco (Portugal), Sacran Ambaca (Portugal). De la pointe de Banana à la pointe portugaise, le fleuve atteint une largeur de 11 kilomètres ; il se jette à la mer en une puissante masse d'eau profonde de 110 mètres qui, rencontrant un courant marin, dévie vers le nord-ouest ; à 20 kilomètres de l'embouchure on rencontre encore les eaux troubles et douces du Congo (les eaux salées rentrant dans l'estuaire sous l'eau douce).

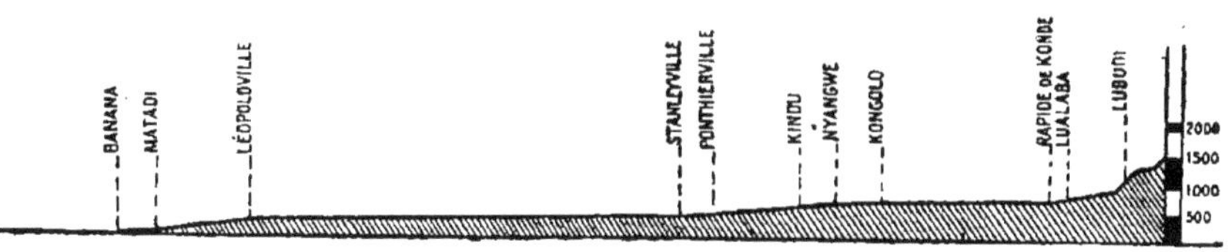

Profil du fleuve Congo.

LES AFFLUENTS DU CONGO

Le Lualaba prend sa source à l'altitude de 1.530 mètres, près de la frontière méridionale de l'État, dans une plaine herbue qui, par exception, n'a pas le caractère de plaines éponges dont il a été question plus haut.

Coulant entre de légères collines boisées, il acquiert rapidement une certaine importance et creuse sa vallée dans un pays rocheux peu perméable, où son cours est entrecoupé de nombreux rapides. Il traverse ensuite les grandes plaines alluviales de Kazembe et se précipite à travers les monts Mitumba par la *gorge de Zilo*, étroit goulet large de 60 mètres, profond de 400, où il forme des cataractes dont les principales sont celles de *Zilo*, de *Mukaka* et de *Kabulubulu*. La rivière subit dans cette gorge une dénivellation de 450 mètres sur un espace de 70 kilomètres. A partir du village de Lulu, la gorge s'élargit, la rivière redevient plus calme quoique à tout instant coupée par des rapides. Elle mêle ensuite ses eaux à celles du Kuleshi. Le Lualaba ne traverse, à part les plaines de Kazembe, qu'un pays pauvre et peu habité où il se livre encore partout à un actif travail d'érosion dans des roches dures et peu perméables qui rendent son cours inutilisable.

La Lufira prend sa source dans les monts *Mukola*. Elle s'engage immédiatement dans une vallée bien accusée, où elle est constamment coupée par des chutes. A partir du Katanga elle coule dans une grande plaine alluviale, traverse les monts *Koni* en formant des rapides, puis parcourt à nouveau une plaine d'alluvions d'une grande fertilité, où elle reçoit le **Lofoi** et la **Lufwa**

à droite, la **Bunkeya**, l'importante **Dikulue** et le **Lovilombo** à gauche.

A la saison des pluies, la Lufira inonde ces plaines, puis, dès que la belle saison venue a fait rentrer les eaux dans leur lit, les herbes poussent avec vigueur, et les troupeaux de zèbres et d'antilopes viennent peupler ces étendues verdoyantes. Près du village de Kasepa la rivière s'engage dans une dépression en contrebas d'environ 80 à 100 mètres où elle forme les chutes *Kiubo,* traverse ensuite les Mitumba, au sortir desquels elle coule vers le nord jusqu'à Kayumba (ancien), puis vers l'ouest, pour se jeter dans le Lualaba au lac Kisale.

Le Lovoi naît dans le plateau de Samba et décrit ses méandres vers le nord-est, au fond d'une profonde vallée d'érosion qu'il s'est creusée dans la savane. Il reçoit à gauche le **Kilubi** et rejoint le Lualaba en aval du lac Kisale.

Le Luapula a pour origine le *Tshambezi* dont la source est située dans les possessions anglaises et qui, coulant vers le sud-ouest, laisse tomber ses eaux dans la cuvette du Bangwelo *(voir page 72)* et dans les marais de Bemba. En sortant du lac Bangwelo la rivière prend le nom de Luapula, reçoit la **Muniengashe** venant du sud, forme dans une gorge étroite, située en amont de Kalonga, les *chutes Monbirana* et se dirige vers le nord dans une vallée de 30 à 40 mètres seulement de largeur.

C'est dans cette partie de son cours qu'elle

reçoit le **Kafubo** et forme les *chutes Johnston*. Elle arrose ensuite Kasenga, village à partir duquel son cours devient paisible.

Le Luapula s'épanche alors dans un pays très marécageux inondant ses rives jusqu'à plusieurs kilomètres de distance et, laissant sur sa rive droite la lagune de **Mofwe**, il se jette dans le lac Moero *(voir page 72)*, dont il sort au port de Pweto. Accru peu après des eaux de la **Lubule** qui lui vient de l'ouest et de la **Lufonzo** venant de l'est, il s'engage dans les monts Mitumba. La traversée de cette chaîne n'est pour la rivière qu'une suite d'étranglements et d'expansions, de chutes et de rapides. Après avoir franchi la chute de *Kanke* (15 à 20 mètres) et formé, encombrée d'îles, le *Pool de Kanke*, elle pénètre, à partir du mont Kilele, dans la gorge sauvage du même nom où, pendant 40 kilomètres, son cours n'est qu'une suite de chutes et de rapides traversant une fracture de 400 mètres de profondeur sur 40 mètres à peine de largeur. Au sortir de la gorge, après avoir formé des pools d'une largeur de 2 kilomètres environ et franchi quelques nouvelles chutes, elle voit sa vallée s'élargir, bordée seulement de quelques monts de 200 à 300 mètres d'altitude. Elle se jette dans le Lualaba à Ankoro, en un cours plus important que le fleuve lui-même, au milieu d'une vaste plaine uniformément plate.

La Lukuga sort du lac Tanganika au sud du poste de Toa (Albertville). Elle traverse la chaîne occidentale du Graben par la *gorge de Mitwanzi,* où elle est dominée par des masses rocheuses de plus de 300 mètres de hauteur. Elle y est obstruée par de grandes chutes.

A hauteur du Wabenza la vallée s'élargit et la rivière prononce un léger coude vers le nord, bientôt suivi d'un second plus important, puis, après s'être encore une fois resserrée en créant de nouveaux rapides, elle reçoit la **Luizi**.

La vallée s'étend alors définitivement en une plaine large de 10 kilomètres où la Lukuga coule lentement jusqu'au Lualaba. La Lukuga est le déversoir intermittent du lac Tanganika. Elle est de faible importance : son débit atteint à peine, à la saison sèche (seul débit mesuré), 30 mètres par seconde. Sa crue paraît être de 2 mètres.

En aval de la Lukuga, le Lualaba, auquel l'étroit plateau de l'ouest n'envoie que peu de tributaires, reçoit à droite, jusqu'à l'Aruwimi, une série d'affluents assez importants qui dévalent tous du versant ouest de la chaîne occidentale du Graben, en offrant les mêmes caractères d'inégalité de lit.

Parmi les plus importants citons la **Luama,** la **Lowa,** la **Lindi** et l'**Aruwimi.** Le volume élevé de ce dernier provient de ce que, dans son cours étendu, il draine aussi les eaux du versant méridional du plateau Congo-Nil.

La Luama prend sa source au mont *Kalundwa,* se dirige vers le nord dans une vallée bordée de collines, s'infléchit vers l'ouest en traversant le riche pays du Manyema et se jette dans le Lualaba en amont de Kasongo, par une bouche de 225 mètres de largeur.

La Lowa est un affluent important qui naît dans la chaîne occidentale du Graben. Elle traverse un pays de forêts où l'on signale une importante chute et où il reçoit à droite la rivière **Oso**. Ses eaux vont grossir le Lualaba en un cours mesurant près de 900 mètres à son confluent.

Von Götzen a eu l'occasion de constater une différence de niveau dépassant 2.000 mètres sur une distance de 360 à 400 kilomètres en ligne droite.

La Lindi naît également dans la chaîne occidentale du Graben, traverse la forêt, arrose Bafwazende et se jette dans le Congo avec les eaux de la **Tshopo**. Elle est barrée par de grandes chutes, de même que cette dernière rivière dont une des cataractes atteint 45 mètres de hauteur.

L'Aruwimi, qui draine une superficie approximative de 100.026 kilomètres carrés, est par le volume de ses eaux le troisième affluent du Congo. Il prend sa source dans les *monts Bleus*, près du lac Albert, et coule vers le sud-ouest dans une crevasse profonde où son volume s'accroît rapidement.

Après avoir reçu la **Luki**, dans une contrée fort peuplée, il arrose le poste d'Irumu et pénètre dans la grande forêt équatoriale; sa largeur à cet endroit est de 50 à 60 mètres. Celle-ci augmente rapidement et, vers Adilshongu, elle atteint

300 mètres. Après avoir arrosé Mawambi, l'Aruwimi se grossit de l'**Epulu**, qui vient du nord-est (largeur à son confluent : 50 mètres), de la **Lenda** qui vient du sud, arrose le poste d'Avakubi et forme les *chutes de Yanga*. Il s'accroît ensuite au poste de Bomili de l'important **Nepoko**, qui vient du nord et se précipite dans la rivière en formant une chute de 280 mètres de largeur.

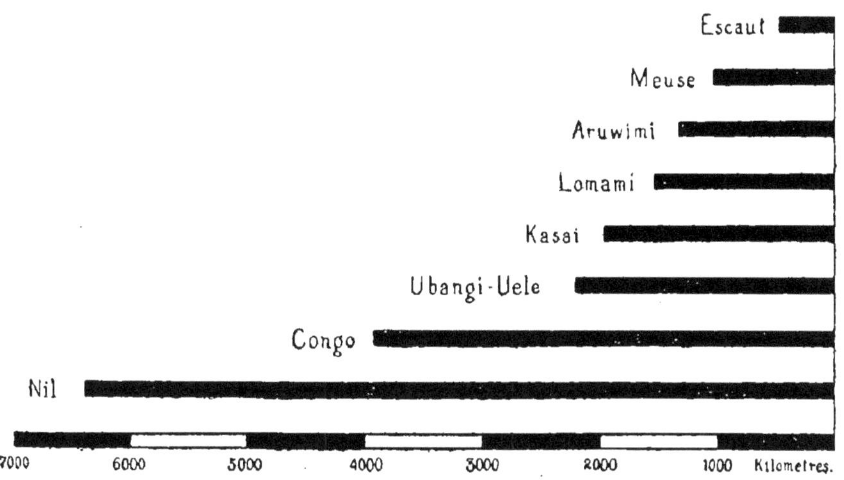

Longueurs comparées du Congo et d'autres fleuves.

Le fleuve a conservé jusque là une largeur de 300 mètres, coulant à certains endroits entre des murailles escarpées. Gonflé des eaux du Nepoko, l'Aruwimi devient un imposant cours d'eau de 400 mètres de largeur, qui descend de la région supérieure en formant de nombreux rapides et chutes, parmi lesquels il faut citer la chute de *Panga* (9 mètres).

En aval, la rivière voit son cours s'apaiser, sans cependant être navigable.

La population redevient assez dense. La rivière augmente d'importance (450 à 500 mètres), formant de temps à autre une île; elle passe devant la mission de Banalya et franchit deux derniers rapides à Yambuya, entre des rives encaissées.

A partir de ce poste, où commence la navigation, l'Aruwimi libre de toute entrave s'élargit de plus en plus, passant de 450 à 1.300 mètres; ses rives très peuplées s'abaissent, restant à quelques mètres au-dessus du niveau de la rivière.

Il reçoit, dans son cours inférieur, la **Lulu**, rivière profonde et rapide, de 50 mètres de largeur environ, et se jette finalement dans le Congo devant Basoko.

L'Aruwimi a une forte crue en juin, puis ses eaux baissent pour remonter vers la fin de septembre.

Le **Lomami** présente la remarquable particularité de suivre pendant près de 800 kilomètres un cours parallèle à celui du Lualaba, dans une vallée qui n'en est séparée sur tout son cours moyen et inférieur par aucun relief sérieux, et qui, cependant, le rapproche parfois du fleuve à 50 kilomètres et s'en éloigne rarement de plus de 200.

Cet important affluent naît dans le *plateau de Samba* à l'altitude de 1.140 mètres. Creusant insensiblement sa vallée, il traverse une région encore peu connue et, entre le 7e et le 8e parallèle, coule au fond d'une vallée marécageuse, qui draine un étroit plateau ondulé, dominant les vallées voisines. Après un nouveau parcours d'une centaine de kilomètres, il reçoit à gauche la **Lukasi** et le **Lurimbi** descendant tous deux du nœud hydrographique situé au sud de Kabinda.

Reprenant la direction du nord, il traverse le pays peuplé situé en aval de Gandu, en formant trois rapides assez dangereux. Après un trajet sinueux et assez agité, il rencontre de nouveaux et derniers obstacles à Bena-Kamba et devient, à partir de ce point, accessible aux vapeurs venant du Congo.

C'est, en aval de ce poste, une rivière importante, très sinueuse, se resserrant parfois, s'élargissant ailleurs en formant de nombreuses îles, et présentant des rives boisées, tantôt basses, tantôt élevées, habitées par une population sauvage. L'étroitesse de sa vallée empêche le Lomami de recevoir aucun affluent important dans toute cette partie de son cours. Citons cependant, près de son confluent, le **Lubai,** qu'il reçoit à droite.

Il se jette dans le Congo à Isangi, à 393 mètres d'altitude, après avoir parcouru plus de 900 kilomètres. La pente moyenne est de $0^{m}83$ par kilomètre.

Les cinq affluents que le Congo reçoit dans la grande boucle qu'il décrit sur l'équateur : le *Rubi,* la *Mongala,* la *Lulonga,* l'*Ikelemba* et la *Busira Tshuapa,* auxquels il faudrait joindre la *Lukenie,* quoiqu'elle appartienne au bassin du *Kasai,* présentent des aspects uniformes, caractéristiques de la région centrale : des vallées immenses faiblement séparées par des lignes de faîte à peine marquées, un cours supérieur légèrement encaissé et souvent sinueux, un cours inférieur à fleur de sol, prêt à déborder à la première crue, pour se répandre sur les berges, basses presque partout.

Le Rubi prend sa course au nord du moyen Aruwimi. Il reçoit un grand nombre d'affluents dont le plus important, la **Likati**, venant du nord-ouest, fait du Rubi, en amont d'Ibembo, une rivière profonde.

Son cours inférieur, marécageux, rejoint le Congo par les cinq bouches du delta de Malema.

La Mongala est formée de la **Dua** et de l'**Ebola**. Ces deux rivières assez importantes coulent entre des bords boisés et élevés, puis marécageux, et se joignent près de Bokula en une seule rivière de 150 mètres environ. Après s'être grossie de la **Motima**, la Mongala, devenue importante, se jette dans le Congo à Mobeka.

La Lulonga est une belle rivière (largeur 900 m. à son embouchure, 300 mètres en moyenne) formée de la Maringa et du Lopori.

La Maringa naît à l'ouest du bas Lomami et traverse un pays forestier, généralement bas et marécageux.

Le Lopori qui vient de l'est et coule parallèlement au Congo dont il est séparé par de petites collines rejoint la Maringa à Basankusu. A partir de ce village, la Lulonga est une rivière large, aux eaux basses, présentant quelques rares ondulations.

L'Ikelemba, rivière au cours tortueux, vient

se jeter dans le Congo, un peu en amont de Coquilhatville.

La Busira Tshuapa prend sa source dans le plateau de *Yongozi* à l'ouest du Lomami.

Elle traverse une région boisée où elle coule parfois très resserrée (20 mètres) entre des rives à pic de 8 à 15 mètres de hauteur. Elle reçoit la **Lomela**, puis la **Salonga**, rivière au cours profond et sinueux, et la **Momboyo**, dont les vallées présentent le même caractère. La rivière atteint en amont de Mondombe une largeur de 75 à 100 mètres; dans son cours inférieur, celle-ci est en moyenne de 300 à 400 mètres et va parfois jusqu'à 600 mètres.

Tous ces affluents, comme d'ailleurs la rivière elle-même, laissent entrevoir de temps à autre au voyageur de vastes plateaux habités.

L'Ubangi, le plus important des affluents du Congo, amène au grand fleuve les eaux de tout le plateau Congo-Nil. Maintenu dans une direction est-ouest par le relief qui, sur sa rive gauche, pointe de temps à autre en collines, il ne parvient à le franchir qu'à Zongo et descend alors dans la plaine du Congo central. Il porte dans son cours supérieur le nom d'*Uele*.

L'Uele naît dans les montagnes Bleues, à une altitude d'environ 1.350 mètres, et se dirige vers l'ouest dans un pays montagneux et peu habité. Son cours sinueux et relativement profond est coupé de quelques rapides et atteint, en amont de Bitima, une largeur de 50 à 70 mètres. Il arrose

Van Kerckhovenville et, après avoir franchi de nouveaux rapides, il reçoit à droite la **Dungu**, rivière encombrée de chutes dont le débit est aussi grand que celui de l'Uele. A partir de Dungu, l'Uele est utilisé pour des transports par pirogues. La rivière continue son cours en gardant la même direction, coupée de rapides, entre des rives découvertes, basses, parfois inondées. Sa largeur, très variable, ne dépasse pas 400 mètres et oscille le plus souvent entre 75 et 225 mètres.

Le pays redevient peuplé, et l'Uele, après avoir formé de petites chutes, reçoit la **Gada** à gauche, puis la **Bwere** (30 à 40 mètres) et la **Gurba** venant du nord. La rivière s'élargit et forme, dans une large et belle vallée, de grandes îles habitées.

Elle s'infléchit brusquement vers le sud et contourne le massif des Amadis, petites collines groupées dans le pays de ce nom.

Au delà de la chute d'Angba elle s'épanche de manière à présenter une largeur de 2.000 mètres qui ne tarde pas à se réduire à 600 et 700 mètres jusqu'aux Amadis. A partir de ce poste elle remonte vers le nord pour décrire une nouvelle courbe au delà de laquelle elle arrose Bambili, où elle est coupée par un énorme banc de roches.

C'est alors qu'elle reprend sensiblement la direction de l'ouest après avoir reçu au sud son important affluent, le **Bomokandi** (200 à 300 mètres), qui passe au sud du mont Tenar et traverse des pays peuplés généralement assez montagneux.

Gonflée ensuite à droite de l'**Uere**, rivière aux

rives désertes coupée de rapides violents, et à gauche de la **Bima**, également parsemée de rapides, elle s'élargit considérablement, atteignant parfois 1.800 mètres, et forme de nombreuses îles. Elle poursuit son cours accidenté et, après s'être resserrée à Bondo, s'élargit à nouveau et forme les *rapides de Gembele.* A partir de ceux-ci l'Uele change de caractère. C'est une grande et profonde rivière aux rives basses, aux îles peu nombreuses, aux affluents sans importance. Elle fait un coude assez brusque vers le nord et arrose Yakoma, où elle reçoit le Bomu dans un site plat et marécageux.

De sa source à 1.350 mètres, l'Uele est tombé à Yakoma à 430 mètres environ, soit une chute de plus de 900 mètres sur 1.300 kilomètres de parcours.

Le Bomu prend sa source au nord-ouest de Doruma et poursuit dans une direction est-ouest un cours souvent encombré de rapides, au milieu d'un pays généralement plus accidenté sur la rive gauche que sur la rive droite. Il arrose Gufuru et descend vers le sud un peu en amont de Bangassou. Il forme ensuite les rapides de *Likassa,* les chutes de *Goni* et de *Hanssens,* où la rivière a plusieurs kilomètres de largeur et coule dans un fouillis d'îles, d'îlots et de rochers. Les rives, dans son cours inférieur, sont basses.

Les affluents du Bomu sont l'**Uara**, le **Shinko**, le **Bari** et le **Bili**.

Le Bili, qui coule entre le Bomu et l'Uele, a une

direction est-ouest; il forme une série de biefs navigables, séparés par de superbes chutes. Sa largeur, de 50 mètres au nord de Bondo, en atteint 100 vers le Bomu.

L'Uele et le Bomu reçoivent une foule d'affluents aux cours généralement tourmentés et coulant, le plus souvent, fortement encaissés, dans des forêts en galeries.

De Yakoma au *rapide de l'Éléphant,* la vallée de l'Ubangi est constituée par quatre grands bassins que relient des échancrures d'une largeur variable.

Les bords de la première cuvette sont marqués par des hauteurs ne dépassant guère 125 mètres et s'étendant à une distance allant de 10 à 20 kilomètres de la rivière tant au sud qu'au nord.

Ces hauteurs se rapprochent ensuite jusqu'à réduire leur distance à quelque mille mètres en amont du rapide de Setema. Dans cette partie de son cours, la rivière coule dans un large lit, parsemé de nombreuses îles et de grands bancs de sable, entre des rives basses généralement herbeuses, où il reçoit le **Kotto**.

Dans la deuxième cuvette, que l'on peut limiter à Banzyville, des rochers granitiques, que l'érosion n'a pu détruire jusqu'ici, forment le dangereux *rapide de Setema,* au delà duquel l'Ubangi redevient calme jusqu'à Banzyville, où deux promontoires granitiques, distants de 400 mètres, forment un nouvel étranglement dans lequel les eaux se précipitent en rapide.

A cet endroit, la rivière est à 426 mètres d'altitude et sa vallée se borde au sud de quelques monts de 600 à 700 mètres.

L'Ubangi reprend ensuite son cours large et tranquille vers le nord-ouest en entrant dans le troisième bassin dont la limite est marquée par les massifs hauts de 575 mètres qui bordent ses deux rives en amont du confluent du Kuango.

Puis la rivière s'infléchit vers l'ouest et vers le sud jusqu'à Mokoange, où elle entre dans les collines de Zongo et forme, jusqu'à la localité de ce nom, une suite de rapides rarement franchissables, parmi lesquels il faut citer celui de l'Éléphant qui indique l'extrémité de la quatrième cuvette.

En traversant ces collines, l'Ubangi descend dans le Congo central et, de même que le Congo et ses affluents dans cette région, il s'élargit, encombré de bancs de sable, entre des rives basses et couvertes de forêts peuplées.

C'est ainsi qu'il rejoint le Congo, au milieu d'un enchevêtrement d'îles, après avoir reçu à gauche la **Lua** et, un peu en amont de son confluent, la **Giri**, rivière sinueuse qui coule dans une étroite vallée très marécageuse.

L'Ubangi a une crue annuelle correspondant aux saisons : les eaux atteignent leur niveau le plus bas du 15 au 30 avril et le niveau le plus élevé du 15 au 30 octobre; la différence de niveau varie de 5 mètres à $5^{m}50$. L'altitude de son confluent est de 298 mètres; sur les 2.350 kilomètres de son parcours, sa pente moyenne est de $0^{m}45$ par kilomètre.

L'Ubangi, quoique laissant à désirer comme voie navigable, n'en est pas moins une sérieuse ligne de pénétration vers le nord et vers les riches pays Azande.

Le Kasai. Si, par le volume de ses eaux, le Kasai n'est que le second des affluents du Congo, il en est incontestablement le premier par l'étendue de son bassin qui embrasse tout le sud de la région qui s'étend du Lomami aux monts de Cristal.

Dans toute cette immense contrée, dont il occupe à peu près la ligne médiane, coulent avec une unité de direction et d'aspects frappants une série de rivières accusant un remarquable parallélisme et descendant des plateaux méridionaux dans des vallées encaissées. Arrivées dans la dépression centrale, elles subissent de brusques changements de direction et se réunissent en un tronc de direction générale est-ouest, qui prend le caractère des fleuves de la région centrale et s'unit finalement au Congo, en traversant les premiers glacis des monts de Cristal.

Le Kasai prend sa source dans les monts Masamba (possessions portugaises) et coule d'abord vers l'est, dans une vallée bordée de coteaux; s'infléchissant ensuite vers le nord, il descend le plateau de Lunda entre des rives assez basses. Il continue ainsi, s'encaissant progressivement, et arrive dans la région centrale en franchissant les chutes *Pogge* et *Wissmann*. Il a reçu jusqu'ici comme affluents : le **Chiumbwe**, le **Luachemo**, la **Tshikapa** et la **Lovua**. Accru de la **Lulua** et du **Sankuru** venu de l'est, de la **Loange** (sud), le Kasai devient alors une large rivière coulant, émaillée de nombreuses îles, au milieu de vastes étendues plates, tantôt boisées, tantôt s'étalant en prairies étendues.

Un peu en amont du confluent du **Kwango**, il se resserre à la passe de *Swinburn*, puis, gonflé de cet affluent, il s'épanche à nouveau dans de vastes prairies où il forme le *Wissmann Pool*.

Augmenté de la **Fini**, il quitte bientôt son aspect de rivière paresseuse pour pénétrer dans les monts de Cristal. C'est alors un étroit et profond canal, d'une vingtaine de kilomètres de longueur, appelé *gorges de Kwa*, ne dépassant pas 400 mètres de largeur et roulant violemment ses eaux entre des collines rocheuses, souvent à pic, au sortir desquelles il se jette dans le Congo à une altitude de 322 mètres.

La Lulua prend sa source vers 11° de latitude sud et 24° de longitude est (Greenwich) et traverse tout le plateau de Lunda, dans une vallée étroite, allant en s'approfondissant du sud au nord. Cette rivière importante, coupée de nombreuses chutes, semble être, par son orientation générale, le véritable cours supérieur du Kasai. Elle reçoit le **Lukeshi**, venant de l'est, puis la **Muzilezi** et forme ses derniers rapides avant d'arriver à Luebo, où elle s'accroît du **Luebo**.

Le Sankuru sort du plateau de Samba et coule

lentement vers le nord dans une vallée généralement large. Après avoir reçu à droite le **Lubishi** et le **Luembe** qui lui sont parallèles, il décrit ses méandres dans une plaine étroite, profondément creusée au milieu d'un pays tourmenté. Il y forme entre autres les *chutes Wolff,* où il reçoit la petite rivière *Kashimbi,* qui roule ses eaux dans la faille de ce nom. Puis, tout en restant fort encaissé, le Sankuru entre dans la région centrale, traverse un plateau herbu et franchit ses derniers rapides à Pania-Mutombo, où il devient navigable. A partir de ce point, les rives s'abaissent rapidement, couvertes généralement de prairies, de bois et montrant çà et là quelques collines à pic. C'est ainsi que la rivière reçoit le **Lubi** et le **Lubefu**. Ce dernier affluent prend sa source au nœud hydrographique de Kabinda d'où sortent deux affluents du Lomami.

Le Kwango naît près du Kasai à l'altitude d'environ 1.600 mètres. Généralement fort encaissé, surtout dans sa partie supérieure et moyenne où les monts de Cristal bordent sa rive ouest en présentant des sommets de 1.000 mètres et plus, il est coupé de nombreuses et importantes chutes. Citons celles de *Guillaume,* de *François-Joseph* et de *Kingunshi,* ces deux dernières laissant entre elles un grand bief où la rivière, devenue calme, est navigable.

A partir de Kingunshi, le Kwango reste libre de rapides jusqu'au Kasai. Il rejoint celui-ci en décrivant vers l'est un brusque coude, après s'être rapproché du Congo, à près de 80 kilomètres.

Dans son cours inférieur, le Kwango coule dans de vastes plaines herbues, parsemées de bouquets de bois, où il reçoit à droite la **Wamba** et la **Djuma.**

La Wamba est encore peu connue, tout au moins en amont des chutes Destrain.

La Djuma est une belle rivière de l'importance du Sankuru, navigable pour les vapeurs sur plus de 300 kilomètres, et coulant dans un pays de vastes savanes parsemées de forêts, au milieu de populations très denses.

La Lukenie prend sa source à l'ouest du Lomami, dans le plateau de Yongozi. Elle suit, d'un cours très sinueux et souvent rapide, une vallée marécageuse et boisée, parallèle à celle du Sankuru dont elle est parfois très proche.

En amont de Lodja, c'est une rivière étroite, au cours très sinueux, dont la largeur varie de 20 à 40 mètres. A partir de ce poste, elle s'élargit, pour atteindre 75 mètres vers le confluent du Luali et 85 mètres au delà de Kole.

Elle n'a dans son cours supérieur que de petits affluents, mais elle se grossit en aval des eaux noires du lac Léopold II, qui sont visibles sur un assez long parcours, avant de se fondre dans les eaux plus claires de l'amont, et prend le nom de Fini jusqu'à son confluent avec le Kasai.

La Fini traverse une vallée marécageuse : les rives basses, couvertes de hautes herbes, s'étendent sur une largeur variant de 1 à 2 kilomètres au delà desquelles la lisière de la forêt indique la terre ferme.

Nous ne décrirons ni la **Sanga** ni l'**Alima**, rivières dont le cours est tout entier situé dans le Congo français.

L'Inkisi, le plus important des affluents du bas Congo, prend sa source dans l'Angola et coule dans une vallée boisée le plus souvent encaissée et très fertile dans sa partie inférieure.

Quant aux autres affluents du Congo, la **Lukunga**, le **Kwilu**, la **Lufu** et la **Pozo**, ce sont des torrents de montagne sans importance.

LE NIL

Dans l'État du Congo, le premier affluent du Nil est la **Rutshuru**. Cette rivière descend des contreforts du massif des Virunga pour se jeter dans le lac **Albert-Édouard**, d'où elle sort sous le nom de **Semliki**.

Celle-ci coule dans une large vallée très fertile et souvent boisée, dominée à l'est par l'énorme chaîne du Ruenzori et à l'ouest par la chaîne occidentale du Graben.

Dans son cours constamment coupé par des chutes, elle ronge ses berges, parfois encaissées de 18 à 20 mètres.

A hauteur de Kasindi, sa largeur est de 80 mètres et son volume de 360 mètres cubes.

DÉBIT DU CONGO ET DE SES AFFLUENTS

NOMS	ENDROITS	VOLUME	ÉPOQUE	LARGEUR	SOURCE
		Mètres cubes		Mètres	
CONGO . . .	Banana	48.000	—	11.000	*Tuckey*
» . .	»	120.000	Saison des pluies	—	*Chavanne*
» . .	»	70 à 80.000	Saison sèche	—	»
» . .	Stanley-Pool	40.776	Eaux les plus basses	—	*Stanley*
» . .	»	71.642	Eaux les plus hautes	—	»
LUALABA . .	Kisamba	875	Hautes eaux	350	—
» . .	Stanley-Falls	—	—	660	—
KASAI. . . .	Berghe Ste-Marie	11.000	Eaux moyennes (oct.)	640	*Élisée Reclus*
UBANGI . . .	Confluent	8.000	Eaux moyennes (oct.)	3.250	*Von François*
ARUWIMI . .	Bazoko	4.000	Hautes eaux (oct.)	1.500	—
LOMAMI. . .	Isangi	5.000	—	900	—
MONGALA . .	—	700	—	—	*Grenfell*
SANKURU . .	—	1.000	Février	—	»
LULONGA . .	—	1.400	—	—	*Von François*
Escaut. . .	**Anvers**	2.643	Marée basse	220	—
			Marée haute	550	—

LE SHILOANGO

Le Shiloango est un fleuve côtier qui prend sa source au sud de Boko-Songo (650 m. d'altitude).

Son cours supérieur se présente parsemé de gros blocs de rochers rendant la navigation impossible. Après un cours assez sinueux, la rivière s'approfondit et s'augmente à gauche de la **Lukula.**

Le Shiloango se jette dans l'océan Atlantique un peu au nord de Landana.

Ses vallées sont très fertiles.

LES LACS

Les principaux lacs de l'État du Congo sont le *Tanganika,* le *Bangwelo,* le *Moero,* le *Léopold II,* l'*Albert-Édouard,* le *Kivu,* le *Tumba,* le *Kisale,* l'*Upemba,* le *Kabele* et le *Dilolo.*

Quelques autres lacs de moindre importance existent aussi ; ce sont les lacs *Moria, Lubangole* et ceux du *plateau de Samba.*

Le lac Tanganika. De tous les lacs du Congo, le plus important de beaucoup, tant par sa superficie (35.120 kilomètres carrés) que par sa profondeur (650 mètres), est le Tanganika.

Ce lac, formé aux temps géologiques par toutes les eaux des pays environnants venant se jeter dans une des fractures les plus profondes de la grande crevasse, dut avoir alors une altitude supérieure de plus de 100 mètres à son niveau actuel (854 mètres).

Sous l'abondance des eaux, le niveau atteignit le seuil le moins élevé des chaînes voisines et commença à s'écouler dans le Lualaba par la gorge de Mitwanzi (Lukuga). C'est ainsi que le lac, séparé d'abord par les monts Virunga du domaine nilotique auquel il eût dû se rattacher, forma un bassin isolé pour se joindre finalement au bassin du Congo.

Le lac Tanganika, dont la longueur est de 640 kilomètres environ, est relativement étroit, puisque 80 kilomètres seulement séparent ses rives dans leur plus grande largeur, 30 dans la partie la plus étroite.

Ses abords, très fertiles, généralement accidentés, surtout sur la côte occidentale qui est plus montagneuse, sont souvent à pic, faisant correspondre leurs saillants et leurs rentrants dans la partie centrale du lac et détachant dans la région septentrionale la presqu'île de Kibanga.

Le Tanganika est d'une importance énorme pour les communications du nord au sud.

Il a comme déversoir intermittent la Lukuga, qui parfois (il y a trente ans encore) s'embarrasse d'un barrage de sable et de débris qui arrête l'écoulement du lac et fait remonter pour quelque temps son niveau.

Le lac Kivu, d'une superficie de 3.000 kilomètres carrés environ, dort à une altitude de 1.476 mètres dans la cuvette formée par les hauts massifs montagneux environnants.

Sa profondeur est encore inconnue, mais elle doit être considérable. Son centre est occupé par une île allongée.

La Ruzizi, émissaire du lac Kivu, est un affluent de peu d'importance, coupé de nombreuses chutes et ayant la forte pente de 8 mètres par kilomètre.

Le lac Bangwelo (5.000 kilom. carrés environ) fut formé par les eaux du Luapula qui, arrêtées par des reliefs rocheux situés en aval, s'épanchèrent sur le *plateau de Bemba* pour former la lagune fluviale de ce nom.

Les eaux de cette lagune, en refluant, rencontrèrent au nord une sorte de cuvette assez profonde et la remplirent, formant ainsi le Bangwelo proprement dit.

Ce lac, encombré d'îles, est généralement peu profond. Son altitude est de 1.130 mètres environ.

La surface inondée par le Bemba est à peu près d'un tiers plus considérable à la saison des pluies qu'à la saison sèche.

Le lac Moero (5.230 kilom. carrés) fut formé d'une façon analogue par le Luapula arrêté par la traversée des monts Mitumba. Il est assez marécageux dans le sud où il forme la lagune de Mofwe; ses autres rives sont assez élevées, formant même parfois des falaises. La plus grande largeur du lac est de 25 à 30 kilomètres et sa profondeur de 2 à 3 mètres seulement.

On y remarque au sud l'île de Kilwa (Grande-Bretagne).

L'altitude du Moero est de 972^{m}20.

Ces lacs furent sans doute antérieurement beaucoup plus étendus qu'aujourd'hui, mais l'approfondissement de leur gorge d'écoulement les vide peu à peu; les détritus végétaux et les dépôts alluviaux les comblent, laissant entrevoir dans un avenir encore éloigné leur disparition complète.

Les lacs Léopold II et Tumba sont les vestiges de l'ancienne mer intérieure du Congo. D'une superficie respective de 2.344 et de 1.500 kilomètres carrés environ, ils s'écoulent dans le Congo, le premier par la *Fini,* le second par l'*Irebu.* Ce sont des lacs sans grande profondeur, aux rives généralement basses, boisées et marécageuses, coupées en de rares places par quelques promontoires rocheux. Le lac Léopold II possède, dit-on, comme un mouvement de marée peu sensible (15 à 20 centim.), mais appréciable cependant au cœur de la saison sèche. Il est possible qu'à la saison des pluies il soit en communication avec le lac Tumba.

Le lac Albert-Édouard (4.480 kilom. carrés, altitude 920 m.) occupe la partie de la grande crevasse située immédiatement au nord des monts Virunga. Il reçoit par un court et large émissaire (500 m.) les eaux du petit lac **Ruisamba** qui entoure vers le sud-est le pied du Ruenzori.

Ces deux lacs, formés par les nombreux torrents descendus du Ruenzori et des monts du Pororo, ont comme affluents le **Mpanga** et le **Rutshuru.** Les rives de l'Albert-Édouard, à pic à l'ouest, sont formées au nord-ouest et au sud par les plaines de la Rutshuru et de la Semliki, jadis recouvertes entièrement par les eaux du lac.

Le Dilolo est un petit lac entouré de marais du genre de ceux auxquels Livingstone a donné le nom d'éponges.

Aux pluies, le trop-plein de la cuvette du lac s'épanche et les eaux de ce dernier coulent dans la Lutembwe qui, elle-même, est en communication avec le Zambèze.

LE RÉGIME DU CONGO

Des observations numériques de niveau faites jusqu'à présent on peut déduire qu'avec tous les fleuves situés de part et d'autre de l'équateur le Congo a deux crues et deux abaissements de niveau. Cependant on ne constate pas dans ce fleuve de crue subite, mais plutôt deux crues partielles, l'une en avril-mai, l'autre en novembre-décembre, cette dernière étant la plus importante. Il faut trouver l'explication de ce phénomène dans les faits suivants : les affluents de droite importants prennent leur source au nord de l'équateur : ce sont l'Ubangi et le Sanga qui, sous l'influence des abondantes pluies qui tombent dans les régions qu'ils drainent, se gonflent et, après avoir inondé leurs rives partout où celles-ci sont basses, grossissent le Congo et provoquent une première crue qui atteint son maximum, dans le bas Congo, vers la mi-décembre. Les affluents de gauche ont leur point d'origine au sud de l'équateur : sous l'énorme quantité d'eau tombée à la saison des pluies, le Luapula s'étend dans les marais de Bemba et de Mofwe; la Lufira déborde dans les plaines du Katanga; le moyen Lualaba emplit ses lagunes et les rivières des terres basses du plateau central

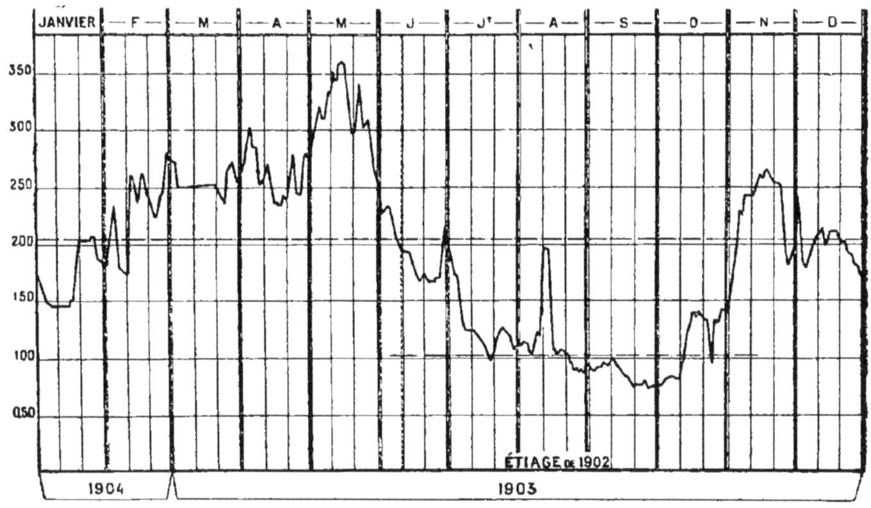

Le régime du fleuve à Lowa.

(Tshuapa et Lukenie) sortent de leur lit. Toutes ces eaux réunies produisent une deuxième crue du Congo, sensible dès le mois de mars, atteignant son maximum vers la mi-mai. Comme les saisons sont inverses pour une même latitude, suivant que l'on se trouve au nord ou au sud de l'équateur, les affluents de droite apportent leur maximum de volume d'eau sensiblement au moment où ceux de gauche ont leur minimum d'apport et inversement : il en résulte que le débit du Congo est plus ou moins équilibré.

En ce qui concerne les affluents du Congo situés dans le voisinage de l'équateur, ils présentent des variations de débit relativement peu sensibles.

Les crues du fleuve sont très variables avec les années. Par suite de la sécheresse dans un des hémisphères, il arrive que la crue se produise à peine dans les affluents de cette région.

L'écart entre les niveaux extrêmes, dans la section entre Matadi et Boma, est de 3 mètres environ ; il s'élève à 4 mètres entre le Stanley-Pool et les Falls ; dans le haut Ubangi il dépasse 5 mètres. Ce n'est pas d'ailleurs avec le débit seul que varie le niveau des eaux : d'autres circonstances interviennent et notamment la nature des rives.

Le débit maximum du fleuve à Boma correspond à la période des pluies : dans l'hémisphère sud il est alors d'environ deux fois son débit minimum.

L'étroit goulet des chutes, en barrant le fleuve, contribue en partie à régulariser son débit.

Le Congo subit peu les oscillations des marées. Celles-ci, incapables de refouler son formidable courant, se bornent, en montant, à glisser sous lui en exhaussant légèrement son niveau ($1^{m}85$ à Banana, $0^{m}53$ à Ponta da Lenha).

Les eaux du Congo sont chargées de sédiments qui lui donnent une couleur brunâtre. Ces sédiments, arrachés aux rives du haut fleuve, sont charriés en telle quantité qu'on estime à 350 millions de mètres cubes la quantité de débris que le courant dépose annuellement dans la mer, où il a formé un immense estuaire sous-marin, long de 480 kilomètres et bordé de montagnes atteignant plus de 1.800 mètres au-dessus du fond.

MARAIS

Comme tous les pays plats abandonnés à eux-mêmes, le Congo offre des parties marécageuses importantes, provenant de causes fort différentes.

Ces régions occupent des territoires où l'écoulement des eaux de la saison des pluies est arrêté soit par un barrage rocheux existant en aval (marais de Bemba et de Mofwe), soit par un sol peu ou point perméable, présentant une disposition faiblement en cuvette (abords du lac Dilolo, marais de l'étang Moero, du Lubengole et du moyen Lomami), soit enfin par un terrain trop peu élevé au-dessus du lit des rivières (rives du moyen Lualaba, de la Lukenie et de la Tshuapa).

COTES

Le Congo ne possède sur la mer que 35 kilomètres de côtes, allant de Banana à la frontière portugaise de Cabinda. C'est une plage sablonneuse confinant à une région assez marécageuse, traversée par quelques petites rivières au cours intermittent.

Conclusions.

Le Congo jouit, au point de vue hydrographique, d'une situation privilégiée, provenant surtout du gigantesque fleuve qui le traverse de part en part.

Dixième fleuve du monde par sa longueur, deuxième par son volume et par l'étendue de son bassin que dépasse seul celui de l'Amazone, le Congo forme dans l'Afrique équatoriale une voie de pénétration qui, par la facilité de sa navigation et la richesse des régions parcourues, ne le cède ni au Niger ni au Zambèze.

Inférieur au Nil comme longueur, le Congo lui est supérieur par la disposition des affluents, permettant de rayonner sans obstacles sur plus de 15.000 kilomètres de voies navigables du Stanley-Pool dans toute la région centrale, et après le passage de quelques chutes et rapides, jusqu'aux confins du territoire.

Le seul désavantage de cet admirable réseau hydrographique est d'être barré dans son cours inférieur par des chutes infranchissables. Mais cet obstacle, qui pendant longtemps a pu arrêter le développement économique du Haut-Congo, est tourné aujourd'hui par un chemin de fer.

Les côtes du Congo sont peu étendues, mais cet état de choses n'a guère d'importance, étant donné qu'au point de vue économique elles tirent leur importance non de leur étendue, mais des facilités d'accès qu'elles présentent.

Or, du Gabon à Saint-Paul de Loanda, tous les ports indistinctement sont des rades franches, forçant les navires à ancrer à plusieurs kilomètres de la côte. Seul l'estuaire du Congo comprend, dans cette partie de l'Afrique, trois ports en eau profonde : Banana, Boma et Matadi, accessibles en toutes saisons aux navires de mer et bien abrités des vents.

A ce point de vue, le Congo se trouve encore dans une situation privilégiée.

IV

ETHNOGRAPHIE

Coup d'œil historique.

Période préhistorique. — L'Afrique peut se diviser, au point de vue de l'anthropologie préhistorique, en deux parties que la structure géologique sépare d'ailleurs également l'une de l'autre : c'est, d'une part, au nord, la zone méditerranéenne caractérisée par l'abondance de terrains marins et où l'âge de la pierre est arrivé à une perfection pouvant rivaliser avec ce que l'on connaît de mieux en Europe, et, d'autre part, l'Afrique centrale et australe séparée de la première par une vaste zone désertique et s'en différenciant par un état d'infériorité manifeste et d'autant plus frappant que l'âge de la pierre y a duré peut-être quinze siècles de plus qu'en Europe.

Le territoire du Congo fait partie de la seconde zone, et les nombreux instruments de pierre trouvés dans le haut et le bas fleuve permettent de conclure à l'existence d'*un âge de la pierre*, qui, vraisemblablement, ne fut pas local comme on l'a prétendu, mais embrassa tout le bassin du Congo.

Quant à la division en âge de la *pierre taillée* et de la *pierre polie*, elle ne semble pas pouvoir être établie au Congo, car on trouve côte à côte des objets rentrant dans ces deux catégories et composés de la même matière première.

Les seuls vestiges d'objets polis ont été trouvés jusqu'ici dans le bassin de l'Uele et près du lac Moero où M. Diderrich signale l'existence de gouttières et de rainures produites dans le grès par le polissage d'instruments en pierre.

On est assez généralement d'accord pour considérer les pièces trouvées au Congo comme appartenant au quaternaire tout à fait supérieur.

Quelles furent les populations primitives qui fabriquaient ces instruments? Il est difficile de se prononcer là-dessus en toute certitude; mais il est probable que dans ces temps reculés le pays était occupé par une race naine : les *Négrilles*, dont les descendants se retrouvent encore groupés en petites colonies principalement dans la forêt; certains d'entre eux utilisent même encore de nos jours des objets en pierre, notamment des pointes de flèche en silex.

A une époque indéterminée, une race d'hommes grands, à la peau colorée en noir foncé, les Nigritiens occupant le Soudan, se mêlèrent aux Chamites (Berbères, Fellahs, etc.) à peau rouge (1)

(1) La race Berbère a disparu et l'on n'en trouve plus de vestiges ou de types absolument purs. On en voit encore la trace sur les magnifiques peintures qui ornent les monuments égyptiens (Dr Dryepondt).

et produisirent les peuples de type Bantu, qui, vers 6.000 ans avant l'ère chrétienne (1), chassés peut-être par quelque calamité ou par quelque invasion, se dirigèrent vers le sud et envahirent toute l'Afrique équatoriale et australe, de l'Uele au Cap, de l'océan Indien à l'Atlantique. Après avoir facilement vaincu les aborigènes, cette race grande et forte s'établit en maîtresse dans le pays, où elle apportait sans doute du Soudan l'usage du fer.

D'importantes migrations se produisirent parmi ces peuples, suivant deux grands courants principaux : l'un du nord au sud, l'autre du sud au nord, modifiant encore une fois profondément la constitution des peuplades.

Dans l'État du Congo, ces différents mouvements avaient produit des mélanges variés dont les *Bakonjo* de la Semliki nous montrent les descendants; peut-être les *Balolo* sont-ils également d'anciens Bantu.

Période historique. — L'absence de tout monument ou de tout document écrit limite forcément la période historique aux migrations dont les peuples ont conservé le souvenir dans leurs traditions. Dans le bassin du Congo, cette période, évidemment fort obscure, semble avoir amené deux migrations principales chez les Bantu. L'une, d'une direction générale sud-ouest, nord-est, dont les Baluba, les Wavira et les Walese

(1) Dr Jacques, d'après Franz Müller.

ont gardé la mémoire, et qui ne doit pas remonter plus loin que le XVIe siècle, car elle semble avoir propagé dans toute la forêt le tabac et le manioc, plantes essentiellement américaines; l'autre, du nord-ouest vers le sud-est, que nous signale le groupe des habitants de la grande bouche du Congo : Bangala, Mobali, se disant tous venus du nord-ouest (en avant de Fans peut-être) et ayant refoulé les Balolo devant eux.

A la frontière orientale de l'État, une race de peuples pasteurs venus du Nord, les Bahima (Galla d'après Maury), envahissait dans l'entre-temps l'Unyoro et l'Uganda et, s'imposant aux anciens Bantu, formait d'importants royaumes comme ceux du Ruanda et de l'Unyoro, par exemple. Dans ce dernier, des révolutions, affranchirent, à une époque inconnue, d'abord l'Ankole et tout dernièrement le Toro.

Vers le nord, les Azande abordaient le bassin du Congo et s'établissaient dans l'Uele.

Enfin, dans ces dernières années, l'élément sémitique arabe, venu du Zanguebar, avait prospéré dans la région orientale, amenant dans le vaste État un nouvel et dernier élément ethnique.

Des migrations de moindre importance avaient évidemment lieu sous l'influence de la famine, des inondations, etc. D'intimes mélanges de races se produisirent là où elles se trouvaient en contact, amenant la création de tribus métissées totalement différentes de leurs ancêtres.

L'influence des Européens de la côte occidentale, des chasseurs d'esclaves, de la traite, modifia encore les mœurs des peuplades, surtout vers la côte, amenant finalement l'ethnographie congolaise à l'état complexe où elle se trouve aujourd'hui.

Actuellement, d'ailleurs, les mouvements des peuples ne sont pas encore terminés et dans le sud, par exemple, les Kioko descendent encore lentement, mais de façon continue, les vallées des affluents portugais du Kasai.

Généralités.

VIE SOCIALE. — Quoique ayant formé jadis de grands empires féodaux, les peuples du Congo n'offrent plus que des tribus indépendantes que n'unit aucun lien politique. Placées sous les ordres d'un chef héréditaire et absolu, elles se groupent en un certain nombre de villages d'une population moyenne de 200 à 300 habitants. Cependant, dans certaines régions, on rencontre des villages dont le nombre d'habitants dépasse de beaucoup cette moyenne.

Avant l'établissement de l'autorité de l'État, le chef avait droit de vie et de mort sur ses sujets, mais son pouvoir était souvent limité par une assemblée des anciens. Les pénalités qu'il prononçait étaient parfois fort graves; elles comportaient généralement la mort en cas de meurtre, de vol, d'adultère, souvent aussi en cas de lèse-majesté.

L'organisation sociale comprend trois classes : *Les nobles ou riches*, membres de la famille du chef ou personnages influents par leur fortune; *les hommes libres* qui forment le gros des guerriers; *les esclaves*. Pour préciser la situation de ceux-ci, il est nécessaire de différencier nettement la traite de l'esclavage domestique.

La traite des esclaves, c'est l'envahissement des villages par des bandes armées, l'extermination des habitants qui résistent, l'enlèvement des autres. Ces derniers sont conduits sur les marchés pour y être vendus; c'est la plaie qui, pendant près de trois siècles, souilla l'humanité et dévasta l'Afrique. Universellement réprouvée aujourd'hui, elle a totalement disparu de l'État du Congo avec les Arabes chassés du Manyema.

Dans l'esclavage domestique, qui n'est en définitive qu'un métayage, le noir, au contraire, n'est plus l'esclave au sens que nous donnons à ce mot, mais une sorte de domestique à vie, traité le plus souvent avec certains égards et dont l'existence se confond presque avec celle des classes privilégiées. Travaillant avec son propriétaire, partageant ses repas, prenant part à ses joies et à ses peines, il tâche de se faire aimer de son maître et y réussit souvent. Sa situation est si peu inférieure que, lorsqu'il est intelligent, on le voit s'enrichir et, parfois même, être choisi comme chef par ses concitoyens.

Ces mœurs sont solidement ancrées chez les noirs. Les supprimer du jour au lendemain serait amener une perturbation qui bouleverserait le pays et occasionnerait les plus graves mécomptes. Seules, une longue occupation supprimant définitivement les guerres et des réformes changeront cet état de choses et amèneront toutes les classes à une égalité absolue.

Lorsqu'une décision importante doit être prise, elle est discutée en commun dans des réunions ou *palabres*, où chacun émet son avis, le chef réservant le sien pour la fin.

Vie nutritive. — Dans toute la partie occidentale de l'État, la base de la nourriture du nègre est le manioc auquel il joint la banane, l'arachide, la patate douce, etc. A partir du Lomami et plus à l'est, il se nourrit surtout de graminées, trouvant dans le millet, le sorgho et l'éleusine sa principale subsistance. Le nègre raffole de la viande, et c'est dans son goût pour cet aliment qu'il faut chercher la principale cause de l'anthropophagie. Ses boissons favorites sont le vin de palme, le vin de canne, la bière de maïs ou de sorgho. Le tabac est répandu dans tout le bassin. On trouve le chanvre sur le moyen Kasai et plus à l'ouest, mais sa disparition, en raison de la guerre sans merci que lui fait l'État, peut être considérée comme prochaine.

Vie sensitive. — Le vêtement du nègre est le pagne variant de grandeur, du grand pagne allant jusqu'à la cheville jusqu'au petit tablier de 10 centimètres carrés. Il est fait de cotonnade européenne, d'étoffe indigène, de fibres ou d'écorce battue.

Le signe distinctif des races est le tatouage, formant souvent des cicatrices profondes sur la figure et le corps. A côté de ce tatouage national, s'étendant au groupe de tribus de même origine, chaque homme a le sien propre, complémentaire du premier.

Grand enfant par sa nature même, le noir adore les ornements, qu'il fait varier à l'infini. Ce sont parfois d'énormes colliers de cuivre (pesant jusqu'à 12 kilogr.) qu'il se passe au cou, les brassards et les jambières de fil de laiton, le pelele, disque d'ivoire qu'il loge dans un trou percé dans la lèvre. Sa coiffure est aussi une de ses grandes préoccupations : tantôt il se rase les cheveux partiellement, tantôt il laisse pousser ceux-ci naturellement, mais toujours il en forme soit un chignon, soit un ensemble de nattes ou de houppes ornées de perles, d'épingles d'ivoire, etc. Il aime aussi le fard. Certaines tribus, assez rares cependant, déforment la tête des enfants. Un grand nombre se taillent les dents en pointes ou en créneaux, ou en extraient quelques-unes.

Les instruments de musique sont généralement rudimentaires, à part ceux de certaines régions telles que le Kwango et l'Uele. Chez les Azande, la musique est fort répandue; les troubadours chantent, en s'accompagnant d'une sorte de mandoline, les hauts faits de leurs ancêtres. Les noirs affectionnent surtout les moyens musicaux tapageurs : tambours, tam-tams, gongs, hochets et grelots. Les Mangbetu, les Azande et les Bakuba sont les seules tribus signalées comme possédant un sens relatif de l'harmonie. L'usage de la trompe d'ivoire est très répandu et certains sonneurs, tels que ceux de l'Aruwimi et du Kwango, en jouent en véritables virtuoses. Les grelots sont utilisés surtout comme bracelets ou jambières; on rencontre au Congo de nombreux modèles de hochets, de sonnettes et de castagnettes. Parmi les instruments à percussion, signalons les tam-tams, les tambours, les gongs et les xylophones. Les instruments à lamelles et à cordes sont les plus parfaits : ce sont les marimba, les harpes-guitares, les mandolines, les lyres et les cithares.

La danse est pratiquée partout, généralement accompagnée de multiples contorsions, mais pouvant prendre parfois un caractère des plus gracieux comme la danse des femmes de Banzyville.

VIE AFFECTIVE. — Le fétichisme est si répandu parmi les populations congolaises que ses pratiques se retrouvent même chez les tribus ralliées au Coran par trente ans de domination musulmane. Les noirs croient généralement à une force suprême invisible, créatrice du bien et du mal et se manifestant par les éléments. Mais cette vague idée les préoccupe beaucoup moins que celle des esprits, qu'ils tâchent de se rendre favorables par des offrandes répétées ou par des sacrifices humains.

Leurs fétiches sont des objets de toute espèce : dents ou peaux d'animaux, touffes de poils, plantes, ossements et surtout statuettes en bois grossièrement sculptées la plupart du temps et répandues principalement dans le Bas-Congo, le Kasai et le Katanga. Celles-ci y sont considérées comme des représentants de la divinité; on leur réserve une hutte et elles sont l'objet de la vénération de tous.

Les autres fétiches sont plutôt des talismans, de même que les amulettes dont le goût est aussi fort répandu dans tout le bassin.

Les représentants du culte dans les tribus sont les féticheurs ou sorciers. Disposant d'un pouvoir souvent très grand, sauf dans quelques tribus du nord, ils fabriquent des fétiches qui guérissent les malades, chassent les maléfices et bénissent les guerriers allant en expédition. Ils se transmettent généralement leurs pouvoirs de père en fils.

Très superstitieux, les Congolais voient des présages heureux ou malheureux partout.

Ils croient généralement que la mort survenue ailleurs qu'à la guerre est due à de mauvais esprits; aussi les sorciers payent-ils parfois de leur vie la mort d'un personnage de marque. Quant à l'idée de la métemsycose, elle n'est répandue que chez quelques tribus du nord.

La polygamie est générale. Le mariage n'est que l'achat, par le mari, d'une femme qui travaillera pour lui et lui donnera des enfants. Mais cette épouse occupe une situation plus ou moins importante, selon qu'elle est tirée de la classe des femmes libres ou de celle des esclaves.

Les décès donnent lieu à des cérémonies toujours curieuses, mais aussi parfois cruelles. Le mort est enterré en grande pompe, avec une partie de ses richesses, au milieu des cris, des pleurs, des danses et des coups de fusil de ses amis. Dans le Haut-Congo la perte d'un chef servait souvent de prétexte autrefois à des sacrifices humains.

VIE INDIVIDUELLE. — L'habitation se résume, pour les peuples primitifs, uniquement à un couvert contre les éléments. Ils n'y voient autre chose qu'un abri indispensable et n'ont jamais songé à lui faire jouer un rôle quelconque autre que celui de protéger ses habitants contre le soleil, la pluie ou la tempête. L'indigène semble n'attacher aucune importance à son logis; il n'a pour lui de valeur que par le travail qu'il lui a coûté.

La cause de cet état de choses est double : elle réside d'abord dans ce fait que la division infinie du pouvoir amène des guerres continuelles, dont la destruction des villages est le moindre des maux; ensuite, en ce que les tribus riveraines ou de l'intérieur, vivant de pêche ou de produits agricoles, sont souvent forcées d'émigrer pour rechercher de nouvelles pêcheries ou de nouveaux terrains à défricher.

On peut diviser les huttes congolaises en deux types bien différents : la *hutte rectangulaire,* à pignons et toitures à pans inclinés, et la *hutte cir-*

culaire, à toit conique ou hémisphérique. La première se rencontre surtout dans la partie occidentale du bassin (*voir carte ethnographique, carton n° 1*). Elle est peu élevée, le faîte du toit est en moyenne à 1m75 du sol, empêchant donc un homme de taille moyenne de se tenir debout dans l'intérieur. Elle n'a comme ouverture qu'une porte basse. La hutte circulaire se compose le plus souvent d'un mur, en paille ou en pisé, sur lequel est placée une toiture conique ou un dôme. Les huttes coniques sont plus primitives que les huttes rectangulaires. Dans certaines régions, comme chez les Azande et dans l'Urua, ce sont parfois de véritables œuvres d'art, parfaitement construites et très solides. Les noirs arabisés bâtissent des maisons en pisé. Le placement des chimbèques groupés en village varie à l'infini; mais là encore nous voyons le principe de l'adaptation au milieu. Tantôt les populations riveraines du fleuve n'ont qu'une étroite bande de terre entre le cours d'eau et le terrain marécageux de l'intérieur, tantôt l'état de guerre règne en permanence dans la région, tantôt encore la sécurité y est assurée et, selon les cas, on voit les villages allongés en une longue rue, concentrés en un point étroit et fort, ou encore largement éparpillés dans la forêt ou la savane.

Sur le haut fleuve, les villages sont généralement groupés. Les populations de l'intérieur fortifient leurs villages au moyen de fossés et de palissades, aussi bien dans l'Ubangi et la Mongala que dans l'Urua et le Katanga, où les retranchements sont même remarquables. Les peuples riverains négligent parfois cette précaution et préfèrent, en cas d'attaque, abandonner leurs villages et fuir par le fleuve. D'autres encore construisent des habitations lacustres (Mongala, lac Moria). Enfin, certains noirs de l'intérieur des terres (les Ababua) cherchent un refuge dans les arbres.

Les soins de la culture, réservés presque partout à la femme, atteignent dans certains districts un degré de perfection remarquable. Le sol, d'une fertilité extraordinaire, donne à foison tout ce que l'habitant lui demande. Celui-ci ne possède encore, à part de rares exceptions, que du petit bétail : chèvres, moutons, etc., circonstance défavorable à la grande culture.

A part les Nuba et les Nigritiens du nord, les Balamotvo et les Momvu, les peuples du Congo parlent des idiomes divers, mais où certains préfixes montrent une communauté d'origine, par exemple le *ba* et le *u* pour indiquer le pays.

Tout le Bas-Congo parle le *fiote*, langue commerciale d'une étude facile. En amont de Léopoldville on parle le *Bangala* le long du fleuve et de ses affluents, le *Sango* dans l'Ubangi. Dans les contrées occupées autrefois par les traitants arabes (province orientale), le *Swahili* ou *Kiswahili* (dialecte de Zanzibar) est devenu une sorte de langue commerciale qui n'est pas, bien entendu, la langue des natifs.

Les industries indigènes sont de nature fort

différente. En général, les nègres du Congo sont agriculteurs, mais des circonstances locales leur donnant un travail plus lucratif les ont parfois détournés de cette occupation naturelle.

C'est ainsi que certaines tribus sont renommées pour les objets en fer et en cuivre qu'elles forgent avec un goût réel; d'autres tissent, au moyen d'un métier semblable à celui de nos aïeux, des étoffes résistantes et assez jolies. Leurs paniers et leurs nattes seraient dignes de vanniers européens, et leurs poteries montrent chez eux un certain souci artistique. Les noirs se signalent encore dans la construction de leurs engins de pêche : filets et nasses. Ils font aussi des ponts de lianes remarquables, mais la qualité par laquelle le nègre brille surtout c'est par le don, inné chez lui, d'échanger des produits. Il le fait avec un art auquel n'atteint pas le plus roué des négociants européens. Les peuples commerçants, presque tous riverains du fleuve ou de ses affluents, sont souvent des bateliers de premier ordre. La principale distraction de l'homme est la danse.

La chasse au gros gibier se fait le plus souvent au moyen de pièges. Quant à la pêche, le filet et la nasse, l'empoisonnement des eaux et le barrage des criques sont les principaux moyens usités.

Guerre. — La multitude des peuplades entre lesquelles est divisé le sol devait naturellement amener une foule de conflits. Avant l'arrivée des Européens dans le pays, l'état de guerre était permanent dans le bassin du Congo : pas de mois sans qu'une contestation, un méfait quelconque n'amenât une guerre toujours désastreuse entre tribus. Joignons-y les horreurs de la traite dans

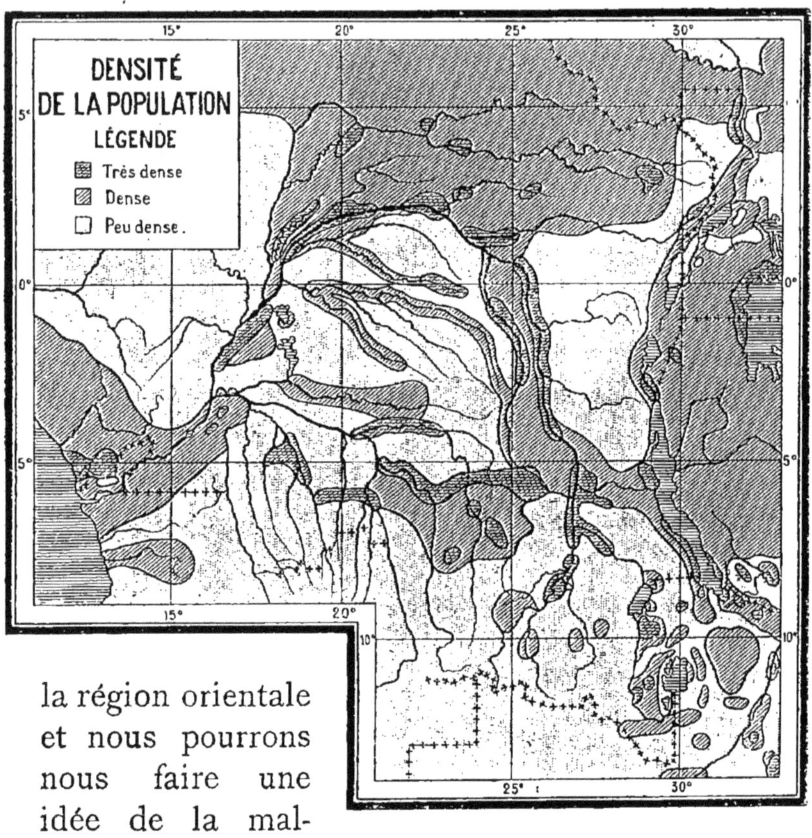

la région orientale et nous pourrons nous faire une idée de la malheureuse situation des populations congolaises à cette époque.

L'occupation européenne fait disparaître en grande partie ces regrettables usages, auxquels se substitue rapidement l'arbitrage des employés du gouvernement.

GRANDES DIVISIONS ETHNIQUES

Les populations du Congo peuvent se ramener à quatre races bien distinctes :

- I. **Les Bantu** qui comprennent . . .
  - *A*. Les Bantu occidentaux.
    - 1° Bantu de la côte et de la brousse.
    - 2° Bantu des forêts.
    - 3° Bantu des savanes.
  - *B*. Les Bantu orientaux .
    - 1° Autonomes.
    - 2° Gouvernés par les Bahima.
    - 3° Les Waniamwezi.
- II. **Rameau Nubien.**
  - Groupe Nuba . . Azande.
- III. **Rameau Nigritique.**
  - Groupe Nilotique
    - 1° Vieux Nilotiques.
    - 2° Jeunes Nilotiques.
- IV. **Rameau Négrille.**
  - Les Nains.

I. — BANTU

A. — BANTU OCCIDENTAUX

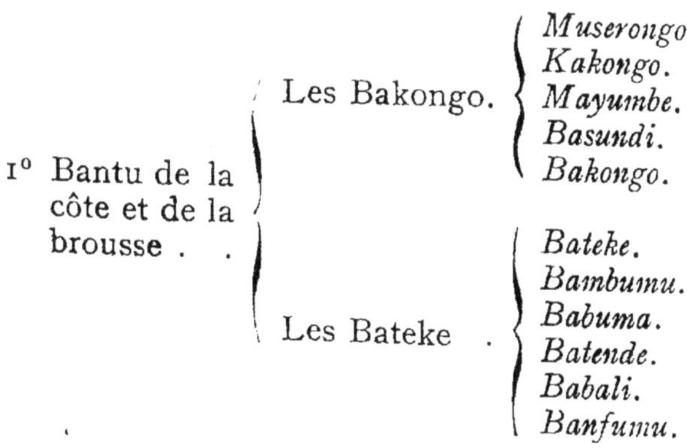

- 1° Bantu de la côte et de la brousse . .
  - Les Bakongo.
    - *Muserongo.*
    - *Kakongo.*
    - *Mayumbe.*
    - *Basundi.*
    - *Bakongo.*
  - Les Bateke .
    - *Bateke.*
    - *Bambumu.*
    - *Babuma.*
    - *Batende.*
    - *Babali.*
    - *Banfumu.*

- 2° Bantu des forêts.
  - *a.* Grande boucle du Congo et bassin du Kasai.
    - Les Bangala.
      - *Bayanzi.*
      - *Bakutu* : Wangata.
      - *Baloi.*
      - *Bondjo.*
      - *Bangala.*
      - *Bapoto* ou *Upoto* : Bazoko.
      - *Mobali* : Maginza.
      - *Budja.*
      - *Mondunga?*
    - Les Ababua.
      - *Ababua.*
      - *Ba-Ieu.*
      - *Balisi.*
      - *Benge.*
      - *Mongingita?*
      - *Mogandzulu.*
      - *Bakango.*
      - *Morisi.*
      - *Mondungwali.*
      - *Mondungima.*
      - *Womeme.*
      - *Moganga.*
      - *Mobalia.*
    - Les Mongo ou Balolo.
      - *Mongo.*
      - *Maringa.*
      - *Tumba.*
      - *Badia* ou *Wadia.*
      - *Bolia.*
      - *Tolo* ou *Babai.*
      - *Lesa*
        - Basatu.
        - Dekese.
      - *Boleno.*
    - Les Kundu.
      - *Bole.*
      - *Busira.*
      - *Kele.*
      - *Imoma.*
      - *Bolongo.*
      - *Yangi.*
      - *Elanga.*
      - *Penge.*
      - *Yembe.*
      - *Bakonda.*
    - Les Balodi.—Les Banguli.—Les Badinga.

- Bantu des forêts *(suite)*.
  - *b.* Bassin de l'Ubangi .
    - *Bwaka.*
    - *Gobu.*
    - *Banziri.*
    - *Bongo.*
      - Wate :
        - Sango.
        - Abira.
        - Zien.
        - Gembele.
      - Wagigi :
        - Bongo.
    - *Mongwandi.*
    - *Bunduru.*
    - *Banza.*
  - *c.* Du Lomami au lac Albert-Éd[d].
    - *Wagenia.*
    - *Lokele .*
      - Turumbu.
      - Topokes.
    - *Bamboli.*
    - *Yemaka.*
    - *Mokuma.*
    - *Bakumu.*
    - *Warega.*
    - *Bango-bango.*
    - *Wazimba.*
    - *Wabembe.*
    - *Wavira.*
    - *Wabuyu.*
    - *Watembo.*
    - *Loali.*
    - *Mongelima.*
    - *Mobali.*
    - *Badjande.*
    - *Mabendja.*
    - *Maburu.*

3° Bantu des savanes . .

- Les Lunda .
  - *Lunda.*
  - *Bayaka.*
  - *Bambala.*
  - *Bangongo.*
  - *Bakwese.*
  - *Bambundu.*
  - *Bampende.*
- Les Bakuba.
- Les Batetela .
  - *Bena Malela.*
  - *Batetela.*
  - *Vuafuluka.*
  - *Bakusu.*
  - *Matampa.*
  - *Basongo Meno :* Bankutu.
- Les Baluba
  - Groupe occid.
    - *Baluba.*
    - *Lulua :* Bashilange.
    - *Bakete.*
    - *Basonge.*
  - Groupe orient.
    - *Baluba.*
    - *Bashila* : Balamoto.
    - *Babuiu.*
- Les Kioko.
- Les Vuaniema
  - *Wagoma.*
  - *Wabwari.*
  - *Bakaramba.*
  - *Bisi Marungu.*
  - *Wahombo.*
  - *Beni-Nondo.*
- Indéterminés.
  - *Beni-Marungu.*
  - *Baushi.*
  - *Balamba.*
  - *Wabemba.*
  - *Waholoholo.*
  - *Watemba.*
  - *Basanga.*

B. — BANTU ORIENTAUX

1° Autonomes		*Bakongo.* *Babira.* *Wania Boga.* *Wania Ble.* *Awamba.* *Busaiga.*
2° Gouvernés par les Bahima . .	*a.* Batuzi	*Balera.* *Warundi* : Wafulero. *Basigi.*
	b. Bahima :	*Banyankole.*
3° Les Waniamwezi.	:	*Bayeke.*

II. — RAMEAU NUBIEN

GROUPE NUBA Azande	*Azande* : Avungura. *Abandia.*

III. — RAMEAU NIGRITIQUE

GROUPE NILOTIQUE —		
Vieux Nilotiques	*Bari.* *Madi.* *Moru.* *Yambara.* *Miza.* *Abukaya.* *Kuku.* *Kaliko.* *Mundu.* *Lugware.*	
Jeunes Nilotiques	*Aluri* . .	Pagnemur. Bagongo. Bangari. Asheri. Boro. Likoti. Pendolo. Paeli. Koro. Bahuda. Panutu.

IV. — RAMEAU NÉGRILLE

Les Nains.

V. — PEUPLES MÉTISSÉS

Bantu-Négrilles	*Walese.* *Bambuba.* *Wanande.*
Bantu-Négrilles-Nilotiques	*Lendu* : Balega. *Momvu.*
Bantu-Nuba	*Mangbetu.* *Abarambo.*
Nuba-Nilotiques	*Makrakra.* *Abaka.* *Fadjelu.* *Kakwa.*
Indéterminés	*Mabodo.*

I. — LES BANTU

Les peuples de langue bantu occupent presque toute l'Afrique australe et se distinguent nettement des Nigritiens par la nuance de la peau, les traits moins nègres, la forme du crâne, la démarche et surtout par l'idiome, qui seul unit des populations en apparence si différentes.

Les Bantu ont été divisés en trois groupes : les Bantu du sud, les Bantu orientaux et les Bantu occidentaux ou du Congo.

A. — LES BANTU OCCIDENTAUX

Ceux-ci peuvent se diviser en :

1° *Bantu de la côte et de la brousse* modifiés pour la plupart par un long contact avec les Européens ;

2° *Bantu des forêts*, ayant gardé dans la grande forêt équatoriale leurs mœurs et le goût prononcé des tatouages ;

3° *Bantu des savanes* ou habitants de la savane australe, qui se distinguent à la fois par les grands États qu'ils ont formés, d'où une grande unité de coutumes, et par la rareté des tatouages.

1° Les Bantu de la côte et de la brousse.

On peut diviser les Bantu de cette catégorie en deux grands groupes ethniques parlant des langues ayant entre elles de grandes affinités.

a. *Les Bakongo.*
b. *Les Bateke.*

a. LES BAKONGO. — Les peuples du Bas-Congo appartiennent au groupe ethnographique des *Fiotes* ou *Ba-Fiot*, qui, par les Cabinda, se rattache aux Bantu Gabonais. Leurs relations avec les Européens, qui datent de quatre siècles, ont altéré profondément leurs mœurs, modifiant certains usages, en supprimant d'autres, mais laissant malheureusement subsister les plus cruels.

Les Bakongo comprennent les :

Muserongo,
Kakongo,
Mayumbe,
Basundi,
Bakongo proprement dits.

Les Muserongo occupent principalement la rive méridionale du bas Congo depuis la mer jusque vers la Roche Fétiche, mais vers la première moitié de ce siècle, un de leurs clans franchit le fleuve et s'établit dans le district actuel de Banana (depuis Banana jusque vers Ponta da Lenha).

D'une absolue indépendance politique, ce peuple forme d'assez nombreux villages qui ne se groupaient autrefois qu'en cas de guerre nationale. Depuis l'établissement de l'autorité de l'État, les querelles de village à village ont disparu chez eux.

Les Muserongo allaient autrefois faire le commerce et acheter des esclaves à San-Salvador.

Ils constituent une race forte, intelligente et, comme on le remarque chez tous les nègres, très superstitieuse.

Le tatouage n'existe pas : les cicatrices que portent beaucoup de ces indigènes proviennent d'incisions pratiquées comme remède par les Ganga-Kisi (sorciers); il y a quelques années le pagne était le seul vêtement des deux sexes. Aujourd'hui les hommes portent la chemisette, le gilet et le pantalon, et les femmes, quand elles doivent se présenter, se couvrent des épaules aux pieds. Ces indigènes se liment parfois les deux rangées de dents en pointes triangulaires; ils fabriquent des colliers et des manilles en zinc, cuivre et argent et portent souvent aux oreilles des anneaux en argent.

L'agriculture et la pêche, qui résumaient jadis les principales occupations des tribus Muserongo, ont beaucoup perdu de leur importance ; vers 1885 encore, la production d'arachides était très conséquente. Actuellement, les femmes ne cultivent plus qu'un carré d'arachides pour les besoins de la famille; elles y ajoutent la culture du manioc, base de l'alimentation, puis en petites quantités : le maïs, les patates et les haricots. Les hommes désireux de se procurer des articles européens s'engagent au service de l'État ou des particuliers, ou préparent du bois à brûler pour les vapeurs ou pour les cuisines européennes.

Les Kakongo sont établis sur la rive droite du Congo au nord de Boma; ils forment de populeux villages entourés de belles plantations.

Les Mayumbe occupent la région dont ils portent le nom au nord des Kakongo dont ils se distinguent avantageusement tant au point de vue physique qu'au point de vue de la densité de la population.

Ils formeraient, d'après Reclus, la transition entre le groupe ethnique Gabonais et celui du Congo.

Entre les Mayumbe et la frontière française on

rencontre les **Basundi**, race énergique et fière, groupée en nombreux villages et se livrant à la chasse et à la pêche. Les femmes cultivent les champs, font quelques poteries et de très jolies vanneries. Placés en dehors des communications habituelles, les Basundi ne sont pas encore aussi complètement soumis à l'influence européenne que leurs voisins.

Les Bakongo occupent la région du sud du fleuve, de Matadi à la limite ouest des Banfumu et des Bayaka, en villages disséminés dans la brousse à l'abri de petits bouquets d'élaïs.

Résistant admirablement à la fatigue, ils fournirent presque tous les porteurs de la région des Cataractes avant la construction du chemin de fer du Bas-Congo ; plus tard ils rendirent des services très appréciés à cette entreprise soit comme terrassiers, soit dans les stations ; par contre, ils ont toujours été de médiocres bateliers. L'achèvement du chemin de fer les a rendus à l'agriculture.

L'occupation européenne a mis fin chez eux à toutes les guerres : l'arbitrage du blanc termine maintenant toutes les contestations.

Il faut sans doute rattacher aux peuples Bakongo les *Dika-Dika* et les *Lula-Lula* qui séjournent dans les environs de Lula Lumene et dont l'idiome se rapproche de celui du Bas-Congo.

b. Les Bateke. — Les Bateke comprennent les :

Bateke proprement dits,
Bambumu,

Babuma,
Batende,
Babali,
Banfumu.

Les Bateke habitent en majeure partie le territoire français depuis les sources de l'Ogoué au nord jusqu'au Congo entre l'Alima et le Stanley-Pool, au sud et à l'est. Quelques-unes de leurs tribus vivent à l'est du Pool jusqu'au bas Kasai et derrière Bolobo; on rencontre même des Bateke au sud d'Eyolo. Quelques cicatrices peu profondes allant du menton aux tempes et semblables à celles que pourrait faire un peigne et les cheveux en chignon : tels sont les signes caractéristiques de leur race.

Peuple aristocratique, très coquet, le Bateke aime les étoffes européennes, portant même avec une belle prestance dans les cérémonies des pagnes de soie et de velours drapés en peplum. Ces indigènes semblent être venus du nord et leur teint très foncé pourrait faire voir en eux des Nigritiens plus ou moins abâtardis.

Ce sont avant tout d'habiles intermédiaires commerciaux, négligeant toute culture. Leurs pirogues sont assez petites, mais ils les conduisent avec une habileté et une rapidité extraordinaires.

Leurs armes sont le fusil à pierre et la lance.

Les Bambumu, anciens habitants des rives, ont été rejetés vers l'intérieur par les Bateke. Ils forment les véritables aborigènes de la région située à l'est du Stanley-Pool.

Très paisibles, ils vivent généralement en petits groupes abrités dans la savane par quelques bouquets d'élaïs. Sous l'impulsion de l'État, ils sont devenus agriculteurs; ils ont créé de vastes plantations de manioc qui leur permettent de suffire à la nourriture tant du poste de Léopoldville que des factoreries et des missions du Pool.

Les Babuma qui habitent le bas Kasai, la région au nord de la basse Fini et le Kwango jusqu'au delà de Wamba constituent une tribu très importante. Ils ont, comme toutes celles que nous classons dans la rubrique « Bateke », les os minces, la taille petite et les muscles peu développés, mais leurs formes sont néanmoins si parfaites, leurs femmes si gracieuses qu'ils constituent malgré tout une belle race. Les femmes portent au cou et aux chevilles des colliers de cuivre d'un poids de plusieurs kilogrammes.

Les Babuma sont les plus habiles potiers du Congo. Leurs produits, quoique fabriqués sans tour, présentent des lignes régulières et souvent élégantes. Ils exportent leurs poteries dans tout le haut fleuve, les échangeant contre l'ivoire, le tabac, le poisson séché et les arachides, qu'ils revendent ou consomment ensuite.

Ce peuple emploie, comme les Bateke et les Bayanzi d'ailleurs, le système de numération décimale dans toute sa rigueur.

Les Batende sont les peuples occupant l'intérieur du pays entre Bolobo et le lac Léopold II. Ce sont des tribus encore très sauvages et cannibales chaque fois que l'occasion s'en présente. Elles se livrent à l'agriculture, fixant davantage leur attention sur les arachides qu'elles produisent en grandes quantités. Elles s'adonnent aussi à la chasse et employent comme armes le fusil à pierre, la lance et le couteau.

Les Babali, concentrés vers Kwamouth, tendent à disparaître au milieu des indigènes avec lesquels ils sont en contact.

Les Banfumu ou Banfumuka peuplent la contrée située à l'est de Kimpoko s'étendant à l'ouest jusqu'à la rivière Sele, délimitée au sud par le 4°50′ latitude sud environ jusqu'à la Lufimi, par cette rivière jusque vers 4°30′, par ce parallèle jusqu'au Kwango, et allant au nord jusque près du Kasai.

Ils ont un tatouage analogue à celui des Bateke, mais ils l'emportent sur eux en vigueur, musclés qu'ils sont comme de véritables athlètes. L'angle facial est très ouvert, le nez peu épaté, la barbe abondante et les cheveux sont tressés en chignon au sommet de la tête. Les femmes minces, élancées sont souvent jolies.

Le pagne est porté par les hommes jusqu'à la cheville, et jusqu'au genou par les femmes.

Les huttes sont carrées, formant de grands villages souvent fortifiés. Ceux-ci sont ombragés par de nombreux arbres et entourés d'importantes cultures de maïs, d'arachides, de manioc et de millet. Le petit bétail abonde dans les villages.

Ces indigènes sont très farouches et très sauvages. Ils pratiquent l'anthropophagie sur une grande échelle.

Très prévoyants, ils construisent des greniers surélevés pour y remiser leurs provisions de maïs et de millet.

Les Banfumu bornent leurs faits de guerre à tendre des embuscades à leurs voisins pour se procurer des victimes. Leurs armes sont le fusil à pierre, le grand arc et la lance.

2° Les Bantu des forêts.

Les populations que nous réunirons sous le nom de *Bantu des forêts* couvrent la majeure partie du territoire de l'État du Congo. Quoique fort différentes en apparence, elles présentent entre elles de grandes similitudes d'aspect, de mœurs et d'usages qui ne permettent actuellement que des subdivisions géographiques ou linguistiques.

Nous les étudierons donc en les groupant d'après les bassins ou les régions naturelles qu'elles occupent, en peuples :

A. *De la grande boucle du Congo et du bassin du Kasai.*
B. *Du bassin de l'Ubangi.*
C. *Du Lomami à l'Albert-Édouard.*

a. — *La grande boucle du Congo et le bassin du Kasai.*

Les peuples qui occupent la grande boucle du Congo jusqu'au Lomami peuvent se ramener à quatre groupes ethniques :

1. *Les Bangala.*
2. *Les Ababua.*
3. *Les Mongo ou Balolo.*
4. *Les Kundu.*

1. Les Bangala. — Groupe des Bangala :

Bayanzi,
Bakutu-Wangata,
Baloi,
Bondjo,
Bangala proprement dits,
Bapoto-Bazoko,
Mobali-Maginza,
Budja,
Mondunga ?

Le groupe ethnique des *Bangala* est certainement un des plus importants de tout le Congo. On peut y comprendre non seulement les Bangala proprement dits, mais les *Bayanzi,* les *Bapoto* ou *Upoto* et les tribus environnantes dont l'aspect, les mœurs et surtout le dialecte ressemblent fort à ceux des Bangala et les peuples de l'intérieur au nord du fleuve, que nous appellerons *Mobali.*

Les Bayanzi ou Babangi forment une des plus importantes tribus du haut Congo. Ils s'étendent sur les deux rives du fleuve, du sud de l'Irebu et du bas Ubangi jusqu'au Kasai. Ils seraient descendus du nord il y a un siècle.

Ils ont comme tatouage la feuille de palmier sur la tempe et sur le front la crête de coq bangala (*voir page* 112), mais atténuée. Grands amateurs d'étoffes européennes, ils portent le long pagne allant jusqu'à la cheville; les cheveux sont coiffés en tresses; la moustache est rasée, mais la barbe reste entière.

Ce sont des hommes grands, forts et robustes, aux os épais, aux muscles développés, se rapprochant beaucoup du type bangala. Malheureusement leurs mœurs déréglées stérilisent les femmes.

Ils groupent généralement leurs huttes par familles et les entourent de petites plantations et d'une haie vive. Les villages sont parfois très importants, comme, par exemple, les grandes agglomérations de *Bolobo* et de *Tshumbiri*.

Les Bayanzi se distinguent par leur activité, leur esprit d'initiative et leur activité commerciale.

Ils ont acquis sur tout le haut fleuve, dont ils sont les commerçants les plus entreprenants, un véritable ascendant.

Ceux de Bolobo et de Tshumbiri se rendent dans le Kasai, la Lukenie et le lac Léopold II pour y faire leurs achats d'ivoire. L'ayant vendu en aval où ils l'ont conduit dans leurs grandes et belles pirogues, ils viennent, après une absence de six à huit mois, se reposer chez eux.

Leurs cultures consistent surtout en manioc, maïs et haricots. Très turbulents, très belliqueux, ils tentaient encore parfois, il y a quelques années, des razzias chez leurs voisins, se servant pour combattre de fusils à pierre, de lances qu'ils achètent en amont et de leur couteau national.

Les Bakutu habitent le long des cours d'eau et surtout du Congo, au nord du lac Tumba. Ils portent le tatouage en crête de coq des Bangala, mais atténué, et les feuilles de palmier sur les tempes. Ils comprennent parmi eux la tribu bien connue des *Wangata,* qui peuple les environs de Coquilhatville.

Les Baloi sont riverains du bas Ubangi et de la Giri; ils n'ont généralement pas de tatouage, mais on en rencontre parfois ayant sur le front cinq petites colonnes de traits horizontaux peu marqués.

D'une taille bien au-dessus de la moyenne, ils sont caractérisés par un front proéminent et une tête forte complètement rasée. Ils s'arrachent les quatre incisives supérieures.

Presque seuls au Congo, ils emploient la cuirasse en peau d'éléphant, d'antilope ou de buffle, et portent le couteau devant la poitrine.

Les Bondjo habitent les rives de l'Ubangi jusque vers Zongo. Leurs villages forment de longues rues continues, perpendiculaires à la rive. Dans l'intérieur ces villages sont fortifiés. Les indigènes, d'une stature admirable (souvent 1^m90 et les hommes de 1^m70 sont au-dessous de la moyenne), sont anthropophages. Ils usent peu de tatouages sur les tempes. Ils portent souvent sur le corps de jolis tatouages en losanges.

Les Bondjo se rasent la tête en y ménageant quelques houppes, s'enlèvent les incisives de dessus et se percent le lobe des oreilles pour y introduire des rondelles de bois.

Les femmes portent au cou d'énormes colliers de cuivre à section en T.

Leurs armes offensives sont grandes et belles.

Ils emploient, comme les Baloi, la cuirasse de peau comme arme défensive; le bouclier, très solide, est une merveille de vannerie.

Ils cultivent la banane, le manioc, la canne à sucre et font beaucoup d'huile et de vin de palme.

Ce sont aussi de très bons forgerons et de solides pagayeurs, ramant debout.

Les Bangala, qui, d'après la tradition, seraient venus du nord-ouest soit en franchissant l'Ubangi et le Congo, soit en descendant le premier et en remontant le second de ces cours d'eau, occupent les rives du Congo dans la partie descendante de la grande boucle, formant un certain nombre de tribus confédérées.

Tous ils portent une sorte d'étrange crête de coq tatouée sur le front, depuis la base du nez jusqu'à la racine des cheveux. Cette crête fait souvent saillie de deux centimètres. Ils ont divers tatouages secondaires sur le corps et se taillent devant les oreilles un groupe de cicatrices qui semble être une imitation de feuille de palmier. Ils se taillent aussi les dents et s'épilent; ils ont le vrai type nègre dont le caractère est encore accentué par l'usage qu'ils ont de se raser la tête en partie; ils forment de part et d'autre de la tête deux sortes de cornes.

Ce sont des hommes grands, à large carrure, à l'air intelligent et éveillé.

Leurs cases rectangulaires, dont le toit comporte un pignon à angle et se prolonge en véranda vers la rue, sont réunies en villages énormes.

Les Bangala se nourrissent de manioc, de patates et de bananes; jadis très anthropophages, ils semblent près d'abandonner ces mœurs barbares.

Quoique très susceptibles d'attachement, ils ont sur le mariage les mêmes idées que les Bapoto; il en est de même des funérailles. Ils sont très impressionnables et passent vite de la gaîté à la tristesse. Leur mémoire merveilleuse, leur adresse étonnante à découvrir les pistes, les grandes facultés de leurs enfants et de leurs jeunes gens pour apprendre les divers métiers sont leurs traits principaux.

Les Bangala forgent le fer d'après la méthode généralement répandue au Congo. La pêche se fait surtout avec des nasses qu'ils attachent à leurs pirogues. Celles-ci, très bien construites, sont de deux sortes : un type ordinaire terminé en pointe effilée, très gracieux; un autre à fond plat pour

8

naviguer dans les petits bras fluviaux sans profondeur.

L'agriculture est fort en honneur et consiste en grandes plantations très soignées de manioc, de canne à sucre et surtout de bananiers qui existent en quantités énormes. Le maïs est peu cultivé, de même que les légumes.

Leur langue ressemble à celle des Babanzi ; elle forme l'élément principal de l'idiome commercial qui sert aux relations quotidiennes dans la plupart des postes.

Les Bangala ont, comme guerriers, une réputation qui n'est plus à faire. C'est à eux que Stanley livra son plus terrible combat pendant sa première descente du fleuve.

Ils constituent une race du plus grand avenir, chez laquelle l'État recrute depuis longtemps de nombreux et excellents travailleurs.

Les Bapoto ou Upoto. Les Bapoto habitent sur les deux rives du Congo, depuis la Mongala jusque vers l'embouchure de l'Itimbiri. Ce sont de beaux nègres parmi lesquels on remarque beaucoup d'individus de haute stature.

Ils se tatouent affreusement en se couvrant la face de petites cicatrices formant plusieurs rangées verticales et horizontales. La chevelure, très soignée, forme tantôt deux tresses tombant de part et d'autre de la tête, tantôt un chignon en forme de pyramide ou de cône. La barbe est rare.

Les hommes arrangent souvent leurs cheveux en deux grands bourrelets séparés par le milieu.

Ils portent le pagne, morceau d'étoffe passé entre les jambes et retenu par une étroite ceinture qui entoure les hanches; les femmes portent une mince corde garnie parfois de perles et attachée autour des hanches, ou plusieurs cordons auxquels, à certaines époques ou fêtes, elles suspendent des feuilles.

Les notables portent d'énormes colliers de perles blanches ou de cauries et des jambières en fil métallique.

Les Bapoto ont sous leur domination de nombreux esclaves, venus de l'amont ou de l'intérieur, qu'ils traitent d'ailleurs en affranchis.

Très polygames, ils ne voient dans la cérémonie du mariage qu'un achat. Les enterrements sont fort compliqués.

Ils croient beaucoup aux fétiches.

Les riverains sont d'excellents pêcheurs laissant toute la culture aux gens de l'intérieur. Les femmes font de jolies mais fragiles poteries, qu'elles décorent avec du vernis copal. Elles font aussi des nattes en fibres de raphia.

Le cuivre et le fer sont assez répandus, surtout aux environs de Bumba. On ignore le tissage.

Les armes, très bien faites, sont la grande lance, la lance de jet, le grand couteau et le bouclier d'osier.

Les villages Bapoto comportent une série de places carrées donnant sur le fleuve. Les cases sont rectangulaires et formées par des nervures et des feuilles de palmier; le toit également recouvert de ces feuilles est à pignon angulaire et forme parfois une étroite véranda donnant sur la rue.

La langue parlée par les Bapoto appartient au groupe Babangi-Bangala-Bapoto-Mobali.

On peut rattacher aux premiers les **Bazoko**, qui habitent les rives du bas Aruwimi. Ils se divisent en deux agglomérations, l'une en amont du poste de Bazoko, l'autre en aval, beaucoup plus énergique que la première. Les Bazoko d'aval sont originaires de la forêt, dont ils émigrèrent il y a un demi-siècle environ.

Le fond de leur nourriture est constitué par le manioc, les bananes et les légumes; le poisson y entre aussi pour une grande part. Ils sont anthropophages.

Le tatouage national est composé de gros points bordant les lèvres et couvrant le menton et le front.

Ils ramènent leurs cheveux en arrière en un certain nombre de tresses plates et se percent les oreilles de trous dans lesquels ils passent des ficelles. Leur vêtement est le pagne d'écorce battue; les femmes ne portent qu'un petit tablier de 10 centimètres de côté.

Les Bazoko habitent des huttes couvertes d'un toit très pointu; ils se groupent en importants villages comprenant parfois 8.000 habitants (Yambuya).

Très industrieux de leur nature, ils façonnent le fer en gros fers de lance et construisent d'énormes pirogues pouvant contenir plus de cinquante personnes. Ce sont aussi d'excellents pêcheurs et les meilleurs bateliers de la région.

Comme toutes les nations fortes, les Bazoko aiment la guerre. Ils emploient pour combattre le bouclier, la lance, l'épieu et le grand couteau recourbé.

Les Mobali habitent les bords de la Dua. Entre eux et les Bapoto vivent les **Maginza** (appelés aussi Gombe-Moya ou Elombo), dont le tatouage et la langue sont tellement semblables à ceux des premiers qu'on peut considérer les Maginza comme une branche de la tribu Mobali. Le nom de Maginza s'applique donc aux indigènes habitant entre le Congo et le Mongala-Dua.

Ceux-ci ne représentent pas le vrai type nègre; leur constitution est robuste et la taille moyenne. Ils ont le teint brun sombre, les cheveux noirs et crépus, parfois la barbe, le front haut, les pommettes saillantes.

Au nord du Bumba, à l'intérieur, vit la tribu turbulente des **Budja** : le tatouage consiste en quatre lignes d'incisions verticales sur le front et une ligne allant d'une oreille à l'autre au-dessus des sourcils. Certains Budja portent également trois lignes horizontales sur les joues et un carré d'incisions sur le ventre. La plupart ont les quatre dents centrales limées et le nez percé. Il faut probablement rattacher à cette tribu celle des **Mokengere** du district de l'Uele.

L'arme principale des Mobali est la lance.

Le tatouage de face qui seul est identique chez

tous les membres de la tribu consiste en petites cicatrices formant sur le front plusieurs raies transversales et, au-dessus du nez, quelques courtes raies longitudinales; les autres parties du visage sont peu ou point tatouées; cependant les Mobali ont le bas du visage un peu plus tatoué que les Maginza.

Les oreilles sont parfois percées et les dents limées en pointe. Les cheveux tordus et nattés sont disposés en bourrelets et en tresses et parfois enfilés de perles; les hommes portent souvent comme coiffure un bonnet de peau, mais plus rarement chez les Mobali.

En guise de vêtement, ils ont le pagne en étoffe, tandis que les femmes se contentent d'une corde mince ou d'une liane agrémentée de perles. Les Mobali sont plus belliqueux et plus cannibales que les Maginza.

Les premiers s'occupent surtout de la pêche et de la fabrication du sel : poissons, sel et noix palmistes sont échangés avec leurs voisins de l'intérieur, Mongwandi au nord et Maginza au sud, contre des bananes, du maïs et du manioc.

Les cases mobali sont bâties généralement sur pilotis et affectent la forme rectangulaire; le toit en est à pignon angulaire et couvert de feuilles de palmier.

Indépendamment de celles-ci on rencontre dans leurs villages des hangars servant pour les réunions et pour la fabrication du sel. Ils fabriquent de belles pirogues d'une pièce atteignant parfois

12 à 15 mètres de longueur et dépassant 1 mètre en largeur. Ils rament debout.

Les Maginza construisent leurs cases sur un socle continu d'argile; les parois sont en écorce et en planches, plus rarement en nervures de feuilles de palmier; le toit à deux faces et à pignon angulaire est couvert de feuillage.

Mobali et Maginza parlent une langue presque identique (*voir Bapoto*). Ils élèvent des poules et des chèvres, mais en petite quantité, et se livrent à la chasse avec passion. Ils font usage pour celle-ci de harpons avec pointe de fer reliée à la hampe par un lien tressé.

Leurs armes sont la lance, dont le fer atteint parfois 70 à 90 centimètres, la sagaie, la flèche à pointe de fer ou de bois, le couteau droit et plus rarement courbé. Leur bouclier en vannerie rappelle celui des Bapoto.

Au nord d'Upoto, entre les Bapoto et les Maginza, on rencontre la remarquable tribu des *Mondunga,* qui se distingue des tribus voisines par la langue : celle-ci s'écarte complètement non seulement de celle des peuplades d'alentour, mais même des langues bantu et semble se rapprocher de celles du Soudan par l'emploi fréquent de suffixes. THONNER suppose qu'ils ont été entourés complètement lors des migrations des Mobali ou qu'ils ont émigré postérieurement à ces dernières.

Sur la haute Dua, les habitants du village de Mugende ont à la fois le caractère des Mobali et des Mongwandi.

En remontant la Mongala on rencontre successivement, à partir de l'embouchure, des populations ayant des traits communs tantôt aux Bangala et aux Bapoto, tantôt aux Bapoto et aux Mobali, voire même aux Bapoto-Bangala-Mongwandi (tribu d'Akula).

2. Les Ababua. — Groupe des Ababua :

Ababua,
Ba-Ieu,
Balisi,
Benge,
Mongingita ?
Mogandzulu,
Bakango,
Morisi,
Mondungwali,
Mondungima,
Womeme,
Moganga,
Mobalia.

Les Ababua proprement dits habitent la région comprise entre l'Uele, le Bomokandi, la Mokongo, l'Angwa, l'Andu et la Bima. Seulement ce nom a été étendu aux indigènes occupant les terres comprises entre : au nord l'Uele, à l'est le Bomokandi jusqu'à son confluent avec la Mokongo (cette dernière rivière les sépare des Azande), au sud la vallée du Rubi et à l'ouest la limite du bassin du Bali (affluent du Rubi). Le mot Ababua désigne donc également les **Ba-Ieu** installés au sud de la Bima, ces derniers comprenant les **Balisi,** les **Benge** et peut-être les **Mongingita,** qui occupent le sud de l'Uele entre 24°30' et 25°30'.

Les Mogandzulu sont également de race Ababua. Anciens riverains du Tele, ils furent repoussés jusque sur le Bali. Leur grand chef Boro s'est construit un village à proximité du poste de Buta.

Certains Ababua vivent enclavés dans les Azande : tels sont les **Abasango** et les **Mobenge,** qui occupent, les premiers, la rive gauche de l'Uele sur 150 kilomètres à partir d'Angu environ, et les seconds la région située au sud des premiers. Les Abasango sont des agriculteurs, des pêcheurs et des bateliers d'une endurance extraordinaire. Les Mobenge, qui tendent à disparaître, s'occupent de chasse et de culture.

Les Ababua, unis par la langue, les mœurs et les usages, forment une belle race bien proportionnée et de physionomie agréable.

Très énergique chez lui, l'Ababua, transporté ailleurs, se démoralise; il manque de vigueur au point de fournir de détestables porteurs; la femme lui est sous ce rapport de beaucoup supérieure.

Le tatouage distinctif consiste en trois à cinq lignes de petits points tracés sur le front en V très ouvert. Parfois des bandes de points joignent les tempes passant sous le nez et sous la bouche.

Souvent l'oreille percée porte une rondelle de

bois atteignant jusqu'à 5 centimètres de diamètre. Le corps est généralement tatoué de losanges ou de rosaces.

Les femmes sont fort belles.

L'habitation varie suivant les régions. Les vrais Ababua construisent des huttes carrées ou rectangulaires à murs en pisé et toit en feuilles; rarement elles sont rondes.

Les Ba-Ieu ont la hutte ronde à toit conique, atteignant de 4 à 5 mètres de hauteur.

La vie du Babua a beaucoup de points de ressemblance avec celle du paysan européen. Les produits cultivés sont la banane et le maïs et accessoirement le manioc, les courges, les patates douces, etc.

La chasse est son plaisir favori : il y emploie des filets et des chiens dressés; il ne chasse cependant ni l'éléphant ni l'hippopotame dont il a peur.

Chaque village possède son ou ses forgerons qui font preuve d'une très grande adresse. La vannerie est aussi fort en usage, de même que la corderie et la poterie.

La fertilité et la richesse de leur pays ont souvent tenté les voisins du nord et de l'est et les Arabes venant du sud. Aussi le Babua isolé est-il toujours armé de pied en cap et ses villages sont admirablement organisés au point de vue défensif : les moyens d'observation sont combinés de telle sorte qu'une surprise est impossible.

Les Ababua sont très cannibales, fort traîtres. Ils ont comme armes des lances à fer énorme, des arcs, des flèches et le couteau d'exécution; comme arme défensive des boucliers; pas d'armes empoisonnées.

Les Bakango du Bomokandi, en aval de la Mokongo, sont des Ababua; leur occupation principale est la pêche. Ceux que l'on trouve installés depuis le rapide de Panga jusqu'à celui de l'Usu ont aussi tous les caractères, les mœurs et le langage des Ababua.

Le Bakango, ce terme étant pris dans un sens général, n'a jamais abandonné la rivière; il a subi les fluctuations de la politique indigène en élément absolument passif et ne s'est jamais considéré comme tenu de suivre les indigènes de sa race lorsque pareille pérégrination aurait pu l'éloigner de son champ d'action favori, la rivière.

Les Morisi sont également des Ababua (1), de même que les **Mondungwali**, les **Mondungima**, les **Womeme**, les **Moganga** et les **Mobalia**.

3. Les Mongo ou Balolo. — Groupe des Mongo :

Mongo,
Maringa,
Tumba,
Badia ou *Wadia*,
Bolia,
Tolo ou *Babai*,
Lesa { *Basatu*, *Dekese*,
Boleno.

(1) Il existe également aux environs d'Engwetra une tribu Morisi qui n'a de commun avec elle que le nom.

Les Mongo, qui occupent toute la grande boucle du Congo au sud du fleuve, semblent, comme les Mongwandi de la Mongala, être des populations aborigènes refoulées par l'invasion des Bangala et des Mobali-Maginza.

Ils ont comme tatouages de race un certain nombre de grosses loupes disposées sur les tempes ou à la base du nez et divers dessins sur le corps.

Excellents forgerons, ils sont répartis dans presque toutes les autres tribus environnantes où ils ont le privilège du travail du fer. Ce sont des dégénérés qui, avant l'influence bienfaisante de l'État, faisaient les frais des repas cannibales dans l'Ubangi.

Ils comprennent un certain nombre de tribus portant parfois le nom de la rivière sur les bords de laquelle ils habitent.

Les Maringa se rencontrent tout le long de la rivière du même nom. Ils ont comme tatouage la loupe sur les tempes.

Les Mongo de l'entre-Ikelemba et Lulonga complètent celui-ci par deux loupes à la base du nez.

Ceux de l'entre-bas Lopori et basse Maringa portent en plus des loupes de tempe une ligne de tatouage allant en ligne droite de la pointe du nez à la chevelure.

Signalons chez les Balolo quelques tribus Mobali (appelées généralement Gombe) qui ont franchi le fleuve.

Le tatouage en loupe des Mongo se retrouve

dans la forêt de la grande boucle jusqu'au delà de la Lukenie, et la ressemblance ne s'arrête pas là : le langage des peuplades qui bordent le lac Léopold II présente de grandes analogies avec l'idiome des Mongo. Il semble d'ailleurs résulter des renseignements provenant de la région de ce lac que la plupart des tribus seraient venues de l'équateur et en tout cas certainement du nord.

Nous rattacherons donc aux Mongo :

Les Tumba, qui occupent la Fini et une partie de la rive ouest du lac Léopold II. Ils sont parfois bons, complaisants, mais souvent cruels, rapaces et voleurs. Ils ont l'amour filial très développé et ne sont pas cannibales.

Ce sont de grands commerçants, habiles et patients, n'hésitant pas à faire des lieues pour obtenir un bon prix de la poudre de bois et du sel qu'ils fabriquent.

Assez nonchalents d'habitude, ils savent, lorsqu'il le faut, travailler sans relâche du matin au soir. Ils ont d'excellents forgerons.

On trouve chez eux une grande variété de coiffures.

Ils sont relativement pacifiques. Leurs armes sont la sagaie et la flèche.

Les Tumba sont très éparpillés et l'on en trouve beaucoup qui sont fusionnés notamment avec les Badia.

Les Badia ou Wadia occupent les rives sud du lac, à l'ouest et à l'est, jusqu'à la Lulabu. Ils ne se tatouent pas.

Les Bolia occupent toute la contrée du nord du lac. Ils se disent venus du nord-est, d'une contrée dans laquelle ils vivaient avec les Kundu ; ces derniers, par suite du manque de vivres et de terres à cultiver, leur auraient fait la guerre sous le prétexte que, n'ayant pas le même tatouage, ils n'étaient pas de même race. Les Bolia vaincus se seraient établis dans leur pays actuel sous le père de leur grand chef (Ilanga d'Ibeke).

Plus tard, quatre chefs Bolia se seraient séparés de la tribu pour se diriger vers l'ouest et former la tribu des **Mosengere** qui, chose curieuse, a renoncé au tatouage, mais est restée anthropophage, alors que les Bolia ont renoncé à cette coutume.

Moins sauvages que les tribus environnantes, les Bolia plantent le manioc, des bananes, du maïs, un peu de canne à sucre et des patates douces.

La chasse est laissée presque entièrement aux nains Batua qui peuplent la forêt.

Les Tolo, appelés aussi **Babai**, vivent sur la rive droite de la Lukenie, en amont du confluent de la Lubalu.

Au sud de la Lukenie on a donné le nom de **Lesa** à toutes les tribus de la rive gauche de cette rivière.

Parmi elles, les **Basatu** occupent la région entre la basse Lukenie et le Kasai, où ils semblent établis depuis quatre générations, et les **Dekese** le pays situé au sud de la localité qui porte ce nom.

Citons enfin les **Boleno** qui habitent les environs de Lokolama.

4. LES KUNDU. — Groupe des Kundu :

Bole,
Busira,
Kele,
Imoma,
Bolengo,
Yangi,
Elanga,
Penge,
Yembe,
Bakonda.

Le tatouage de race de la grande famille des **Kundu** consiste en lignes d'incisions parallèles et horizontales disposées entre l'œil et l'oreille.

Les Kundu occupent tout le sud du district de l'équateur et la partie du district du lac Léopold II située au nord de la Lukenie et à l'est du lac. Leur mouvement de migration du nord au sud ne fait aucun doute.

Parmi les groupes importants des Kundu il y a lieu de distinguer :

Les Bole dans les environs de Waka (Momboyo).

Les Busira habitant la moyenne Busira.

Les Kele riverains de la Luilaka.

Les Imoma habitant exclusivement les rives de la haute Lokoro.

Les Bolengo, voisins de ces derniers, ne s'occupant pas d'agriculture.

Les Yangi.

Les Elanga établis dans la région qu'ils occupent, il y a environ cinquante ans, et qui en ont repoussé les Penge.

Les Penge.

Les Yembe qui couvrent le pays situé à l'est du lac Léopold II et limité au nord par la Lokoro et au sud par la Lulabu.

Les Bakonda, à l'est des Yembe, vêtus de peaux d'antilopes retenues par une courroie. Leurs armes sont l'arc et la lance.

Sur la rive gauche du Kasai, entre Eiolo et Mange, sont établies deux petites tribus, les **Balodi** ou Balori à l'ouest, et les **Banguli** à l'est.

Leur occupation principale est le travail du fer; les seconds cultivent un tabac de bonne qualité qu'ils roulent en forme de carottes.

Au sud des Balodi, le pays est occupé jusque vers Madina par les **Badinga**, qui s'étendent à l'est jusqu'à la Lubue, et à l'ouest jusque vers le Kwilu.

Les villages Badinga sont généralement pauvres et peu importants (20 cases au maximum). Il est d'ailleurs rare qu'un village reste plus d'un an au même endroit, étant donné le caractère nomade de ses habitants.

Le Badinga est avant tout grand chasseur et se sert souvent de filets confectionnés au moyen de lanières d'écorce d'arbre dans lesquelles se font prendre les plus gros gibiers.

Il s'occupe peu de plantations et se borne à cultiver un peu de manioc et de maïs.

Les tissus en fibres de palmier servent de monnaie, et le Badinga se procure le fer dont il a besoin sur les marchés Balodi.

b. — *Bassin de l'Ubangi.*

Les populations du bassin de l'Ubangi sont :

En remontant le fleuve :

Les *Baloi* et les *Bondjo* (déjà étudiés),
Les *Bwaka*,
Les *Gobu*,
Les *Banziri*,
Les *Bongo*.

A l'intérieur :

Les *Bongo*,
Les *Mongwandi*,
Les *Bunduru*,
Les *Banza*.

Les Bwaka habitent l'Ubangi depuis les rapides d'Isinga jusque Mokoange et les rives de la Bembe. Ce sont des primitifs qui semblent avoir été refoulés dans la région ingrate des rapides par leurs voisins d'amont.

Hommes et femmes portent les cheveux courts et ont souvent la cloison du nez, les lèvres et les oreilles traversées d'ornements. Leur tatouage de race consiste en deux ou trois cercles concentriques non fermés sur les tempes.

Ils portent des pagnes d'étoffes indigènes, des brassards et des jambières en fil de cuivre ou de fer enroulé d'une seule pièce du poignet au coude et de la cheville au genou.

D'aspect chétif, ils sont moins solides que leurs voisins et quoique construisant de bonnes pirogues sont mauvais bateliers. Par contre, ce sont de courageux guerriers, excellents marcheurs et ardents chasseurs.

Les armes sont la lance, le couteau ordinaire, le couteau de jet, la flèche empoisonnée et le grand bouclier.

Ils cultivent les mêmes plantes que leurs voisins.

Les Gobu s'étendent de la Bembe (Mokoange) au 20e méridien. Ils sont de la même race que les *Bubu* (Congo français). Ils se différencient complètement des peuplades environnantes et font usage du « pelele » (1) (lèvre supérieure) et des aiguilles de cristal (lèvre inférieure), usage que l'on retrouve chez les Bongo du Nil, les Mitu, les Nuba et d'autres tribus du nord ainsi que sur la ligne des grands lacs jusqu'au Shire.

Les Gobu ramènent leur coiffure en chignon vers l'arrière et ne l'ornent pas.

Par contre, ils ont le goût prononcé des amulettes et, comme les Bwaka, des brassards et des jambières.

Très sédentaires, ils forment d'excellents agriculteurs produisant le manioc, la féverole, la

---

(1) Ouverture percée dans la lèvre et dans laquelle on place une rondelle de bois, d'ivoire ou de métal.

canne à sucre, l'arachide, la patate douce et la banane. Le maïs est rare.

Ce sont aussi de courageux chasseurs usant des mêmes armes que les Bwaka, à l'exception du couteau de jet dont la forme est différente.

Les Banziri ou Bajiri bâtissent leurs villages sur les rives de l'Ubangi depuis le 20e méridien jusqu'au 20°40' environ.

Ils n'ont pas la figure tatouée, mais portent sur le corps quelques légers dessins.

Leurs cheveux sont artistement tressés de perles de toutes couleurs formant parfois de grosses plaques descendant sur le cou. Les hommes portent le pagne, mais les femmes vont nues, portant de longues chevelures postiches liées sur le dos. Elles ont aussi des brassards et des jambières comme les Bwaka, ainsi que d'énormes colliers de perles.

Les Banziri sont intelligents et courageux.

Leur haute stature, leur large poitrine et leurs membres vigoureux les font considérer par les Bwaka comme des êtres supérieurs. Ils sont anthropophages en temps de guerre.

Ce sont avant tout des pêcheurs nomades : aux eaux basses ils abandonnent leurs villages, descendant jusque Zongo, et l'on voit de nouveaux petits villages établis en fort peu de temps sur les bancs de sable. Ils ne font pas de plantations et échangent leur pêche contre des produits agricoles.

Ils ont comme armes la lance, le bouclier et le harpon.

On rencontre souvent chez eux un type sémite très prononcé rappelant même les Nubiens de la haute Égypte.

On peut en quelque sorte les considérer comme une avant-garde des Bongo que nous allons étudier.

LES BONGO. — Les populations que nous classons sous cette dénomination n'ont pas de nom générique connu, mais la grosse majorité porte ce nom.

Si l'on accepte cette désignation générale, on distingue dans cette race deux catégories d'indigènes :

1° Les pêcheurs ou *Wate* (gens d'eau), qui comprennent en remontant le fleuve :

Les *Sango,*
Les *Abira* dans l'angle bas Bomu et bas Uele,
Les *Zien* dans le bas Bomu,
Les *Gembele* dans le bas Uele.

2° Les *Wagigi* ou indigènes de l'intérieur sont ainsi désignés par les riverains. Ce sont les *Bongo* proprement dits.

Les Sango occupent le pays depuis 20° 40' jusque Setema.

Le tatouage de race est formé de cinq pois continuant sur le front la ligne du nez. Ils portent des ornements rappelant presque complètement ceux des Banziri.

Leurs féticheurs, qui n'ont d'ailleurs que fort

peu d'autorité, leur donnent quelques rares amulettes. Ils construisent de beaux villages ouverts présentant, dans les régions inondables, des greniers surélevés.

C'est une race intelligente et solide, surtout des bras.

Pêcheurs émérites, ils se servent pour leur industrie de nasses et d'énormes filets. Ils ne sont courageux que sur l'eau et emploient les mêmes armes que les Banziri.

D'une façon générale, les Wate ont une coiffure compliquée, combinaison de torsades et de tresses emperlées du plus bel effet. De taille moyenne, ils ont le torse et les bras admirablement musclés, mais les jambes grêles. Ce sont des bateliers de premier ordre vivant, comme tous les Bongo d'ailleurs, dans de grands villages. Leurs pirogues sont en bois spongieux, ce qui les fait résister aux chocs contre les rocs des rapides.

Les Bongo proprement dits s'étendent à l'intérieur depuis l'Uele jusqu'au degré 20 environ. Ils portent peu de perles dans les cheveux, mais ont les mêmes tatouages de race que les Sango, dont ils partagent, du reste, les mœurs et les croyances; ils complètent parfois le tatouage par une petite ligne de traits au-dessus de l'arcade sourcilière.

Les Mongwandi semblent devoir se rattacher aux Bongo dont ils ont tous les caractères. Ils occupent l'intérieur du pays au nord de la Dua. Ils ont également pénétré en plusieurs points au sud de cette rivière.

Ils ont le tatouage bongo et se percent le lobe de l'oreille qu'ils dilatent parfois d'une façon démesurée.

Les Bunduru habitent derrière les Bwaka, de Zongo au rapide de Bunga. Excellents cultivateurs comme les Banza, ils cultivent comme eux le maïs et la banane. Leurs mœurs sont aussi celles des Banza. L'arme est la flèche non empennée à pointe en fer. Cependant le tatouage et la coiffure semblent les rattacher aux Bwaka.

Les Banza habitent surtout dans l'intérieur des terres de la boucle de l'Ubangi. Ils s'étendent derrière les Bondjo, les Bwaka, les Gobu et les Banziri, vont au nord jusqu'à l'Ubangi, et ont comme voisins au sud les Mongwandi. Ils constituent une race considérable et fort belle. Leurs tatouages participent de ceux de leurs voisins, les Bongo, les Bwaka, les Gobu et les Mongwandi.

Ils forment le plus souvent de leurs huttes tantôt rectangulaires, tantôt rondes, des villages solidement fortifiés qu'ils entourent de très belles cultures de maïs. Ils font usage d'observatoires placés dans les arbres.

La chasse est une de leurs grandes occupations et ils y emploient des flèches en jonc non empennées avec pointe en bois, d'où ils tirent leur nom.

Les Banza et les Mongwandi, probablement sous la poussée des Mahométans, ont avancé leurs habitations vers le sud et le sud-ouest en repoussant les Maginza et les Mobali (Hodister a pu constater ce mouvement chez les seconds en 1890).

A une époque antérieure, les Bangala et les Mobali-Maginza auraient repoussé les Balolo dans la grande forêt.

c. — *Du Lomami au lac Albert-Édouard.*

Du bas et moyen Lomami à la région des lacs, la forêt est habitée par une série de peuples qui offrent des caractères semblables de l'ouest à l'est.

L'idiome de toutes ces peuplades forme un groupe caractéristique du Bantu.

En général, tous ces hommes sont grands et bien musclés, d'une couleur brun chocolat. Leur lèvre supérieure est percée d'un certain nombre de trous dans lesquels ils passent de petits objets, ou d'un trou unique où ils mettent un pelele. Le lobe de l'oreille sert aussi à passer divers objets.

Ils portent un petit collier, des anneaux légers aux bras et aux jambes et un petit tablier de cuir. Leurs huttes, petites et rondes à l'est, y forment de petits villages proprets ; carrées à l'ouest, elles se groupent, au bord du Congo, en agglomérations importantes.

Les Wagenia qui occupent les rives du Congo entre Nyangwe et Stanleyville forment de puissantes tribus qui furent soumises pendant longtemps à la domination arabe et exploitées par les traitants qui leurs faisaient organiser de vastes cultures ou les employaient aux transports commerciaux par eau. Aussi ces tribus présententelles, comme celles du Maniema, une organisation du travail très productive.

Dans la région de l'entre Congo-Lualaba et Lomami ainsi que sur la rive gauche de ce dernier on rencontre successivement du nord au sud : la race des **Lokele**, qui comprend les Lokele proprement dits, indigènes installés à la rive et qui se tatouent affreusement, les **Turumbu** ou gens de l'intérieur et les **Topokes** nomades, formant autant de tribus indépendantes que de villages.

Plus au sud, les **Bamboli**, auxquels les premiers font continuellement la guerre. Ils ne sont pas tatoués, mais sont curieux par le genre de coiffure qu'ils portent : ils s'enduisent les cheveux de « n'gula » et les recouvrent souvent d'un morceau d'étoffe de manière à leur donner la forme d'un turban.

Enfin aux environs de Yanga vivent les **Yemaka** qui forment une tribu très importante et, vers Yabena Mabote, les **Mokuma**.

Les populations de l'intérieur, qui avaient échappé à l'occupation arabe, se livraient à quelques cultures nécessaires à leur subsistance, vivant dans la crainte perpétuelle des terribles « Matamba-tamba » à la recherche de l'ivoire et des esclaves.

La campagne de 1893 a mis fin à ce regrettable état de choses. Actuellement tous les chefs arabes rebelles ont été tués ou chassés du pays. Ceux qui se sont soumis à l'autorité de l'État dirigent aujourd'hui des plantations ou des travaux publics. Quant aux indigènes, redevenus autonomes, ils ont repris leurs occupations.

Les Bakumu s'étendent des Falls jusque vers la haute Lindi. On les rencontre également sur la rive gauche du fleuve, au sud de La Romée. Ils sont originaires de l'Uganda et présentent le type éthiopien bien accentué.

Les Warega habitent le pays situé à l'est du Lualaba en aval de Nyangwe. Ils sont fort cannibales et d'un teint plus foncé que les précédents.

Les Bango-bango occupent la Luama et une partie de la Lulindi depuis Kabambare jusqu'à Kasongo et les **Wazimba** habitent la forêt.

En somme, les Bango-Bango et les Wazimba occupent avec les Walega toute la région forestière de la rive droite du Lualaba, à l'exception d'une fraction des premiers qui habite la plaine.

Les Wabembe montagnards et les **Wavira** occupent la rive nord-ouest du lac Tanganika. A l'intérieur on rencontre, à l'ouest des Wabembe, les **Wabuyu** et au nord de ces derniers les **Watembo.**

Au nord des peuplades que nous venons d'étudier résident, sur l'Aruwimi, plusieurs groupes de tribus bantu : les Loali et les Mobali.

Les Loali habitent le moyen Aruwimi, des chutes de Yambuya à Banalia. De cette dernière localité à Panga on voyage parmi les populations **Mongelima,** remarquables par leur tatouage asymétrique appelé « upande m'moya » (un seul côté) qu'ils impriment sur le front; les dents de devant sont limées en pointe et ces indigènes portent une longue chevelure imbibée d'huile.

Au sud de l'Aruwimi vivent les **Mobali.**

Toutes ces populations, fort sauvages et cannibales, sont beaucoup moins puissantes que celles d'aval.

Citons encore les **Badjande** qui, avec les **Mabendja** et les **Maburu,** habitent la Lulu.

3° Les Bantu des savanes.

Sous la dénomination de *Bantu des savanes* on peut comprendre tous les habitants de la savane australe congolaise, depuis le Kwango jusqu'au Tanganika et à la ligne de faîte du Zambèze.

Ces peuples sortis, comme leurs congénères des forêts, de la grande souche Bantu, mais exempts par leur habitat des difficultés de communication que présente la forêt, purent se grouper en États d'une puissance que n'atteignirent jamais les tribus sylvestres. Possédant ainsi une stabilité politique plus grande, jouissant d'ailleurs d'un climat plus sain et de conditions de vie meilleures, les Bantu des savanes, adoucissant insensiblement leurs mœurs, firent progresser remarquablement leur agriculture et leur industrie, ne négligeant même pas complètement l'art, presque totalement inconnu vers le nord.

Ces populations ont atteint ainsi un certain degré de civilisation qui les fait différer notablement des Bantu des forêts.

Nous les étudierons dans l'ordre suivant :

Les *Lunda*,
Les *Bayaka*,
Les *Bambala*,
Les *Bangongo*,
Les *Bakwese*,
Les *Bambundu*,
Les *Bampende*,
Les *Bakuba*,
Les *Batetela*,
Les *Baluba*,
Les *Kioko*,
Les *Vuanyema*,
Les *indéterminés*.

LES LUNDA. — Le plateau de Lunda est presque entièrement occupé par les peuples de l'ancien empire de Muata-Yamvo ou *Lunda* proprement dits.

A l'ouest de ceux-ci vivent, dans les hautes vallées des affluents du Kasai, les *Kioko*.

Les Lunda formaient, il y a peu d'années encore, l'immense empire de Muata-Yamvo, allant de l'ouest du Kasai au Lualaba.

Mais la mort de son chef, tué dans un combat contre un de ses vassaux, semble avoir achevé la débâcle qui menaçait depuis longtemps ce puissant État nègre.

Actuellement, toutes les tribus éloignées ont secoué le joug du grand chef, dont le royaume doit être considérablement réduit. Celui-ci était divisé en un certain nombre de provinces, gouvernées par des vassaux qui recevaient l'investiture de Muata-Yamvo. Le pouvoir de ce dernier n'est pas héréditaire. Le successeur est élu entre les fils des principales épouses du roi, et son élection, une fois ratifiée par une femme élue parmi les filles du roi, il détient le pouvoir absolu.

Le chef principal est actuellement Makelingue Kibanda. Il partage avec le chef Kangu la prérogative de s'asseoir sur une peau de léopard; les autres chefs n'ont droit qu'à une peau de hyène ou de lynx.

Les Lunda, plus grands et plus forts que leurs voisins angolais, ont aussi le teint plus clair et les lèvres moins épaisses. Les femmes se tatouent le corps et les bras. Quant aux hommes, ils portent le petit tablier de cuir, sauf les grands personnages qui se vêtent du pagne ou de la peau d'un fauve.

En dehors de la région septentrionale, qui est très fertile, ils sont généralement pauvres.

Le Lunda est commerçant dans l'âme, mais il n'a aucun goût pour le travail; et les villages à installations rudimentaires laissent une mauvaise impression.

Parmi les tribus Lunda qui se sont rendues indépendantes on peut citer celles du *Lualaba*, celles du *Moero* et les *Samba*.

Les *Balunda du Lualaba* n'ont jamais, à proprement parler, fait partie des sujets du vieux roi : ils forment les trois tribus de Shamalenge, Kazembe et Musoko-Tanda qui est la plus importante. Ce sont des peuplades pauvres. Celles de Shamalenge vivent de pêche. Celles de Kazembe extraient le sel.

Les *Balunda du Moero* sont fixés au sud du Kalongwizi ; ils ont conquis la contrée il y a un siècle et demi environ.

Les Balamba rapportent encore le passage des Lunda conquérants qui contournèrent le Bangwelo pour s'arrêter au sud-est du Moero. Lors du passage de Livingstone, ils payaient encore tribut à l'empereur du Lunda. Ils ont conservé la langue de leurs frères du Lualaba et ont absorbé les Wabemba de l'est du lac.

Les *Samba*, qui occupent le plateau de ce nom, à l'ouest du Lubudi, forment quelques grands villages en amont de la Luisa. Ce sont de grands forgerons cultivant aussi beaucoup de manioc et récoltant le caoutchouc qu'ils vendent aux traitants du Bihe.

Les Bayaka. Il y a une cinquantaine d'années environ, un frère de Muata-Yamvo envahit la région située à l'est du moyen Kwango et s'y établit en fondant un royaume féodal analogue à celui de son frère.

Son descendant, Mwene Putu-Kasongo, habitait encore, il y a quelque dix ans, un village palissadé de 400 à 500 huttes, sur la rive droite du Kwango.

Il avait une cour nombreuse, comprenant ses vassaux, un féticheur, des musiciens, etc. L'étiquette en était fort compliquée.

Les Bayaka occupent un territoire mal défini, allant au nord jusqu'au Kasai, dépassant légèrement à l'est l'Inzia, au nord et au sud de Moanza, et limité sensiblement à l'ouest par la Lufini.

Les hommes sont généralement petits, mais bien bâtis ; les femmes sont parfois jolies.

Ces indigènes sont industrieux, commerçants, laborieux, d'une grande adresse dans les travaux manuels et éminemment perfectibles ; ils possèdent des cases et des armes remarquables.

Leur organisation sociale est intéressante et, à de nombreux points de vue, purement patriarcale. Quelques-uns des principes qui régissent leur société tendent à empêcher toute atteinte à la pureté de la race : aucun mélange avec les tribus qu'ils supplantent, choix de la femme dans la classe sociale de l'homme libre, exclusion complète de concubines.

Leur grand chef est Lulubi, mais son autorité est toute relative.

Au nord-est des Bayaka vivent les **Bambala** ou Pambala. Ceux-ci atteignent à l'ouest l'Inzia, vers Moanza, et à l'est le bas Kwilu qu'ils dépassent au nord de Kolokoto ; au sud ils vont au delà de la factorerie de Belo. La population, dense dans la forêt, est clairsemée dans la plaine ; les villages, pauvres et étendus, sont très dispersés.

Le Bambala est très accueillant et très sociable ;

il constitue une race saine et robuste sur laquelle les chefs ont peu d'influence, à part Murikongo qui réside dans la zone d'action de Belo.

Le respect des morts semble être peu développé chez eux et les tombes ne sont pas entretenues : lorsqu'un homme meurt, le cadavre est placé dans un grand panier avec des objets ayant appartenu au défunt et le tout est enfoui; une fois la fosse comblée, on place au milieu du tertre une calebasse de malafu et un pot de nourriture autour desquels on met en terre quelques feuilles de palmier.

Les femmes exécutent alors des danses pendant que les hommes se grisent de vin de palme.

Les Bambala pratiquent la circoncision; chose assez rare au Congo, ils ne fument pas, mais prisent.

Les populations voisines du Kwilu et de la Kwenge travaillent le fer, qui abonde dans ces régions; elles en font de la monnaie, des couteaux et des fers de flèche; la lance y est inconnue.

L'idiome des Bambala diffère de celui de leurs voisins de l'est, les **Bambundu**, avec lesquels ils s'entendent néanmoins fort bien; il n'en est pas de même de leurs voisins du nord, les **Bayanzi**, avec lesquels ils sont continuellement en guerre.

Signalons encore au sud des Bambala deux tribus de moindre importance : les **Bangongo** et les **Bakwese**.

Les Bambundu sont établis au sud des Badinga, dans l'entre Lubue et Djuma.

Ce sont des indigènes très paisibles et très sociables. Le fer abonde dans la région qu'ils occupent et ils en font de la monnaie, des couteaux et des pointes de flèches.

On ne voit pas chez eux de chef ayant une influence prépondérante.

Au sud des Bambundu vivent les **Bampende** ou Bapindi, qui n'ont pas de relations avec les premiers.

Les villages Bampende sont importants et composés de cases spacieuses, élevées, coquettes et bien construites. La population y est dense. Les indigènes, très sociables, constituent une race saine, robuste et arrogante, qui se croit supérieure aux autres.

Le chef dont l'action est prépondérante est Yongo; cependant son influence est très relative.

Les Bakuba habitent le pays limité par la Lulua, le Kasai, le Sankuru et le Lubudi. Ils dépassent cependant cette dernière rivière dans les environs de Katshabala, et une enclave de Bakuba est également signalée immédiatement à l'ouest du Sankuru à hauteur de Lonkala et sur la rive droite de cette rivière à hauteur de Kabote.

Les Bakuba sont gouvernés par le roi ou « Lukengo » : le titulaire actuel est « Kweti ».

Celui-ci, partisan des idées de progrès et de l'introduction des objets d'échange européens, fut, à un moment donné, obligé de céder à la poussée réactionnaire des anciens chefs : la révolte de 1904 en fut la conséquence et l'on sait qu'elle fut facilement étouffée précisément à cause de cet esprit fermé d'une partie de la race qui, refusant systématiquement les produits importés, n'avait comme armement que des arcs et des flèches, alors que ses voisins disposaient de fusils à piston.

L'organisation politique des Bakuba est en quelque sorte féodale. Le roi, souverain absolu, est élu par les grands vassaux et pratique le despotisme le plus entier. Son influence sur ses sujets est considérable, et si quelques villages éloignés ont parfois montré des velléités de révolte, celles-ci ont été chaque fois enrayées par un châtiment exemplaire.

Les Bakuba ont, comme les autres tribus, des esclaves, mais, à l'encontre de leurs voisins, on ne rencontre dans cette classe aucun homme de la race, même métissé. Tous sont étrangers, Zapo-Zap ou Basongo-Meno.

Se considérant, à juste titre, comme supérieur aux races voisines, le Bakuba évite soigneusement, tant par mœurs que par tradition, de se mêler à celles-ci et reste scrupuleusement fidèle aux anciennes traditions.

Il n'est pas cannibale et se montre même fort délicat pour sa nourriture qui consiste en poisson, gibier et manioc.

Le nez est plutôt mince, souvent busqué; les lèvres ne sont pas lippues et les yeux sont fendus en amande : l'ensemble produit une réelle impression d'élégance. La chevelure, très soignée, est rasée sur le devant et sur les côtés et forme au sommet de la tête un chignon généralement recouvert d'un petit bonnet et dans les cheveux duquel on enfile souvent des perles, des objets en bois, des sculptures, etc.

Le tatouage distinctif consiste en quelques traits en forme d'arc allant d'une oreille à l'autre en passant sur l'os frontal. Les femmes ont comme tatouage un dessin compliqué aux tempes et sur le corps.

Les Bakuba sont de beaux nègres de taille moyenne, polis et doux, à l'attitude digne et dont l'intelligence est bien au-dessus de celle de leurs congénères. Leurs femmes sont moins avenantes.

Ils sont, sauf les grands chefs, monogames.

Les maisons construites en feuilles et en bambous présentent un réel cachet artistique, non seulement dans la construction, mais encore et surtout dans la décoration.

Les villages des Bakuba sont généralement très beaux, aux rues bien droites, proprement balayées, aux cases entourées de parterres de fleurs. Leur capitale surtout, Mushenge, résidence du roi Kweti-Lukengo, est remarquable.

Les Bakuba sont industrieux : ils travaillent le fer, font de la vannerie, de la poterie, des étoffes (nattes et tissus fabriqués au moyen de la liane « coddy » et des fibres de palmiers « raphia »), de la sculpture sur bois et sur ivoire, le tout exécuté avec beaucoup de goût : leurs « cups » en bois, notamment, sont de toute beauté. Mais ce sont surtout des commerçants, excellents pagayeurs, cités même comme les meilleurs du Congo.

Médiocres guerriers, quoique fort fanfarons, les Bakuba ont comme armes l'arc et la flèche et de petites lances.

Les Bakuba se subdivisent en sous-tribus, parmi lesquelles nous citerons les **Bangwende**, les **Bambala** et les **Bankele**.

D'autres tribus, ayant avec les Bakuba beaucoup d'affinités de mœurs, de coutumes et de langage, reconnaissent encore l'autorité de Kweti-Lukengo : ce sont les Bakole et les Bashilele.

Les Bakole sont établis sur la rive droite du Kasai, en aval de Bashi-Shombe.

Les Bashilele occupent la rive gauche du Kasai, entre le 6e degré de latitude sud et le confluent du Sankuru.

Ce seraient, paraît-il, d'anciens esclaves Bakuba qui, à un moment donné, se sentant assez forts, se seraient soulevés, auraient passé la rivière et installé leurs villages où ils sont aujourd'hui.

Ils sont généralement hostiles à la pénétration du blanc.

LES BATETELA occupent le pays situé sur la rive gauche du Lualaba, entre les 4e et 5e degrés de latitude et s'étendent à l'ouest jusqu'au Sankuru. On peut ranger parmi eux les :

Bena-Malela,
Batetela,
Vuafuluka,

Bakusu,
Matampa,
Basongo-Meno – Bankutu.

Les Bena-Malela conquirent le pays situé sur la rive gauche du Lualaba; quoique semblant appartenir à la même race que les Batetela, ils en diffèrent par la langue.

Les Batetela et les **Vuafuluka** sont séparés par la Lueki; les vainqueurs Malela ayant eu l'occasion de constater la supériorité des femmes Vuafuluka comme ménagères, leurs chefs se disputèrent l'avantage d'avoir les meilleures femmes Afuluka. Les populations de la rive gauche de la Lueki, à qui pareil honneur n'était pas échu, en conçurent un certain ressentiment et se donnèrent le nom de Batetela.

Au sein des populations Afuluka mêmes, certains villages devinrent plus influents, plus riches notamment par l'exploitation des sources salées; leurs habitants reçurent le nom de Bena-Alua.

Quant aux habitants des deux rives du Lomami, qui s'étendent sur la rive gauche jusqu'au Lubefu, ils restèrent plus longtemps indépendants; méprisés par les Vuafuluka en raison de leurs mœurs, ils reçurent de ceux-ci le nom de **Bakusu** (peuple perroquet). C'est Gongo-Lutete, originaire des Bena-Kilembwe, qui, accompagné de nyamparas Afuluka, entreprit le premier la conquête du pays Bakusu, de la rive gauche du Lomami (Gandu).

Les Bakusu ont été presque entièrement détruits par les Arabes.

Les Batetela, pour n'employer que ce terme dont on désigne généralement les Malela, sont remarquables tant au point de vue physique qu'au point de vue intellectuel.

Le pays est divisé en terres qui donnent leur nom aux habitants; à leur tour ces terres comportent un certain nombre de fiefs ou de villages tributaires du grand chef de la terre. On n'y trouve pas de grands villages, mais de petites agglomérations familiales entourées de plantations.

Le Batetela ne porte aucun tatouage, mais s'extrait deux incisives.

Les Matampa sont des populations de la basse Lueki qui se sont retirées sur la rivière Enano dont elles occupent les deux rives : les exactions des auxiliaires arabes furent la cause principale de ce déplacement.

Les Basongo-Meno occupent une partie de la rive droite du Sankuru et du Kasai et quelques points de la rive gauche de ces deux rivières; ils se taillent les dents en pointe. Grands et solides comme les Batetela, ils ont souvent le type européen. Ils sont peu amateurs d'étoffes, mais se parent volontiers de perles. Leurs femmes sont parmi les plus belles du Congo.

Chose curieuse, ces dernières ne s'occupent pas du travail des champs qui est laissé aux hommes.

Les Basongo Meno du bas Sankuru forment des

villages de plusieurs milliers d'habitants, fort bien construits et entretenus.

Cette race donne des guerriers d'une bravoure extraordinaire. On a pu en avoir la mesure dans les expéditions militaires qui ensanglantèrent la région pendant plusieurs années.

Les Basongo Meno de l'intérieur sont appelés **Bankutu** ou Bankutshu; ils habitent un grand nombre de petits villages soumis chacun à leur chef, indépendant de ses voisins.

Les Bankutu se bornent à la fabrication des objets de première nécessité : poteries, haches, etc., et des armes : lances et flèches; ils produisent également un tissu en fibres de raphia qu'ils nomment « m'peko ». Ceux des environs de Kabote fabriquent l'arceau en cuivre, dont la valeur est la même que celle de la croisette. La polygamie est de règle chez eux : un homme libre possède ordinairement trois ou quatre femmes.

A la mort d'un chef, c'est son neveu qui lui succède ou, en cas d'absence de descendance mâle, la sœur ou la nièce du défunt.

Les Bankutu sont les ennemis irréconciliables des Bakuba.

Les Baluba forment un peuple immense, un peuple de penseurs, pour employer l'expression si juste de von Wissmann. D'après Frobenius, les Baluba seraient dans leur ensemble des Betshuana dont les migrations eurent lieu avant le XVIe siècle. Les *Mundekete* (Baluba plus récents que les autres) venant du sud (des sources du fleuve) soumirent toutes les peuplades qu'ils rencontrèrent : ils trouvèrent outre leurs frères plus anciens, les Bena Lulua et les Basongo, un reste de peuplade primitive de la plus haute antiquité, les Batwa (nains) et les Bateke (lacustres).

Les Baluba s'étendent depuis le bassin moyen de la Lulua (inclus) et du Sankuru jusque près du lac Tanganika.

Ils ont formé jusque vers 1870 un vaste empire dont Kilemba était la capitale.

Actuellement toute unité a disparu et entre les différentes tribus qui le composent la langue seule existe encore comme lien réel.

Nous les diviserons en deux groupes séparés par le Lomami.

1. Le *groupe occidental* comprenant les :

Baluba proprement dits,
Lulua-Bashilange,
Bakete,
Basonge.

2. Le *groupe oriental* comprenant les :

Baluba proprement dits (ou de l'Urua),
Bashila-Balamotvo,
Babuiu.

1. — *Groupe occidental.*

Les Baluba proprement dits sont assez dispersés dans la région de l'entre Sankuru et Kasai. On en rencontre notamment aux environs de Djoko-

Punda, de Golongo, de Kabeia, de Tshitadi, ainsi que dans le territoire qui s'étend entre le Lubi, le Sankuru et le 6e degré de latitude sud.

Les Lulua occupent la majeure partie de la région limitée au nord par les Bakuba, à l'ouest par le Kasai, au sud par une ligne approximative Maie Munene-Tshitadi et à l'est par le Lubi.

On rencontre parmi ces populations quelques enclaves de Bakete dont nous aurons l'occasion de parler plus loin.

Au point de vue physique, les Lulua sont généralement petits, faibles et maigres.

Les Bena-Lulua sont des indigènes paisibles, doux, très commerçants et en relation avec le blanc depuis de longues années; l'industrie est peu en honneur chez eux; cependant leurs vanniers sont très adroits.

Certains Lulua s'occupent d'élevage : ceux des environs de Tshitadi, notamment, possédaient autrefois des troupeaux de grosses bêtes, qui ont fortement perdu de leur importance; on trouve cependant encore chez eux beaucoup de chèvres, de moutons, de porcs, etc.

En fait de cultures signalons le manioc, la patate douce, l'igname, les haricots, le maïs, le millet, l'arachide, la banane, etc.

Les tribus Lulua sont très nombreuses : parmi elles nous citerons les Bashilange, les Bakwa Niambi et les Bena Kasuba qui toutes reconnaissent l'autorité du chef Kalamba Mukenge; ce dernier jouit d'un très grand prestige.

Les Bashilange occupent le pays situé entre le Sankuru et la basse et moyenne Lulua. Ce sont des Baluba profondément altérés au contact des indigènes de la région.

Ils sont relativement civilisés et semblent appelés à un grand avenir. Malheureusement, ils sont possédés de la déplorable passion du chanvre qu'on s'efforce de leur faire perdre. Cette habitude, introduite depuis peu d'années, était devenue pour eux une véritable religion. Ils s'assemblaient sur la place publique pour fumer la funeste plante qui les eut détruits physiquement et moralement, conduisant ainsi la race à sa ruine.

Les Bashilange sont maigres, petits, intelligents. Ils sont presque nus, ornés seulement de quelques faibles tatouages et de vives peintures.

Ils se rasent la tête ou se coiffent les cheveux en petites tresses. Généralement assez fournis de marchandises européennes, ils méprisent les pauvres tribus de leur race qui ne pratiquent pas leur religion. Ce sont de pacifiques agriculteurs.

Les Bakete occupent la majeure partie de la région comprise entre le Kasai, la Bushimaie, le parallèle 6°30′ au nord et le 8e parallèle au sud. On en rencontre cependant encore aux environs de Luebo, de Bena Makima, d'Ibansh, de Baka Moiza, à l'est de Djoko Punda, et même à l'est de Katshabala.

Enfin, on les trouve fortement mélangés de Lulua dans la région qui s'étend sur la rive gauche de la Lulua en amont de Luluabourg.

Le Bakete est généralement paresseux et fort sauvage : il ne porte pas de tissus européens. Lorsque des Bena Lulua s'installent chez lui, il exige d'eux un tribut en gibier.

Les Bakete des environs de Tshikongo sont grands fabricants de sel ; ils vendent ce produit aux *Kanioka*, leurs voisins de l'est, et aux populations environnantes. Les hommes, les femmes et même les enfants fument le tabac et le chanvre.

Les Basonge occupent la région comprise entre le 5e degré et le 6°30' de latitude sud, le Sankuru et le Lomami.

Deux de leurs chefs, Pania Mutombo et Lupungu, se rendirent autrefois célèbres dans la région. Le premier, ancien esclave du père du second et homme d'une intelligence remarquable, a toujours gouverné son État avec une grande habileté. Très ami des blancs, il leur a souvent rendu des services signalés. A l'instigation des Arabes, leurs sujets détruisirent presque entièrement les Beniki dont les restes, sous la conduite de Zapo-Zap, n'échappèrent à une extermination certaine qu'en se réfugiant aux environs de la station de Luluabourg, où les agents de l'État les protégèrent.

Les Basonge ne portent aucun tatouage, mais se liment les dents en pointe. Ils sont très polygames.

Grands, bien musclés, ce sont de très beaux nègres, au milieu desquels se distinguent encore les Beniki dont la moyenne de taille atteint 1m75.

La densité de la population est tellement forte dans la région qu'elle égale celle des districts les plus peuplés de l'Europe. Les agglomérations sont très étendues, ayant parfois de 10 à 15 kilomètres de longueur. Les plus importantes sont celles de Pania-Mutombo, de Lupungu et de Kolomoni.

Le village des Zapo-Zap compte plus de 5.000 âmes.

Aussi intelligents qu'industrieux, les Basonge offrent une grande aptitude aux travaux manuels : les Beniki, entre autres, sont des forgerons de talent et tout le monde connaît leurs belles haches appelées « haches du Kasai » ou de leur vrai nom « haches Zapo-Zap »; ils sont d'ailleurs également très bons commerçants et jouent le rôle de courtiers.

Tous sont d'excellents agriculteurs et présentent cette particularité que les hommes et les femmes travaillent aux champs.

2. — *Groupe oriental.*

Les Baluba proprement dits occupent la totalité de l'Urua. Leur grand chef, Kasongo-Niembo, réside à Kasongo, entre le Lomami et le Lualaba. Ils forment un empire allant du Lomami au Tanganika, divisé en un certain nombre de districts placés sous les ordres de « Kilolo », gouverneurs.

Le pouvoir de Kasongo est absolu et il en use

avec beaucoup de cruauté, entre autres dans ses condamnations judiciaires qui comportent presque toujours des mutilations.

Mais l'empire des Baluba montre, lui aussi, des signes de décadence et la puissance du chef actuel est loin d'être aussi grande que celle de son père.

Ses guerres avec son frère, établi sur la rive gauche du Lomami, pour savoir qui possédera leur propre sœur, femme intelligente et énergique, ont diminué son prestige et son autorité. Les vassaux profitant de la querelle et de l'éloignement de la province qu'ils gouvernent s'abstiennent un à un de payer l'impôt.

Les Baluba sont de taille élevée; ils soignent beaucoup leur coiffure et sont vêtus d'un pagne d'écorce. Les femmes, fort jolies, joignent à leur beauté naturelle une grande coquetterie. Elles se coiffent d'une façon rappelant beaucoup celle des Européennes.

Les villages, presque tous fortifiés, sont remarquables dans la région nord, mais dans la vallée de Lualaba les indigènes vivent encaqués dans une malpropreté repoussante.

Le lac Moria présente quelques agglomérations lacustres. La densité de la population est extraordinaire dans la basse et la moyenne Lukuga.

Plus riches et plus policés que les Lunda, les Baluba se montrent encore supérieurs à eux par leur intelligence et leur adresse au travail.

Ce sont des agriculteurs cultivant le maïs, le manioc, le millet, les arachides, etc.

Certains riverains du Lualaba construisent même de remarquables travaux hydrauliques afin d'irriguer leurs cultures.

Toutes les tribus du Lualaba : les Lubende du Lubudi, les Shimaloa, les Simbi d'Ankoro, les Buli de la Lukuga, sont indépendantes aujourd'hui.

Il faut probablement rattacher à ces Baluba, les *Batumbwe* qui habitent les bords du lac Tanganika entre Pala au sud et près de la Lukuga au nord : ils en ont le type et la coiffure.

Leur chef très puissant reçoit l'hommage même des populations de la rive opposée du lac.

Les Baluba habitant l'ouest du lac Moero jusqu'au lac Kisale sont pour la plupart des **Bashila**.

Ce sont des populations pauvres, démoralisées et découragées par la traite; elles s'occupent d'agriculture.

Le pouvoir des chefs est héréditaire; la polygamie est pratiquée sur une grande échelle : le chef Mulonzo a quarante fils. La femme s'occupe de la cuisine et du travail de la terre pendant que le mari chasse et pêche.

La langue parlée est le Kiluba qui se rapproche du fiote, mais le swahili est compris un peu partout.

Il faut aussi rattacher aux Bashila les **Balamotwo** qui habitent, d'une part, dans la plaine basse entre le Moero sud et les Kundelungu et, de l'autre, dans la vallée de la Lufwa, le long de la falaise occidentale des Kundelungu. Ceux-ci se servent parfois de grottes comme refuges ou abris momentanés, mais ce ne seraient pas, au dire du commandant Lemaire, de véritables troglodytes; ils vivent à l'état patriarcal (sans chef d'aucune sorte). Extrêmement farouches, sociables, mais inhospitaliers, ils sont grands, agiles et parlent une langue absolument différente de celle de leurs voisins.

Ils ne font aucune plantation et se bornent à chasser et à pêcher.

Le terme **Babuiu** désigne la tribu de source Baluba de la partie de la Luama, au sud de Kabambare, appelée Lubumba.

Citons encore parmi les tribus Baluba les **Sankadi-Boko** et les **Sankadi-Moa** de l'ouest du lac Kisale.

Les Kioko, qui habitent l'ouest des Lunda, sont en grande majorité répandus en dehors de l'État, mais ils descendent lentement vers le nord et abordent la frontière à l'ouest du Kasai. C'est une nation aventureuse, intelligente et active. Les Kioko sont grands chasseurs et excellents commerçants; on ne trouve pas chez eux de grands chefs possédant une grande autorité. Ils furent successivement aux prises avec Brasseur, Peltzer, Michaux et De Cock. Ce dernier, d'abord battu en 1898, les vainquit en 1899 à Lusambo, débarrassant définitivement le territoire de ces terribles razzieurs d'esclaves.

Les Vuanyema ou Manyema. — Entre la grande forêt, le Lualaba et le Tanganika, s'étendent une série de peuples que l'on a groupés sous le nom de Vuanyema.

Les Vuanyema sont une race d'hommes solides et de femmes belles. Peu ou point tatoués, mais coiffés de façon fort compliquée, ils portent le long tablier de peau ou le pagne d'étoffe.

La croyance aux fétiches est fort répandue.

Leurs villages sont nombreux et les rives du Lualaba sont un des endroits les plus peuplés du Congo. Quoique cannibales convaincus, ils sont doux et bienveillants.

Alors que sur les rives du Lualaba ils font peu de cultures, mais sont surtout pêcheurs et excellents bateliers, à l'intérieur ils ont d'immenses plantations de manioc, de bananiers, de riz, de maïs et de sorgho cultivées avec soin.

L'organisation du travail s'y ressent de l'influence arabe qui opprima le pays pendant plus de trente ans. Les Vuanyema sont pour la plupart fort paisibles.

Les Arabes originaires de Zanzibar avaient pénétré dans le pays vers 1866 pour y commercer. Par la force des armes, ils avaient bientôt substitué leur autorité à celle des chefs nègres et, groupant autour d'eux quelques centaines de noirs plus ou moins transformés à leur contact, s'étaient établis en maîtres dans le pays où ils avaient fondé les importantes villes de Nyangwe et de Kasongo, centres agricoles et de transit. C'est de ces points que rayonnaient leurs expéditions vers le nord, l'ouest et le sud-est, chassant l'homme et l'ivoire et fondant, dans la forêt, des postes tenus par des chefs secondaires.

Le long du lac Tanganika, au nord des Wahoholo, vivent les **Wagoma**, indigènes très difficiles à conduire; dans la presqu'île du nord-ouest du lac, les **Wabwari** ou Wayova et à l'ouest de ceux-ci les **Bakaramba**.

A l'ouest des Wagoma on rencontre les **Bisi-Marungu**.

Enfin, signalons encore les **Wahombo** et les **Beni-Nondo**.

Les Indéterminés. — **Les Beni-Marungu** sont les très anciens habitants de la contrée limitée par la frontière de l'État entre le Tanganika et le Moero, le Tanganika jusque vers Pala et une ligne allant de Pala au nord du Moero.

Ils ont vu leur pays envahi par les Wabemba venus du sud refoulés par les Zoulous qui ont d'ailleurs envahi les deux rives du Tanganika dans le courant du siècle dernier. Plus tard, les Waniamwezi ravagèrent le territoire des Beni-Marungu, et vers 1894 les Wabemba durent rétrograder vers le sud dans la contrée qu'ils peuplent actuellement.

Hommes et femmes, chez les Beni-Marungu, se tatouent des pieds à la tête. Généralement de taille moyenne et peu avenants, ces indigènes sont beaucoup plus actifs que leurs voisins.

Après avoir cultivé leurs champs pendant les quatre ou cinq mois de bonne saison, ils utilisent leurs loisirs à fondre et à forger le fer dont ils font des pioches, des haches, etc. Ils récoltent aussi le sel de deux ruisseaux salés qui traversent le pays.

La verrerie et la poterie sont assez répandues.

Les Baushi habitent la région du haut Luapula et une enclave au nord de Bunkeia. Bien que Msiri ait à diverses reprises tenté de les soumettre, il n'est jamais parvenu à étendre sur eux son autorité.

Dans l'angle sud-est de l'État on trouve plusieurs autres tribus qui ne peuvent être rattachées momentanément à d'autres groupements.

Les Balamba établis à l'est de la haute Lufira.

Les Wabemba venus du sud du lac Bangwelo et qui occupent la contrée depuis un siècle et demi par droit de conquête (N.-E. du lac Moero).

Ils sont placés sous l'autorité très écoutée de Waniamwezi et de Swahili.

Les Waholoholo ou Wahorohoro occupent le territoire situé autour d'Albertville.

Ils ont la même organisation politique que les Wabemba; pour ce qui concerne les affaires d'intérêt général, le chef n'a aucune autorité sans l'assistance du conseil des anciens. Ils ne portent pas de tatouage, mais se taillent en biseau les deux incisives du milieu. Les femmes se tatouent le ventre, le bas des reins et l'épaule gauche. Les Waholoholo ne sont pas anthropophages comme d'ailleurs toutes les peuplades de la rive du lac.

Les Watemba d'origine encore inconnue : on les rencontre sur la Lubule, émissaire du Moero, à l'ouest du Luapula et du Lualaba supérieur.

Les Basanga forment une peuplade fière et forte chez laquelle Msiri ne put prendre pied que grâce à des luttes continuelles suivies de razzias.

Ils furent également en lutte avec les Balunda, ce qui leur fournit l'occasion de témoigner de leur force d'expansion. Ils se disent venus du sud, hypothèse vraisemblable, car les Basanga signalés par Livingstone au nord de Tete sur le Zambèze s'en rapprochent non seulement par le nom, mais encore par les mœurs.

Ils habitent le pays situé à l'ouest de la haute Lufira.

Les Basanga ont la spécialité de récolter le sel des sources de Moachia.

Ils en forment des pains qui font l'objet d'un commerce très actif.

B. LES BANTU ORIENTAUX

Les Bantu orientaux ne sont répandus dans l'État du Congo que dans la partie de la grande crevasse située au nord et au sud des monts Virunga.

Ces populations appartiennent, sauf les Waniamwezi, au groupe des *Bantu des lacs* et se subdivisent comme suit :

1° Population autonome :

Bakonjo,
Babira,
Wania Boga,
Wania Ble,
Awamba,
Busaiga.

2° Population gouvernée par les chefs Bahima :

a. Batuzi :

Balera,
Warundi-Wafulero,
Basigi.

b. Bahima : *Banyankole.*

3° Les Waniamwezi : *Bayeke.*

1° Population autonome.

Les Bakonjo ou **Wakondjo** ne constituent pas une race spéciale, mais semblent être les derniers vestiges des Bantu orientaux, tels qu'ils existaient avant les invasions hamites.

Ils habitaient autrefois le Toro, mais ils se virent dans l'obligation de se réfugier sur les pentes méridionales des monts Ruenzori, à la suite de l'invasion des **Batoro** (1).

---

(1) Autrefois les souverains de l'Unyoro exerçaient leur domination sur les districts de l'Ankole et du Toro, mais des révolutions vinrent affranchir l'Ankole à une époque indéterminée et le Toro récemment.

Le tronc ancestral des tribus occidentales de l'Uganda fut constitué par les Banyoro, d'où dérivent les *Baganda* (est de Toro), puis les *Bairu* d'Ankole et enfin les *Batoro*.

On retrouve également des Bakonjo à l'est du lac Albert-Édouard; ils sont complètement sous la domination des **Basongora** qui les considèrent comme leurs serfs.

Les Bakonjo sont des montagnards et des chasseurs doués d'une grande force musculaire et endurcis au froid qui descend des montagnes.

Les Babira habitent la région située au sud-est des Balega.

Le *Boga,* région élevée qui s'étend entre le bord du Graben et la limite de la forêt, est occupé par les **Wania Boga,** dont le chef est Tabaro. Ceux-ci forment une population intelligente d'agriculteurs possédant beaucoup de petit bétail. Leur organisation politique est identique à celle des Batoro : le chef exerce un pouvoir absolu et rend la justice.

Au sud des Wania Boga vivent les **Wania Ble;** leur organisation, pareille à celle des premiers, est cependant moins avancée.

Enfin, entre le versant nord-ouest du Ruenzori et la Semliki se rencontrent les populations **Awamba** ou **Baamba,** et au nord du massif précité les **Busaiga.**

2° Population gouvernée par les chefs Bahima.

Les Bahima sont des *Hamites* partis probablement des régions du Nil moyen à une époque très éloignée et difficile à fixer : leur premier mouvement daterait du XVIe siècle.

Parmi eux les plus anciens envahisseurs sont les **Batuzi**, fondateurs du royaume de Kitara (Unyoro-Toro); aussi, parmi les Bahima, sont-ils les plus mêlés de sang nilotique et de sang bantu. Les plus récents, les **Ruhinda**, ont fondé le royaume de Karagwe.

L'invasion des Bahima a eu pour résultat la fondation de grands empires qui furent plus tard démembrés en un certain nombre de petits États : l'*Unyoro*, l'*Uganda*, le *Karagwe*, l'*Usiba*, l'*Usindja*, l'*Urindi* et le *Ruanda*.

a) Les Batuzi. — Le roi du Ruanda, *Zinga* ou *Muzinga*, appartient à une race conquérante venue des environs de l'Abyssinie et qui compte une généalogie de rois appartenant à dix générations. Le troisième roi serait tombé du ciel avec un livre (la bible).

Muzinga exerce son autorité dans l'Usambara par l'intermédiaire des chefs Batuzi : l'organisation politique est, en somme, féodale.

Les Batuzi ont la taille élevée; les membres sont fins et l'ensemble de la physionomie les rapproche de la race *Galla*, type parfait du Hamite pur.

Bien qu'ils aient adopté et l'habitat et le langage des indigènes qu'ils ont soumis, ils évitent soigneusement de contracter des unions avec ces derniers.

Les Balera sont placés sous l'autorité des chefs Batuzi; ils habitent le *Mulera*, pays montagneux situé au sud-ouest du lac Bajundo. Ce sont des indigènes de belle taille, mais chez lesquels le brigandage est élevé à la hauteur d'une institution.

Les Warundi (ou Warnudi) ont pour chef *Moyoo* ou *Nogabo*, et celui-ci se fait représenter dans les villages par des « nyampara ». Ils peuplent les territoires de la Ruzizi-Kivu.

Warundi est le nom générique de toute la peuplade qui comprend un certain nombre de tribus. Cette peuplade est originaire de la rive gauche de la Ruzizi.

Les Warundi ne portent aucun tatouage; ce sont des dégénérés de taille moyenne, aux pieds épaissis. Ils se rasent la tête, sauf une spirale de cheveux qu'ils laissent subsister au sommet du crâne, et se couvrent de peaux d'animaux et d'étoffes attachées au-dessus de l'épaule gauche. Les huttes en calotte sphérique sont couvertes d'herbes.

A leur tour les Warundi exercent leur domination sur les **Wafulero** (habitants de l'Ufulero, région montagneuse située à l'ouest de Luvungi), bien que ceux-ci ne soient pas des esclaves : les premiers tirent surtout leur supériorité de ce fait qu'ils possèdent la plus grande partie du bétail (étalon de la richesse dans ces régions) et qu'ils ont depuis plus longtemps le contact du blanc.

Tous ces indigènes parlent le Kiswahili; peuples de cultivateurs et de pasteurs, ils sont aussi fort commerçants.

Les Basigi, qui occupent la région située au

nord du lac Bajundo, sont également placés sous l'autorité des Watuzi, mais celle-ci n'est que nominale; en réalité, ils sont pour ainsi dire indépendants.

Ils portent quelques tatouages sur la poitrine et sur le dos; la chevelure, assez longue, est tressée en cordelettes pendantes et le vêtement de peau est d'un usage général. Ils cultivent le sorgho, les haricots, les patates douces, les pois chiches et un peu de maïs, et possèdent beaucoup de gros et de petit bétail.

Travaillant également le fer, ils s'occupent peu de chasse et de pêche.

b) Les Bahima. — Leur centre principal est le *Sema*, une partie de l'*Ankole* (Afrique orientale anglaise).

C'est un pays de vastes pâturages, où le Muhima (1) vit en maître du pays, professant un profond mépris pour les **Banyankole** ou **Bairu d'Ankole**, dont il a fait ses serfs.

Le Muhima est un être intelligent, grand, élancé, aux traits réguliers, au nez aquilin et au teint plutôt jaune.

Dans l'État du Congo, les Bahima se rencontrent dans la plaine qui s'étend au sud-ouest du lac Albert, entre la limite de la grande forêt et la basse Semliki.

---

(1) Muhima est le singulier de Bahima.

Ils ont perdu de leur valeur guerrière et n'exercent aucune autorité sur les populations qu'ils ont dépossédées ; les autochtones sont même bien plus avancés qu'eux.

Le Muhima s'occupe d'élevage, sauf cependant une fraction de la race, les **Batuku**, ces derniers ne possédant pas de bétail en raison des ravages causés par la mouche tsé-tsé, qui fait d'ailleurs sentir ses funestes effets non seulement sur les bords du lac Albert, mais encore dans tout l'Unyoro.

Les Bahima n'aiment guère le mélange avec les indigènes; c'est plutôt la classe dirigeante de ces derniers qui recherche des unions avec les envahisseurs; aussi certains chefs Batoro et le roi du Toro lui-même, Kasegama, ont-ils le type Muhima fortement accusé.

3° Les Waniamwezi.

Les Waniamwezi, originaires de l'est du lac Tanganika, constituent une race belle et vigoureuse de commerçants formés à l'école de l'Arabe et du Swahili.

Possédant tous les caractères d'un peuple colonisateur, ils sont le meilleur auxiliaire du blanc au Katanga.

Ils ont poussé avec les Arabes jusqu'au Sankuru et plusieurs hommes de Zapo-Zap parlent le swahili, leur langue.

Sur le territoire de l'État indépendant ils sont représentés par les **Bayeke.**

Les Bayeke sont une population hétérogène descendant en grande partie des Waniamwezi, arrivés dans le pays à la suite de *Msiri* (1). Ils sont établis dans la région des Bunkeia.

Les Waniamwezi exercent non seulement leur autorité sur toutes les agglomérations importantes des Wabemba, mais s'infiltrent dans tout le sud du Katanga : ici on les trouve installés comme chefs de villages, là ils forment des colonies agricoles et prospères au milieu de peuplades primitives comme chez les *Balamba;* on en rencontre même remplissant les fonctions de conseiller chez les chefs *Balunda.*

Ils se sont installés autrefois chez les *Beni-Marungu* dont ils ravagèrent le pays vers la fin du siècle dernier, aidés par un noyau d'indigènes qui jugèrent prudent de se tourner vers leurs puissants envahisseurs.

---

(1) La plupart des populations du Katanga, qui comprennent toutes les tribus habitant à l'est des Lunda et au sud des Baluba, formaient, il y a quelques années, un puissant Etat placé sous les ordres de *Msiri.* Ce chef, venu jadis du Guaragenza pour commercer, s'était établi dans le pays.

A son arrivée, toutes les populations se réfugièrent dans les bois; c'est alors qu'apparut *Katanga*, petit chef balamba installé sur la Tanga; il se présenta comme chef du pays et traita avec Msiri au nom de tous; ce dernier, le prenant pour le chef des Balamba, épousa une de ses filles.

Quelques guerres heureuses étendirent le royaume de Msiri qui avait comme capitale Bunkeia. Ce chef fameux gouvernait le pays avec une tyrannie et une cruauté excessives.

Bientôt, une de ses tribus, les *Basanga*, se révolta contre son autorité, et le roi ayant été tué, l'empire se désagrégea complètement et se trouve divisé aujourd'hui entre les *Bayeke* et les *Basanga*. D'autres tribus avaient toujours résisté aux tentatives de conquête de Msiri : c'étaient les *Bashila*, les *Balamotwo*, les *Lunda* du *Luapula*, les *Baushi*, les *Balomba*, etc.

II. — RAMEAU NUBIEN

GROUPE NUBA

Les individus classés dans le groupe Nuba ont le crâne moins allongé et le nez moins épaté que les noirs qui les entourent et la peau tirant plus ou moins sur le rouge.

Les Azande ont la taille moyenne, la peau de couleur chocolat, les cheveux épais et crépus, le crâne large et court, le visage rond, le nez faisant une faible saillie, la bouche d'une étroitesse remarquable. Des lèvres épaisses, un menton rond, des joues pleines et rebondies, des incisives limées en pointe et une démarche distinguée complètent la physionomie de l'Azande.

Les Azande repoussèrent d'abord jusqu'à l'Uele les populations qui habitaient le pays situé au nord de cette rivière : les *Mangbele,* les *Abarambo,* les *Madi,* les *Abisanga,* les *Ababua* et les *Mobenge.* Mais l'invasion ne s'arrête pas là : vers 1840 le chef *Dendi* chasse de l'angle formé par l'Uele et le Bomokandi les *Abarambo,* et son fils *Tikima* conquiert définitivement le Bomokandi en amont de la Mokongo.

Dans les environs de l'année 1890 les Azande de

Mange passent l'Uele à Sasi ou Kude et enlèvent aux *Ababua* le territoire limité par les rivières Uele, Bima et Fale; plus tard, vers 1890, *Zemio* franchit l'Uele devant l'embouchure de la Gwali, mais il est repoussé.

Les Azande firent, après 1897, une dernière tentative pour franchir la Bima, mais ils en furent empêchés par les Européens.

Les Azande du Congo comprennent :

Les *Azande* proprement dits.
Les *Azande Abandia.*

Les Azande proprement dits forment de beaucoup la branche la plus importante. Les Azande ont été soumis par les **Avungura** à une époque indéterminée, puis conquérant et conquis se sont rués vers le sud. La démarche plus fière des Avungura, leur langage, leurs usages, les marques de soumission et de déférence que leur témoignent les Azande ne laissent aucun doute quant à leur situation respective : l'Avungura constitue l'aristocratie, l'Azande la plèbe.

Les Azande proprement dits vont au nord jusqu'au 6e parallèle et à l'est jusqu'aux Mundu et aux Makrakra. Vers le sud ils ont plusieurs enclaves citées plus haut.

Leur tatouage représente un carré de points placé sur le front ou sur les tempes; ils ont parfois sur la poitrine une croix de Saint-André formée de points. Les Azande non avungura se distinguent par trois entailles parallèles sur chaque joue (marque des Soudanais). Les grands chefs avungura sont *Zemio, Bodowe* et *Effulu* (ses fils), *Sasa, Mange, Bia, Karavungu, Yatwa, Bambe, Matuburu, Beka, Kambara, Zamoi, Mopoie, Bili, Tamburu, Bitima* (fils de ce dernier), *Doruma, Bima* (son frère) et *Bio* qui tiennent les autres chefs sous leur dépendance.

Les Azande Abandia sont établis entre le 23° de longitude, le bas Bomu au nord, l'Uele au sud et s'étendent jusque près de l'Uere à l'est; ils ont en outre plusieurs importantes enclaves au sud de l'Uele, dans le Rubi.

Leurs principaux chefs sont *Zia, Senza, Engwetra, Gufuru, Rafai* et *Bangaso* (les trois derniers sont installés sur le Bomu) dont dépendent tous les autres.

Le tatouage des Abandia consiste en une ligne de points reliant les oreilles en passant au-dessus de l'arcade sourcilière.

Chez les peuples Azande nous rencontrons une organisation politique et militaire supérieure à celle des Bantu. C'est encore la division en tribus guerroyant entre elles, mais l'influence égyptienne a pénétré chez ces peuplades si aptes à la civilisation et le pouvoir plus solide, les États plus puissants, les chefs plus intelligents en montrent les heureux effets.

Chose remarquable, les Azande n'achètent plus leurs femmes, mais se la font désigner par leur chef; généralement ils lui sont très dévoués. Ils professent aussi un culte profond pour leurs ancêtres, dont les ménestrels chantent les hauts faits.

L'influence musulmane a fait dans la région nombre de mahométans, qui gardent encore fortement l'empreinte du fétichisme.

Vivant en villages le plus souvent peu étendus, ils s'y livrent à diverses industries, exécutent de fins et beaux travaux forgés en fer et en cuivre, des tissus de coton au moyen de métiers analogues aux nôtres, des chaussures en cuir d'antilope, etc.

Ces villages sont entourés de vastes cultures de bananes, de manioc, de maïs, qui augmentent d'année en année.

Le plaisir favori des Azande est la chasse. Ils s'y livrent avec ardeur. Mais ce qui caractérise surtout la race Azande, c'est le puissant esprit de conquête et de domination qui anime tous ses membres. Très courageux, persévérants, rusés, ils s'exercent dans leurs villages à jeter la lance et à tirer à l'arc. Autrefois les grands sultans comme Zemio et Doruma pouvaient mettre en ligne plusieurs milliers de soldats, non réunis en bandes désordonnées comme les Bantu, mais en groupes de 50 à 100 hommes disciplinés, placés sous les ordres d'officiers et agissant avec ensemble dans leurs opérations militaires. Aussi n'est-il pas étonnant qu'entourés comme ils l'étaient au sud de faibles voisins, ils se soient avancés si loin dans cette direction.

Dans les pays Azande ou dominés par ces derniers vivent des tribus diverses, vestiges probables des peuples aborigènes. Ce sont par exemple les **Abasango** et les **Mobenge** dont nous avons déjà eu l'occasion de parler; chez Zémio les **Akari**, cruels et poltrons, transformés par les Azande en bêtes de somme et se montrant d'une sobriété et d'une résistance extrême à la fatigue.

III. — RAMEAU NIGRITIQUE

GROUPE NILOTIQUE

Dans la région du haut Nil il existe un groupe de populations qui diffèrent de celles du groupe Nuba : la couleur plus foncée de la peau, la taille relativement plus élevée, la longueur des membres inférieurs, les mâchoires proéminentes, leurs grosses lèvres les distinguent des Nuba.

Bien qu'au point de vue anthropologique les Nilotiques ne se distinguent pas des autres Nigritiens, l'ethnographie les classe séparément.

On les divise généralement en vieux Nilotiques et jeunes Nilotiques.

Les premiers sont devenus des agriculteurs et des éleveurs sédentaires assez paisibles; les jeunes Nilotiques, au contraire, sont restés des pasteurs guerriers.

Vieux Nilotiques.

Parmi les *vieux Nilotiques* il faut classer :

Les Bari, riverains du Nil. Ils y formaient, il y a quelque cinquante ans, une population puissante et nombreuse. Malheureusement, nombre d'entre eux furent exterminés ou réduits à l'esclavage par les Derviches. Ils possèdent de riches troupeaux de bétail, de moutons et de chèvres et s'occupent également du travail du fer et de la poterie.

Les Madi, qui occupent la rive du Nil aux environs de Dufile. Ce sont des agriculteurs et des pasteurs.

Les Moru qui sont établis à Tafari et au delà.

Les Yambara au sud des Moru.

Les Miza qui portent un tatouage en feuille de palmier rappelant celui des Wangata et se trouent les deux lèvres pour y introduire des morceaux de quartz taillés en forme de cornes.

Les Abukaya ou **Avokaya** au sud-ouest des Miza.

Les Kuku près de Kadjokadji sont des nègres bien découplés et de haute taille; ils sont extraordinairement courageux et obtinrent autrefois de sérieux succès sur les troupes égyptiennes.

Les Kaliko, au sud-ouest des Kakwa, occupent non seulement une partie de l'enclave, mais encore la région de la haute Dungu et du Zoro.

Les Mundu à l'ouest des Kaliko; ceux-ci s'étendent également sur le territoire même de l'État indépendant.

Les Bugware au sud-est des Kaliko.

Les Yambara et les Kaliko sont agriculteurs; les Moru, Abukaya, Kuku et Mundu sont à la fois agriculteurs et pasteurs.

Chez les Yambara la polygamie est générale et les chefs peuvent y avoir de cinq à dix femmes.

Jeunes Nilotiques.

Les *jeunes Nilotiques* sont plus dispersés.

Les Chillouks, établis en dehors du territoire de l'État, ont été la souche d'une série de peuplades qui s'avancent très loin au sud.

L'une de ces dernières, les **Aluri,** occupe la région au nord-ouest du lac Albert.

Les Aluri habitent de petites huttes rondes avec toits en pointe, réunies le plus souvent sur des collines voisines des cours d'eau.

Il faut probablement comprendre dans cette peuplade :

Les Pagnemur, dont la population est évaluée à 500 habitants et qui occupent la rive gauche du Nil blanc, à sa sortie du lac Albert; ils s'occupent surtout de pêche au moyen de lances et le plus souvent au clair de lune.

Les Bagongo (3.000), qui habitent près de la baie de Mahagi, pratiquent également la pêche au moyen soit de grands filets, soit de nasses, soit de lignes de fond pour le gros poisson.

Au nord-ouest des Bagongo les **Bangari** (4.000), les **Asheri** (3.000), les **Boro** (1.500), les **Likoti**

(2.000), les **Pendolo** (4.000), les **Paeli** (1.000), les **Koro** (3.000), les **Bahuda** (3.000) et les **Panutu** (3.000).

Les tribus riveraines du lac sont très pacifiques et très commerçantes. Celles de la plaine et de la crête de partage Congo-Nil sont plus primitives et plus sauvages que les peuplades voisines.

Les habitants de la crête sont les mieux musclés et atteignent une taille de 1m70 à 1m80. Ce sont de redoutables guerriers.

En fait d'animaux domestiques on rencontre des vaches, des chèvres, des moutons poilus, des poules et des chiens ; comme cultures : le sorgho, le millet, le haricot, la patate douce, le manioc, le tabac et le bananier.

Chaque tribu a son chef toujours « arabisé » ; les sous-tribus ou les villages sont administrés par un sous-chef (nyampara). Chefs et sous-chefs s'habillent à la mode arabe.

Les habitants de la rive gauche du Nil sont généralement tout à fait nus. Le tatouage consiste en un pointillé sur le front et la perforation de la lèvre supérieure est fréquente.

IV. — RAMEAU NÉGRILLE

LES NAINS

Dans tout le Congo central et septentrional on trouve au milieu des populations que nous venons de décrire, des agglomérations d'hommes de petite taille, qu'on s'accorde à regarder comme les descendants des premiers occupants du sol, avant la grande invasion des peuples Bantu.

Ils présentent entre eux de nombreuses différences qui semblent cependant n'être que des variations individuelles.

La taille varie de 1m36 à 1m57. Certains négrilles dépassent cette dernière taille, mais il faut déjà les considérer comme métissés.

La couleur de la peau est tantôt noire, tantôt jaunâtre ou rougeâtre. La tête est généralement volumineuse et arrondie; le ballonnement du ventre est commun à beaucoup de nains. Leur allure est caractéristique : elle consiste en une sorte de dandinement accompagné de soubresauts.

La chasse est leur occupation principale; aussi y excellent-ils.

Généralement les nains des forêts sont restés purs de tout mélange, ce qui d'ailleurs s'explique aisément : c'est notamment le cas des nains de l'Aruwimi; au contraire, là où la forêt ne les protégeait pas suffisamment, ils ont été tout à fait assujettis par les races envahissantes et se sont même parfois mêlés à ces dernières au point de n'être plus des nains : les Batoa du Kasai en sont un exemple.

Le langage des nains présente généralement la particularité d'être émaillé de curieux « hiatus ». C'est ainsi qu'au lieu de dire « okapi » ils prononceront « O'api ».

Les pygmées ont reçu des noms différents suivant la région qu'ils habitent :

Aka, Tike-tike sur le haut Uele; **Ewe, Wambwanieli, Watwa** sur le haut Aruwimi; **Batua** sur la haute Tshuapa, le Kasai et le Lomami.

Certains d'entre eux ont été souvent décrits : nous ne nous occuperons que des moins connus.

Les Batoa vivent parmi les Bakuba avec lesquels ils se sont fortement mélangés; ils sont à la solde des chefs de village, et constituent dans le voisinage de la race envahissante de petits villages de chasseurs à gages. Les Batoa ne sont plus à proprement parler, des nains : ce sont des nègres de taille moyenne, mais qui seraient les descendants d'une ancienne race de nains ayant habité la forêt.

Les Batua se rencontrent sur les bords de la Lokoro et de la Lulabu (émissaires du lac Léopold II). Chez eux comme partout la nécessité de vivre lie les races autochtone et envahissante : le nain chasse et le Bantu cultive.

Bien constitués et de forte carrure, ils n'accusent pas ce ballonnement du ventre si caractéristique chez beaucoup de Négrilles du nord. Autre particularité : ils sont anthropophages contrairement à la plupart de leurs congénères et ce sont les Kundu qui leur ont appris cette pratique.

Dans les environs de la Semliki, Johnston a rencontré deux types de pygmées : l'un, les **Batwa**, à la peau jaunâtre ou rougeâtre et aux cheveux de couleur tendant vers le rouge; l'autre, les **Mambuti**, à peau noire et dont le corps est couvert de poils noirs.

Les Mambuti, qui vivent dans le haut Ituri, dans la grande forêt, présentent un mélange déconcertant de qualités et de défauts : ce sont des sauvages absolus, ne songeant qu'à manger et à dormir, ne connaissant pas l'hospitalité envers les étrangers qui sont impitoyablement tués et mangés, mais à côté de cela ils ont horreur du mensonge et le respect de la parole donnée. Le Mambuti ne possède ni cultures ni habitation et se nourrit de ce qu'il trouve et des produits qu'il reçoit en échange de sa chasse. Cette dernière se fait à l'aide de chiens auxquels les chasseurs brisent une patte pour pouvoir les suivre grâce au bruit des grelots qu'ils portent au cou. Ils se divisent ordinairement en deux groupes, dont l'un traque le gibier et l'autre le reçoit.

Généralement les hommes n'ont qu'une femme, mais les chefs et les notables en ont plusieurs sans dépasser jamais le nombre de six.

Ils portent quelques tatouages légers au ventre et au dos, mais jamais sur la figure.

Les peuplades voisines avec lesquelles ils échangent les produits de leur chasse pour recevoir des patates ou des bananes ne les voient pas. La viande est déposée la nuit en un endroit convenu et la nuit suivante le pygmée vient prendre ses bananes.

L'arc et la flèche constituent leur seule arme; aussi les manient-ils avec une adresse rare.

Enfin on rencontre encore des nains dispersés dans le pays entre le Lualaba et le Tanganika.

Là comme partout ils sont chasseurs et craints des populations environnantes. Certaines de celles-ci vont même jusqu'à cultiver un lopin de terre spécialement pour les nains, leurs dangereux voisins.

On en trouve également à l'est du lac jusqu'à l'océan Indien et certains Négrilles établis au nord-est du Tanganika s'occupent de poterie, chose exceptionnelle chez des nains.

V. — PEUPLES MÉTIS

Les quatre races qui occupent le haut Uele n'ont évidemment pu séjourner côte à côte sans se mélanger dans des proportions variables. De ces mélanges sont sortis des peuples métissés que les ethnographes les plus compétents ont classés comme suit :

A. Bantu-Négrilles :

Walese,
Bambuba,
Wanande.

B. Bantu-Négrilles-Nilotiques :

Lendu-Balega,
Momvu.

C. Bantu-Nuba :

Mangbetu,
Abarambo.

D. Nuba-Nilotiques :

Makrakra,
Abaka,
Fadjelu,
Kakwa.

E. Indéterminés :

Mabodo.

A. — BANTU-NÉGRILLES

Les Walese et les **Bambuba** peuplent la lisière de la grande forêt vers la Semliki (Beni).

Ils ont pour voisins les *Batwa* (nains), leurs parasites.

Les Wanande occupent le territoire situé au sud des Bambuba et à l'ouest des Bakonjo.

B. — BANTU-NÉGRILLES-NILOTIQUES

Les Lendu occupent le pays qui s'étend à l'ouest de la moitié inférieure du lac Albert. Une partie d'entre eux, établis un peu au nord de l'embouchure du Semliki, portent le nom de **Balega**.

Assez bien bâtis, quoique bas sur jambes (leur taille varie de $1^{m}60$ à $1^{m}65$), les Lendu ont la peau de couleur brun chocolat, les cheveux longs, la tête ronde, le nez large. Ils se trouent les lèvres pour y passer certains objets, et quelques-uns d'entre eux portent la barbe. Ils pratiquent la circoncision et ne se liment pas les dents.

L'homme porte un petit carré d'écorce en manière de pagne; quant à la femme, elle va complètement nue.

Les Lendu sont de véritables cannibales, tributaires de peuplades de la lisière (*Panutu* et *Pendolo*).

Les huttes, petites, en forme de ruches, sont disséminées par groupes de six à huit.

Elles sont entourées de plantations de maïs, d'éleusine, de patates, de bananes, de sorgho, de colocase, de fèves et d'épinards.

Les Momvu, disséminés entre les *Mangbetu* à l'ouest, le haut Uele au nord, les *Nilotiques* à l'est et les *Mabodo* au sud, sont constitués en une série de tribus indépendantes se coalisant seulement devant un danger commun.

Les principales de ces tribus sont les *Atede* et les *Antedemezi*.

A une époque peu éloignée, les Momvu furent envahis par les *Mangbele* venus du nord. Ce peuple guerrier, inapte au travail, mais très habile à diriger celui des autres, se superposa aux occupants, mais fut bientôt vaincu par eux.

L'homme travaille seul et, fait exceptionnel au Congo, les femmes ne s'occupent que du ménage et de la famille.

Les villages sont nombreux et agréables, entourés de vastes plantations de bananiers, de manioc, etc., parfois de plusieurs lieues d'un seul tenant.

Cette race est très apte aux métiers manuels et d'une bravoure qu'éprouva jadis l'expédition Van Kerckhoven.

C. — BANTU-NUBA

Les Mangbetu. — L'origine des Mangbetu est encore fort discutée, et c'est peut-être plutôt comme indéterminés que comme Bantu-Nuba qu'il faudrait les classer.

Ils sont formés en un certain nombre de puissantes tribus établies entre l'Uele et la Nepoko.

C'est vers le XVIIe siècle que l'on vit apparaître dans l'Uele la peuplade guerrière des Mangbetu, qui faisait d'ailleurs partie elle-même de la grande migration bantu : cette dernière suivit vraisemblablement une direction générale sud-ouest-nord-est.

Les Mangbetu soumirent successivement les *Mabodo* et les *Mayogo*, établis au nord de la Nepoko, puis les *Medje* et les *Mapume*, habitants de la Teli. Les *Mangbele* et les *Abisinga* qui peuplaient les territoires limités par l'Uele, le Bomokandi et la Gada vivant en mauvaise intelligence, les premiers commirent la maladresse d'implorer le secours des Mangbetu qui, sous la direction du chef *Tucba*, anéantirent les Abisinga et naturellement les Mangbele eux-mêmes. Ceux-ci furent définitivement scindés en deux clans, l'un sur l'Uele, l'autre sur le haut Bomokandi où ils se trouvent encore.

Les *Abarambo* furent également rejetés vers le nord jusqu'au moment où, comme nous l'avons vu (1), le chef azande Deni les mit en fuite (1840).

L'État politique des Mangbetu, puissamment organisé, groupe les villages en provinces dirigées par des membres de la famille du sultan. C'est ainsi que l'autorité de ce dernier est bien assise.

Les Mangbetu ne ressemblent à aucun de leurs voisins du nord. De taille un peu au-dessus de la moyenne, ils ont la démarche pleine d'assurance, le torse vigoureux, le regard doux, la chevelure abondante et laineuse, la voix claire.

Les chefs, qui seuls peuvent porter la barbe, la tordent parfois en tresses et relèvent leur coiffure en forme de casque. Les femmes sont de taille moyenne et fort avenantes avec leurs reins fortement cambrés et leurs longs cheveux arrangés avec beaucoup de goût. On rencontre parfois quelques albinos aux cheveux blonds et aux yeux bleus.

Les Mangbetu l'emportent surtout sur les autres nègres par leur morale relativement élevée. Ils ont le respect de la parole donnée et le sentiment de la solidarité nationale.

La femme a presque autant de droits que le mari et elle a parfois une grande influence sur lui.

Le pays des Mangbetu est si peuplé et si bien

---

(1) Voir *Rameau Nubien*.

cultivé que les terrains incultes y sont relativement rares. Ce ne sont partout que champs de patates, de manioc et de millet.

Leur industrie est très développée et ils sont sans rivaux dans la région comme forgerons, potiers, sculpteurs et constructeurs de pirogues. Aussi cette race compte-t-elle parmi les plus prospères de l'État et est-elle appelée au plus brillant avenir.

Les Abarambo sont établis sur la rive gauche de l'Uele depuis Mai-Munza jusqu'au rapide de Panga. Vers le sud, ils ne dépassent pas le Bomokandi. On rencontre aussi quelques tribus sur la rive droite de la rivière.

Ils se rattachent aux Mangbetu, dont ils semblent être une branche, mais ont été vaincus par les Azande. La population est très dense, très divisée et forme une foule de petites tribus indépendantes, continuellement en guerre l'une contre l'autre.

L'Abarambo est vigoureux et bien musclé et la femme bien faite. Le teint est clair et le tatouage relativement rare, mais ces indigènes s'enlèvent la conque de l'oreille, les cils et les sourcils, et se percent le nez.

Les Abarambo sont bien doués au point de vue intellectuel et paraissent capables de progresser. Seul leur état politique s'y est opposé jusqu'ici.

La population n'est pas groupée en villages, mais disséminée dans des métairies d'importances diverses.

Ce sont des chasseurs et des cultivateurs, dont

les champs de manioc, de patates douces et d'éleusine couvrent de vastes espaces ; ils sont très industrieux et l'art du forgeron est tenu par eux en haute estime.

Les huttes sont cylindriques, construites en pisé et surmontées d'un toit en herbe de forme conique.

Leurs armes sont l'arc, la flèche et la sagaie.

Les Abarambo établis sur l'Uele, entre le mont Mandiando et le sommet septentrional du coude que dessine cette rivière entre Amadis et Bambili, sont appelés **Bakango**.

D. — NUBA-NILOTIQUES

Les Makrakra, établis au nord de la ligne de faîte Congo-Nil vers le 30e méridien, ainsi qu'aux environs de Faradje, sont des nègres au teint noir à reflets rougeâtres, à l'air plus intelligent que les autres Nigritiens. Ils ont le nez moins épaté et les cheveux plus longs que ces derniers.

Excellents cultivateurs, ils vivent largement des produits de la terre. Ce sont des hommes très courageux, prêts à repousser tout envahisseur.

Les Abaka occupent le pays situé au sud-ouest des Makrakra, entre ces derniers et les Momvu.

Les Fadjelu occupent la région qui entoure Loka.

Ce sont des agriculteurs chez lesquels la polygamie est d'usage courant.

Les Kakwa, agriculteurs également, vivent dans les environs de Ye.

E. — INDÉTERMINÉS

Les Mabodo sont des peuples encore assez peu connus. Ce sont des hommes de haute taille, dont la réputation comme chasseurs est légendaire dans toutes les régions du Haut-Uele.

Avenir des populations congolaises.

Deux traits, dit DUPONT (1), frappent surtout en étudiant le nègre.

D'abord son impuissance à abstraire et à arriver à des idées générales, ensuite son inaptitude à des initiatives spontanées. De l'une sont résultés l'état politique arriéré, le fétichisme et l'état patriarcal dans lequel il vit; de l'autre l'absence chez lui de découvertes qui lui sont propres et l'incapacité de domestiquer les animaux.

Le nègre n'a jamais pu exploiter ces derniers; il n'a que la notion d'asservir son semblable.

Mais à côté de ces graves défauts il possède deux qualités essentielles : un instinct commercial développé et une aptitude extraordinaire à l'imitation.

Ce sont ces qualités surtout qui font la valeur de la race.

Le nègre du Congo, resté arriéré par suite de

---

(1) Lettres sur le Congo.

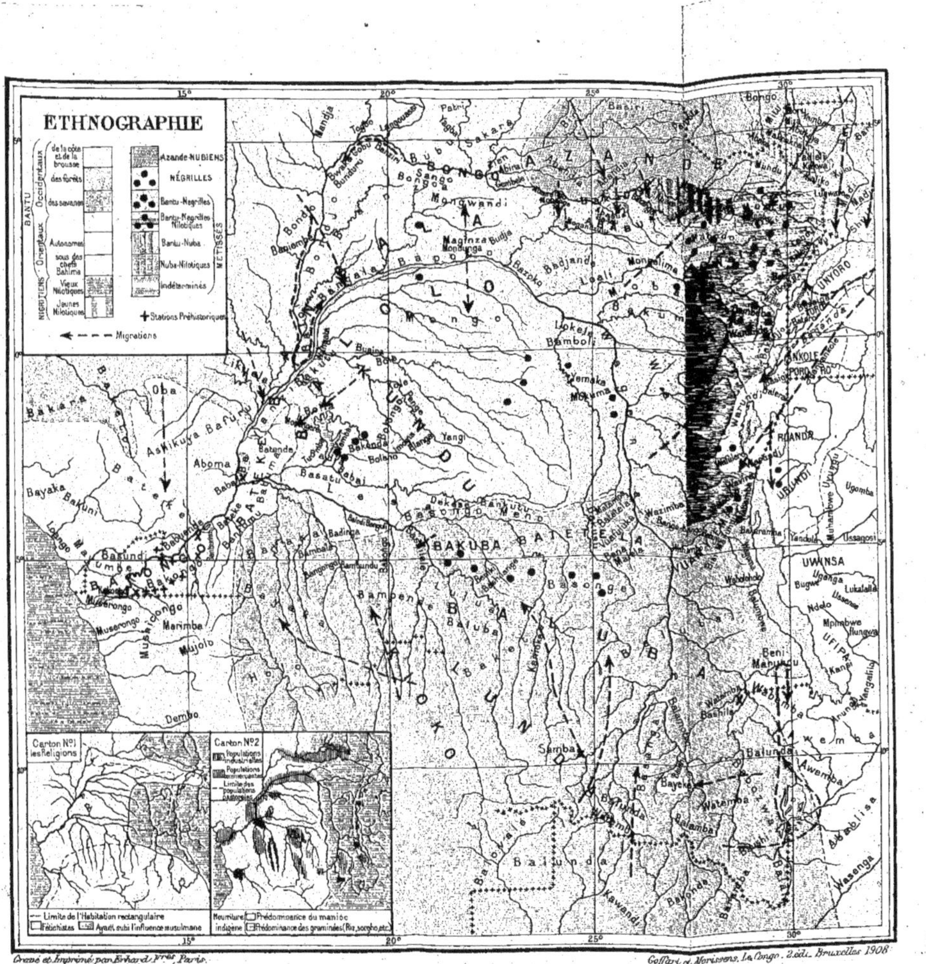

Gravé et Imprimé par Erhard Frères, Paris.

Goffart et Morissens, Le Congo, 2e édi. Bruxelles 1908

son isolement dans un bassin longtemps inconnu, s'est assimilé, avec une rapidité étonnante, les divers métiers que les Européens lui ont fait apprendre depuis vingt-cinq ans à peine qu'ils occupent la région.

A côté de races dégénérées qui semblent inaptes à la civilisation comme les Négrilles, de puissantes tribus, telles que les Azande, les Mangbetu au nord; les riverains du haut Congo : Bangala, Bazoko, Bateke, etc.; les Bakuba, les Basonge, les Batetela, les Baluba au sud, sont appelées à un grand avenir. Possédant à un haut degré les qualités d'intelligence, d'énergie et d'activité, ces peuples montrent, d'après les progrès qu'ils ont faits depuis l'arrivée des premiers blancs, tout ce qu'on peut attendre d'eux.

Les efforts que fait l'État pour développer encore leurs facultés permettent de dire qu'ils occuperont, dans un temps rapproché, une place remarquable dans la race noire.

V

PRODUCTIONS NATURELLES

I. — RÈGNE VÉGÉTAL

Aperçu général. — Compris presque entièrement dans la zone végétale de la Guinée, le fertile bassin du Congo nourrit non seulement toutes les plantes qu'on connaissait jusqu'en ces derniers temps dans cette zone, mais une quantité d'espèces nouvelles dont l'étude est venue enrichir la science.

La végétation tropicale se présente sous quatre types principaux qui donnent au pays des aspects différents : la forêt, la savane, la brousse et les marais.

La *forêt* vierge, immense, formée d'arbres colossaux étouffant une basse futaie et des taillis épais, presque impénétrables même, occupe la majeure partie du territoire de l'État, le couvrant d'un fouillis d'arbres et de plantes, abritant des populations nombreuses et une faune variée.

Plus dense à certains endroits, plus clairsemée

à d'autres, la forêt se coupe parfois de clairières et se termine en détachant, le long des affluents de l'Uele, du Kasai, du Kwango et du Lomani, d'étroites bandes boisées qui forment au dessus

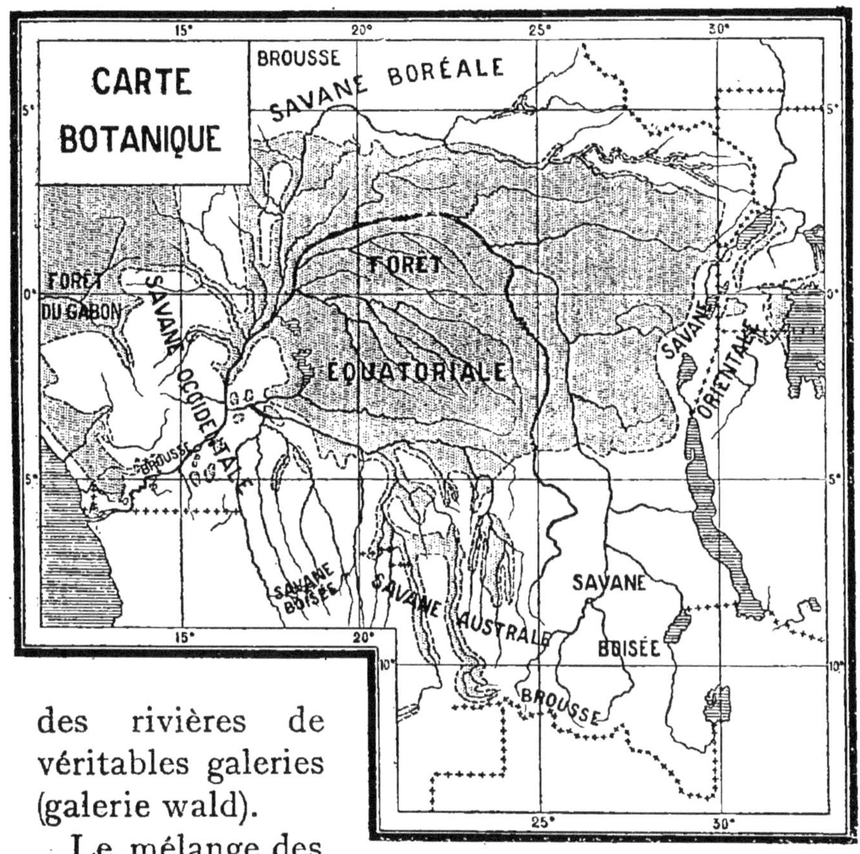

des rivières de véritables galeries (galerie wald).

Le mélange des essences est la caractéristique de la forêt africaine et l'on n'y rencontre pas, comme dans d'autres contrées, une même espèce d'arbres réunis sur une surface étendue.

Autour de cette vaste forêt s'étendent les *savanes :* au nord de l'Ubangi et de l'Uele, une *savane boréale;* à l'est, une *savane orientale* qui se prolonge jusqu'à l'océan Indien; au sud, la *savane australe;* enfin, à l'ouest, la *savane occidentale* qui s'étend jusqu'aux forêts du Mayumbe.

La savane ne revêt pas le sol d'un aspect uniforme : la savane proprement dite, appelée souvent *parc,* est constituée par une végétation dans laquelle dominent des herbes de faible élévation, parsemées çà et là d'arbres nombreux, soit isolés, soit réunis en bouquet. Dans certaines parties du Congo, notamment dans le Katanga et dans l'Urua, se rencontre la *savane boisée,* sorte d'immense verger aux arbustes petits et rabougris.

Quant au mot *brousse,* il s'applique surtout à des étendues couvertes tantôt uniquement d'herbes hautes et dures, tantôt d'herbes parsemées d'arbres généralement malvenus et chétifs. Ces herbes (herbes de Guinée), pouvant atteindre jusqu'à trois fois la taille d'un homme, ont la tige dure, les feuilles coupantes et ne sont propres à aucun usage.

Elles couvrent généralement de vastes plaines faiblement ondulées. Les indigènes avaient autrefois la détestable habitude de mettre le feu à ces herbes à la saison sèche, et c'est là vraisemblablement une des causes de l'aspect tourmenté qu'y offrent les arbres.

On rencontre la brousse au nord vers les crêtes de partage du Shari et du Nil, au sud vers la ligne de faîte du Zambèze, au sud du bas Sankuru et du bas Kasai et à l'ouest entre Boma et Kwamouth.

Les parties *marécageuses,* ainsi que nous l'avons dit précédemment, abondent dans la région centrale du Congo et se présentent même parfois aux crêtes de partage; elles sont souvent couvertes d'herbes ou d'arbres.

La division que nous venons de donner n'a rien d'absolu et un élément ne règne pas à l'exclusion des autres dans telle ou telle région, mais y est dominant et donne alors à la région son caractère propre.

Botaniquement on a divisé le territoire de l'État indépendant en sept régions :

1. *La zone nilienne* comprenant l'enclave de Lado et le bassin du lac Albert-Edouard et que caractérise surtout la présence de l'arbre à beurre.

2. *La zone du Mayumbe* englobant le bassin du Shiloango : c'est une zone forestière.

Ces deux zones n'appartiennent pas au bassin du Congo comme celle que nous allons citer et n'ont d'ailleurs dans le territoire de l'État qu'une minime partie de leur aire.

3. *La zone septentrionale* qui comprend les bassins de l'Uele, du Bomu et de l'Ubangi au nord de la passe de Zongo. C'est une savane attenante à celle du haut Nil et dont la flore et la faune diffèrent beaucoup de celles du Congo.

4. *La zone forestière centrale* qui embrasse toute la forêt équatoriale que nous venons de décrire.

5. *La zone du Katanga* englobant le bassin du

haut Congo jusqu'aux Portes d'enfer. D'altitude assez élevée, elle jouit d'un climat de savane très prononcé ; sa végétation présente un cachet oriental accentué, tout différent des autres régions congolaises. On y trouve des renonculacées, protéacées, oxalidées et d'épais massifs de bambous sur les monts Mitumba.

6. *La zone du Kasai* qui s'étend non seulement dans le bassin du Kasai et de ses affluents jusqu'à Mushie, mais encore sur les bords du Congo depuis le sud de Bolobo jusqu'aux gorges de Zinga. Elle est surtout riche en labiées, verbénacées, connoracées et euphorbiacées.

7. *La zone du Bas-Congo,* nom donné à la région qui se développe depuis le massif du Bangu jusqu'à la mer. On ne trouve aucun caractère spécial à la flore de cette région qui est sensiblement la même que sur les autres continents tropicaux maritimes. Citons cependant un groupe de plantes, les forêts de mangliers, dont les racines trempent dans la mer.

Jouissant de conditions de climat et de sol favorables, la végétation congolaise est d'une grande vigueur, et sans atteindre à la richesse et à la variété de certaines régions de la Malaisie, elle n'en est pas moins une des plus riches de l'Afrique.

La plupart des plantes de la flore tropicale ont été signalées dans le bassin, et si certaines d'entre elles ne l'ont pas été jusqu'ici, les progrès de l'exploration les feront presque certainement découvrir.

L'énumération des espèces nous mènerait trop loin. Nous nous bornerons donc à citer les plantes dont l'importance immédiate force l'attention.

PRINCIPAUX VÉGÉTAUX UTILES DU CONGO

1° Plantes alimentaires. — Le *maïs* est un des produits fort cultivés par les nègres. Il est répandu sur presque toute l'étendue de l'État.

Le *riz* existe dans la Province orientale et dans beaucoup de postes de l'État; il est probable cependant qu'il a été importé.

Les *sorghos,* grandes graminées très nourrissantes, se rencontrent actuellement dans tout le Congo et semblent avoir été importées du nord par les Bantu.

Le *millet,* assez rare, ne se rencontre en abondance qu'entre Lusambo et le Lualaba.

L'*éleusine* est une graminée du même genre que le millet, cultivée surtout dans l'Uele.

Le *haricot* est répandu partout.

Le *manioc* est la base de l'alimentation du nègre. Il en existe deux variétés, toutes deux très productives, mais dont l'une est vénéneuse.

La *patate douce* est un tubercule sucré que cultivent tous les noirs.

L'*igname* est une plante à tubercule souterrain : elle comporte deux espèces, dont l'une à bulbe aérien est souvent vénéneuse.

Fruits. — Citons parmi les principaux fruits dont l'aire de dispersion comprend une partie plus ou moins grande du bassin, ceux du *bananier*, du *papayer*, du *manguier*, de l'*oranger*, du *citronnier*, du *corossol*, de l'*avocatier*, du *tamarinier*, du *grenadier*, du *goyavier*, du *maracouja*, de l'*ananas*, de l'*arbre à pain*.

D'autres plantes : l'*aubergine*, la *sésame*, la *tomate*, etc., poussent en cultures.

Épices et denrées coloniales. — Le *café* croît spontanément au Congo dans l'Ubangi, les forêts de Lusambo, du Lomami et certaines îles du fleuve. Plusieurs variétés de ce café sauvage (Ubangi-Sankuru-Lomami-Lualaba) ont été observées et deux d'entre elles ont un arome et un goût remarquables.

L'*arbre à cola* abonde dans toute la région centrale.

Le *muscadier* croît dans le Manyema. Son espèce, peu aromatique, pourra être améliorée.

La *canne à sucre* est cultivée par les indigènes dans les bas-fonds humides de la région centrale.

Le *vanillier* existe dans la forêt.

Plantes médicinales. — L'*énorme baobab* est un arbre monstrueux dont le tronc atteint parfois vingt-cinq mètres de circonférence. Il s'élève au milieu de la savane dénudée et on le rencontre surtout dans l'Afrique occidentale tropicale. Au Congo il abonde à certains endroits, comme à Boma et à Kinshasa, mais il disparaît au delà du Kasai. Plusieurs de ses parties (écorce, fruit, feuilles pilées) fournissent des remèdes contre certaines maladies.

Le *faux baobab* (Kigelia) des pays montagneux porte un fruit employé en médecine. Il en est de même du *ricin*, du *tamarin*, de la *fève de calabar*, de l'*arbre à cubèbe*, des *agaves* diverses, de plusieurs sortes d'*acacias*, des *euphorbes*, dont l'*euphorbe candélabre*, de l'*Abrus precatorius* (liane réglisse), du *Combretum altum*; des diverses *cassia*, du *Strophantus*, succédané de la digitale, etc.

2° PLANTES INDUSTRIELLES. — **Bois**. La grande forêt équatoriale offre des essences de toutes espèces dont un grand nombre sont déjà connues.

Textiles. — Le *coton* croît spontanément en de nombreux points du Congo. Signalons-en diverses variétés :

Le *cotonnier arborescent* qu'on trouve dans la forêt;

Le *Gossypium barbadense* rencontré dans l'Aruwimi;

Le *cotonnier commun* aux abords du Tanganika;

Le *chanvre* cultivé surtout dans le Kwango et le moyen Kasai.

Les *palmiers* excessivement répandus : certaines espèces sont très utiles, notamment les *raphia*, le *borassus*, l'*élaïs*, le *palmier bambou*, le *calamus rotang*, qui abondent.

Citons encore le *baobab*, le *bambou* des hauts plateaux du Katanga et du Ruanda, le *chanvre sauvage*, l'*ananas sylvestris*, les *sansevieria*, les *agaves*.

Plantes oléagineuses. — La plus répandue est le *palmier élaïs* dont l'habitat embrasse la majeure partie du territoire de l'État.

L'*arachide,* dont la culture est répandue chez les indigènes depuis nombre d'années, est cultivée dans la majeure partie de la savane et dans certaines régions sablonneuses de la forêt.

Notons, en outre, la *nulla panza,* le *sésamier,* l'*oba*, le *ricin,* le *karité* (*arbre à beurre*) et une foule de plantes de moindre importance.

Plantes à gommes et plantes résineuses. — Les *plantes à caoutchouc* sont excessivement abondantes dans le bassin. On les trouve dans la forêt où elles sont représentées par l'arbre *Ireh,* dont on a constaté la présence dans différentes régions (Équateur, Ubangi et Kasai), et par les diverses *lianes Landolphia*. Dans la savane, le *Landolphia des herbes* vit dans les plaines sablonneuses, où il est très productif. D'autres plantes fournissent encore le caoutchouc des herbes : elles appartiennent aux genres *Clitandra* et *Carpodinus*.

Les *arbres à copal* sont très répandus le long des cours d'eau. L'arbre à *gomme élémi* existe dans le Bomu.

Plantes tinctoriales. — L'*orseille* produit une teinture violette.

Le *rocou,* le *curcuma* et plusieurs autres plantes produisent des jaunes éclatants.

Certains arbres fournissent des bois de teinture remarquables : le *Takula,* le *Sekegna* et le *Gulu*.

3° PLANTES NARCOTIQUES. — Le *tabac* est répandu dans tout le Congo ; son usage semble s'être généralisé en partant de la côte occidentale.

II. — RÈGNE ANIMAL

L'État du Congo est entièrement compris dans la région de la *faune éthiopienne.*

Cette région, qui s'étend du tropique du Cancer au cap de Bonne-Espérance, pourrait, dans l'état actuel de nos connaissances, comprendre quatre sous-régions dont deux, l'occidentale et la centrale, embrassent le territoire de l'État du Congo.

Leur limite se trouve à peu près vers le 20° de longitude.

Faisons remarquer, en passant, que la région éthiopienne possède, de façon exclusive, peu de familles d'animaux : la plupart de ces dernières ont des représentants dans d'autres régions.

PRINCIPALES ESPÈCES

1° MAMMIFÈRES. — **Quadrumanes.** Les *singes* abondent dans les épaisses forêts du Congo, où toutes leurs variétés sont représentées, depuis les énormes *chimpanzés,* les *gorilles* et les *cynocéphales* jusqu'aux plus petites espèces.

Carnassiers. — Le *lion* se rencontre dans le nord et le nord-est de l'État où il est d'ailleurs assez rare; on le signale plus souvent dans la région du Moero, d'où il se répand jusqu'au sud du Kwango et remonte jusqu'au Stanley-Pool.

La *panthère* et le *léopard* sont beaucoup plus répandus; quoique ce dernier existe partout, il habite de préférence certaines contrées : l'Uele, le Rubi, le Lomami, le Manyema et le Katanga.

Le *lynx* existe au Katanga.

Les *hyènes* et les *chacals* se rencontrent partout, dans la brousse et dans la forêt.

Citons encore la *mangouste,* la *civette* et le *serval* dans l'Ubangi et dans l'Uele.

Pachydermes. — L'*éléphant* s'est extraordinairement développé dans le bassin du Congo. Très rare dans le bas fleuve, il vit dans tout le Haut-Congo, où la race a pris des proportions énormes et abonde encore dans de nombreux districts; il ne tarderait pas cependant à diminuer en nombre, étant donné qu'il ne se reproduit que lentement, si le gouvernement n'avait édicté des mesures énergiques pour lui assurer une protection efficace.

Le *rhinocéros* est signalé dans le Katanga, le Manyema et le Bomu.

L'*hippopotame* pullule dans le fleuve et dans tous ses affluents.

Les *zèbres,* groupés en troupeaux de cinq à six cents têtes, galopent dans les plaines de l'Uele et de la savane australe, surtout dans la région du Katanga.

Les *sangliers* (phacochères et potamocochères) de diverses races sont aussi fort nombreux.

Ruminants. — La *girafe* est signalée au nord de l'Uele, dans les savanes de la ligne de faîte Nil-Congo.

L'*okapi*, découvert dans la vallée de la Semliki (Ituri), est l'une des formes caractéristiques de la faune congolaise.

Les *buffles* de grande race forment de nombreux troupeaux qui parcourent les plaines du Bas-Congo, du Kwango, du Lunda, du Katanga et de l'Uele.

Des *antilopes* et des *gazelles* de toutes les variétés se montrent dans toute l'étendue de l'État, réunies en troupeaux atteignant, dans les fertiles plaines de la Lufira (Katanga), le chiffre de plusieurs milliers d'animaux.

Le *bœuf* existe dans le Ruanda et chez quelques tribus à l'ouest de l'Albert. Il a été importé dans le Manyema, le Bas-Congo, le Congo central et le Kasai.

La *chèvre* et le *mouton* sont fort nombreux chez les indigènes.

2° Oiseaux. — Parmi les oiseaux de proie citons les plus communs : l'*aigle*, le *vautour*, le *faucon*, l'*épervier* et le *corbeau*.

Dans les autres ordres mentionnons les *perroquets*, les *calaos*, les *pigeons*, les *tourterelles* qui peuplent les forêts, le *pélican*, le *héron*, l'*ibis*, la *grue*, l'*oie*, le *canard*, le *faisan*, la *perdrix*, la *caille*, la *pintade*, le *francolin*, la *poule*, l'*hirondelle*, le *foliotocole*, le *bengali*, le *colibri* et le *moineau*.

3° Reptiles. — Le crocodile infeste toutes les rivières du Congo, y atteignant parfois des dimensions énormes.

Les *lézards* de toutes dimensions (souvent 2 mètres) sont signalés partout; les *iguanes* et le *caméléon* ne sont pas rares.

Les *tortues* de toutes espèces peuplent les eaux et les rives du fleuve.

Les *serpents* ne sont pas abondants ou du moins on les voit peu; parmi eux il en existe de très venimeux.

Le *boa* existe dans tout l'État; signalons aussi la *vipère cornue* et le *serpent cracheur*.

4° Poissons. — La faune ichtyologique du Congo est très riche et a révélé à la science nombre d'espèces inconnues (sur 319 espèces de poissons recueillies, 200 étaient nouvelles). Elles se classent en vingt-deux familles.

La famille dominante est celle des *Silurides* (cat-fishes) dont certains spécimens atteignent des dimensions telles que deux hommes suffisent à peine pour les porter; une espèce bien connue de cette famille est le *Malapterme* (poisson électrique), sorte de gymnote à la peau grisâtre mouchetée de points noirs.

Parmi les groupes autochtones citons celui des *Mormyrides* (poissons à trompe).

Citons encore les *Lépidosirènes* qui, à la saison sèche, se retirent dans la vase; des variétés se rapprochant de nos perches et de nos brêmes, des *anguilles* de toutes dimensions; le *Mbo* (tetrodon) du haut Ubangi, qui jouit de la curieuse faculté de se gonfler et de se dégonfler à volonté, etc.

5° Crustacés et Mollusques. — Dans les eaux du Congo et de ses affluents vivent aussi des *écrevisses*, des *crabes*, des *crevettes*, des *huîtres* et des *moules* d'eau douce, qui y forment des bancs épais.

6° Insectes. — L'entomologie congolaise est également fort riche. Elle a des représentants dans tous les ordres et a fait connaître plusieurs espèces nouvelles.

Parmi les coléoptères, le plus grand est le *Goliath*, qui peut atteindre la grosseur d'un petit oiseau.

Les *papillons* fourmillent, offrant certaines espèces des plus rares.

Les *fourmis blanches* sont un véritable fléau pour les constructions en bois; les fourmis rouges ou noires voyagent en colonies nombreuses, et si l'on ne prend pas soin de les éviter on s'en voit couvert en un instant et mordu cruellement.

On signale des vols de *sauterelles* dans l'Ubangi, l'Uele, le Manyema et le Katanga.

Citons, pour finir, les *abeilles*, les *araignées*, les *chenilles*, les *grillons*, les *cancrelats* et enfin la *chique*, petit parasite originaire d'Amérique, qui se loge dans le pied.

La *mouche tsé-tsé* a été signalée en divers points du Congo.

III. — RÈGNE MINÉRAL

Les richesses minérales d'un pays ne sont pas de celles qui peuvent être connues à la suite de quelques itinéraires rapidement parcourus. Une exploration géologique approfondie et de nombreux sondages sont nécessaires pour découvrir les produits que contient le sol, et que ce dernier continue souvent à cacher, jusqu'à ce que le temps et le hasard les fassent connaître des hommes. Cette difficulté explique pourquoi le règne minéral fut pendant longtemps considéré comme pauvre au Congo, alors qu'en réalité, comme nous le verrons plus loin, il est d'une richesse remarquable.

PIERRES ET ROCHES. — Le *granit* existe dans toute la périphérie du Congo, où il s'est épanché en massifs importants. On le signale surtout dans l'Uele, aux abords du Tanganika, dans le Katanga, le Lunda et les monts de Cristal (*voir carte géologique*).

Certains de ces granits sont précieux, tels que le granit de l'île des Princes (Bas-Congo).

Les *calcaires* de diverses natures sont répandus en bancs épais dans le Katanga, le Rubi, l'Aruwimi et les monts de Cristal. Dans ces derniers ils donnent des moellons et du marbre de belle qualité.

On rencontre des *grès rouges, jaunes* et *blancs* dans toute l'étendue du bassin au-dessous de la couche d'alluvions.

Citons encore les *schistes* qui forment la ceinture du bassin.

Les *argiles* de toute nature abondent.

Le *sel* existe en solution dans quelques sources thermales du Katanga ; celles-ci se rencontrent surtout dans deux régions : celle du Lualaba et celle de la Lufira; parmi ces sources, certaines sont sulfureuses, d'autres sulfatées.

COMBUSTIBLES. — La *houille* dont on signale des gisements dans le bassin du Zambèze a été trouvée au Katanga, mais en couches jusqu'ici peu importantes.

MÉTAUX. — De tous les métaux du Congo, le *fer* est le plus abondant : partout les explorateurs parlent de son existence sous diverses formes et souvent en masses énormes, comme dans le Katanga, par exemple, où les blocs d'oligiste et de limonite s'évaluent par milliers de tonnes.

Le *cuivre*, dont le minerai est ici la malachite (cuivre carbonaté), quoique moins abondant que le fer, existe cependant en quantités considérables réparties dans le Katanga et le Kwilu-Niadi (Boko-Songo et Mindouli). On le signale également dans l'Ubangi et dans la région des Stanley-Falls.

L'*or* existe dans le Katanga et dans le Haut-Ituri.

Signalons encore le *plomb* à Boko-Songo et à Mindouli; le *platine*, l'*étain*, l'*argent*, le *manganèse* et le *soufre* au Katanga.

VI

CLIMAT

Le climat d'un pays est fonction de trois facteurs principaux :

1° *La latitude;*

2° *La longitude;*

3° *L'altitude* (1).

Ces deux derniers facteurs s'ajoutent ou se contrarient et, avec les vents, modifient profondément le premier en déterminant définitivement le climat.

En étudiant le Congo sous ce point de vue, nous pouvons immédiatement conclure :

a) Qu'il peut être divisé en deux régions :

La *zone équatoriale,* de 5° nord à 5° sud de latitude;

La *zone tropicale,* de 5° à 6° nord et de 5° à 14° sud de latitude.

b) Que la proximité de la mer à l'ouest, des

---

(1) Dans la zone torride, la température monte de 1° chaque fois que l'on s'élève de 187 mètres.

grands lacs africains à l'est ne peut lui donner un climat sec.

c) Que le Bas-Congo est plus chaud que le Haut-Congo et que, dans celui-ci, les parties les plus fraîches sont celles des hauts plateaux du Katanga et des chaînes de la grande crevasse.

SAISONS

Division. — La zone équatoriale, ou plutôt les parties de celle-ci les plus rapprochées de l'équateur, ne montrent que fort peu de variations saisonnières. La température y est assez uniforme et il n'y a pas de mois où la pluie cesse totalement de tomber.

A mesure qu'on s'éloigne de l'équateur, au contraire, soit vers le nord, soit vers le sud, les saisons se marquent de mieux en mieux et, arrivé à l'entrée de la zone tropicale, on peut distinguer nettement quatre saisons dont deux grandes et deux petites qui sont :

1° *La grande saison chaude ou des pluies ;*

2° *La grande saison sèche ou froide ou des moindres pluies ;*

3° *La petite saison chaude ou des pluies ;*

4° *La petite saison sèche ou froide.*

L'ordre de ces saisons est renversé dans les deux hémisphères, c'est-à-dire que la saison des pluies règne dans le nord quand la saison sèche règne dans le sud et réciproquement.

En voici la cause :

Tout autour de l'équateur existe un épais anneau de nuages (*cloud ring* des Anglais) formés par les alizés soufflant du nord-est et du sud-est : ces derniers convergeant entre eux sont séparés par une zone (celle des calmes équatoriaux) où, grâce à leur grand pouvoir évaporateur, se forment des nuages superposés et constamment renouvelés.

Ces nuages suivent le soleil dans les différentes positions que celui-ci occupe successivement dans les régions équatoriales et amènent la pluie dans les endroits au zénith desquels ils passent.

Comme le soleil, dans son mouvement apparent, passe deux fois au zénith de chaque point situé entre les tropiques, on peut en conclure immédiatement que dans les pays intertropicaux on constatera deux saisons de pluies par an, et celles-ci sont d'autant plus rapprochées des équinoxes qu'on est plus près de l'équateur, d'autant plus voisines l'une de l'autre qu'on est plus près des tropiques. Ce mouvement provoque les quatre saisons du Congo.

L'anneau équatorial des nuages a comme limites moyennes 8° latitude nord et 2° latitude sud et ses oscillations extrêmes sont comprises entre 18° latitude nord et 10° latitude sud.

Comme on le voit, ces limites sont repoussées vers le nord ; ce résultat est dû à l'apport plus considérable des alizés du sud-est, qui exercent sur une plus grande échelle leur puissance évaporisatrice que ceux du nord-est, grâce à la prédominance des continents de l'hémisphère nord sur ceux de l'hémisphère sud.

Cette poussée du Cloud-Ring vers le nord a pour effet de modifier la succession des saisons : alors que dans l'hémisphère nord la grande saison des pluies suit la grande saison sèche, dans l'hémisphère sud elle la précède, au contraire, de sorte que l'ordre de succession est le suivant :

	HÉMISPHÈRE NORD —	HÉMISPHÈRE SUD —
Soleil au nord de l'équateur (*)..	G^{de} saison des pluies. P^{te} saison sèche..... P^{te} saison des pluies.	Grande saison sèche.
Soleil au sud de l'équateur (**).	Grande saison sèche.	P^{te} saison des pluies. P^{te} saison sèche. G^{de} saison des pluies.

(*) De l'équateur au tropique nord et du tropique nord à l'équateur.
(**) De l'équateur au tropique sud et du tropique sud à l'équateur.

Une seconde conséquence de cette poussée est de retarder l'arrivée des pluies dans l'hémisphère sud comparativement à ce qui se passe dans l'hémisphère nord, de sorte qu'un point situé à une certaine latitude au nord de l'équateur peut se trouver dans une région où il pleut toute l'année, alors que situé à la même latitude au sud il aurait des saisons bien marquées.

Lorsque le soleil vient du tropique du Capricorne (sud) vers le tropique du Cancer (nord), il provoque la *grande saison des pluies*.

Quand il quitte ce dernier, où l'eau est beaucoup

plus rare, pour revenir à son point de départ, il produit la *petite saison des pluies*. Et lorsque la bague nuageuse est dans l'un des hémisphères, il va de soi que dans l'autre il y a, selon le cas, soit grande, soit petite saison sèche.

La *grande saison sèche* se présente lorsque le soleil se rend au tropique nord pour les régions de l'hémisphère sud et réciproquement, la *petite saison sèche* pendant la course du soleil vers le tropique le plus proche du poste envisagé.

Enfin l'oscillation de l'anneau n'étant pas suffisante pour dépasser l'équateur, celui-ci ne reste jamais entièrement privé de pluies.

Ces lois peuvent être plus ou moins altérées par certaines circonstances locales.

Dans le Bas-Congo (sud de l'équateur), la saison sèche règne de la mi-mai à fin septembre, la saison des pluies d'octobre à mai avec interruption d'une petite saison sèche vers décembre-janvier; c'est d'ailleurs à peu près la seule région qui soit dotée de saisons bien marquées, se reproduisant avec régularité.

LA SAISON CHAUDE OU DES PLUIES

La saison chaude ou des pluies, qui serait plus exactement appelée saison des orages, est la mauvaise saison du Congo.

Elle est caractérisée :

1° Par une chaleur constante;

2° Par un haut degré d'hygrométrie;

3° Par une faible pression barométrique;

4° Par une forte dose d'électricité.

Température. — Contrairement à ce qu'on pourrait croire, la température de la zone équatoriale est moindre que celle de la zone tropicale, surtout du nord, par suite de la plus grande humidité de l'air et surtout de la présence de l'anneau de nuages qui tamise les rayons du soleil pendant le jour et modère le rayonnement nocturne.

Les observations faites sur toute l'étendue du Congo, mais dont la durée ne permet pas encore de déduire des données certaines, offrent les résultats suivants :

		MAXIMA MENSUELS	MAXIMA ABSOLUS
Région côtière	*Banana*	Avr. 27°7 (1890)	Nov. 37°
	Matadi	Mars 30°6 (1893)	Avr. 38° (1893)
	Léopoldville	Avr. 26°9	Avr. 36°6 (1886)
Région centr.	*Bolobo*	Oct. 26°9	Avr. 36°2 (1895)
	Équateurville.	Avr. 26°0	Avr. 34°5 (1892)
	Nouv.-Anvers.	Fév. 27°3 (1891)	Janv. Mai Juin 38° (1891)
Région supér.	*Lofoi*		Sept. 40° (1895)

Le *maximum absolu* observé dans l'État l'a été à Lofoi : *40°* le 13 septembre 1895.

Ces températures ne sont accablantes que vers le milieu du jour, de 11 à 3 heures. Ce sont des heures pendant lesquelles il est bon de se soustraire à l'influence dangereuse du soleil et de prendre un repos indispensable dans un endroit rafraîchi par la brise. La différence entre le jour et la nuit est en moyenne de 8°5 (d'après sept stations de l'État) (1), les nuits conservant une température moyenne de 20° à 24°. Toutefois, même à cette température, elles sont reposantes.

Hygrométrie. — La tension de vapeur ou quantité absolue de vapeur contenue dans l'atmosphère, se développant par l'excès d'humidité de l'air, atteint son maximum pendant la saison des pluies.

Cette tension est plus forte sur la côte qu'à l'intérieur; elle augmente du sud au nord sur la côte, et à l'intérieur elle diminue avec l'altitude.

La plus forte tension se produit généralement en avril et la plus faible en août (Bas-Congo et Moyen-Congo). A Vivi elle varie pendant les six mois de fortes pluies de $16^{mm}6$ à $20^{mm}4$ (2).

En ce qui concerne l'humidité de l'air, il y a lieu de faire remarquer tout d'abord qu'alors que dans nos climats la saison de moindre humidité relative est la saison chaude, au Congo c'est la saison froide que l'on a judicieusement dénommée saison sèche.

L'humidité relative de l'air pendant cette saison varie à Vivi de 70.7 à 82 %. Ce maximum est atteint en avril (3).

Pression barométrique. — La pression barométrique est d'autant plus faible que la tension de

---

(1) A Bruxelles, elle n'est que de 7°2.

(2) Les conclusions tirées des observations faites à Vivi peuvent s'appliquer à toute la région du Bas-Congo et du Moyen-Congo.

(3) A Bruxelles 79.7, mais au Congo cette moyenne correspond à une

vapeur est plus grande, puisque cette dernière se substitue à l'air sec et est plus dense que lui. La hauteur moyenne au Congo est de 760^{mm} environ.

La moyenne de la pression barométrique pendant les dix mois de chaleur et d'humidité varie de 751^{mm}6 à 746^{mm}5 (minimum absolu d'avril 1883).

Orages et pluies. — C'est une erreur de croire que pendant la saison des pluies il pleut continuellement. Il n'en est rien : il y a, deux ou trois fois par semaine, de formidables orages appelés « tornades », accompagnés de pluies diluviennes, il est vrai, mais qui ne durent que deux ou trois heures, après quoi le ciel devient serein. L'air est, pendant la saison des pluies, chargé d'électricité, surtout en mars et en avril, et presque tous les soirs des éclairs sillonnent l'atmosphère dans diverses directions. Les tornades sont parfois accompagnées de grêle.

Le pluviomètre a donné comme chute d'eau :

	MAXIMA MENSUELS	NOMBRE de jours de pluie recueillie pendant la saison des pluies.	ORAGES PENDANT L'ANNÉE
	—	—	—
Banana	Avr. 240^{mm} (1891)	80 (1893/94)	59 (1890/95)
Léopoldville ..	Avr. 262.8 (1886)	127 (1886/87)	112 (1886/87)
Bolobo	Nov. 411.7 (1895)	75 (1895)...	38? (1894)
Équateurville.	Nov.............	129 (1892)...	112 (1891/92)
Tanganika...	Avr. 265 (1882)	103	36 (1881/82)
Katanga	....	150 (1891/92)	119 (1891)

---

température de 27° et en Belgique à une température de 10° seulement.

L'état hygrométrique de l'air a pour effet d'altérer sa teneur en oxygène et de modifier ainsi la respiration, qui, normalement, exige une certaine pression de ce dernier gaz.

Le régime des pluies est très variable. On peut cependant déduire des observations faites que dans la région tropicale il pleut pendant huit mois de l'année et que pendant les quatre autres mois il ne tombe aucune quantité mensurable d'eau.

La fréquence des pluies paraît augmenter de la côte vers l'intérieur.

Ce fait, plus nettement marqué vers le sud que vers le nord, « s'explique par le passage des nuages venant généralement du continent, c'est-à-dire de l'est, sur les régions montagneuses qu'ils rencontrent avant d'arriver à la côte occidentale » (1).

Enfin n'oublions pas l'influence de la présence de la grande forêt sur le régime des saisons dans le nord, l'est et le centre du Congo : l'humidité évaporée par la surface y est précipitée avant d'être emportée au loin.

En huit mois, la chute d'eau en Belgique est de $487,3^{mm}$.

Pendant le même laps de temps elle atteint au Congo $1122,09^{mm}$, soit plus du double.

Les mois les plus mauvais de la saison des pluies, dans l'hémisphère austral, sont ceux de mars et d'avril.

LA SAISON SÈCHE OU FROIDE

La saison sèche ou froide est une saison réconfortante et agréable qui commence vers le 15 mai

---

(1) Von Danckelman.

pour finir vers la fin de septembre pour les régions du sud de l'équateur.

Température. — La température et la tension de vapeur s'abaissent beaucoup, la pression barométrique augmente et la pluie, sauf dans la région équatoriale, disparaît presque totalement. Le climat rappelle alors assez bien l'été des pays méridionaux de l'Europe.

La température est de :

		MINIMA MENSUELS	MINIMA ABSOLUS
		—	—
Région côtière	*Banana*	Juil. 21°8 (1890)	Juil. 16°6 (1890)
	Matadi	Juil. 24° (1893)	Juil. 17° (1893)
	Léopoldville	Juil. 22°4 (1886)	Juil. 15°7 (1886)
Région centr.	*Équateurville*	Juin 23°7 (1892)	Juin 17°5 (1892)
	Nouv.-Anvers	Déc.-juin 24°5..	Oct. 18° (1891)
Région supér.	*Lofoi*		Juin 10°5 (1895)
	Monts Mitumba		Juil. 0°5 (1892)

Le *minimum absolu* observé dans l'État jusqu'ici l'a été, à Tenke : *0°5,* le 29 juillet 1892.

La journée est relativement froide le matin, nécessitant même l'emploi de vêtements chauds. Parfois, un léger brouillard « cacimbo » de cinq à dix minutes amène quelques dixièmes de millimètre de pluie entre 5 et 9 heures. Le temps est généralement grisâtre. La chaleur de l'après-midi n'est pas incommode, bien que le ciel soit sans nuages, et la soirée, un peu fraîche, est splendide et reposante. La nuit est froide.

Sur les hauts plateaux du Katanga et des monts environnants le lac Kivu, le froid est parfois si vif que les indigènes souffrent cruellement et qu'on observe même de la gelée blanche.

Hygrométrie. — L'humidité relative de l'air, pendant cette saison, varie à Vivi de 68,6 à 79. Elle est maxima en décembre.

La tension de vapeur y oscille entre $12^{mm}7$ et $19^{mm}1$.

Pression barométrique. — Le maximum de pression, pendant les mois de la bonne saison, varie entre 762 et 763 millimètres.

Orages et pluies. — Ils disparaissent presque complètement dans la région tropicale du sud pendant les mois de mai à septembre. Dans la région équatoriale, la pluie continue comme l'indique le tableau ci-dessous :

	MAI	SEPT.	AOÛT	JUIN	JUILL.	
	Nombre de millimètres de chute d'eau.					
Banana........	38,2	3,6	0	0	0	1890
Léopoldville.....	133,8	78,2	1,1	?	0,3	1886
Bolobo.........	136,9	166,6	69,6	12,7	0	1895
Tanganika	200	31	13	0	0	1882
	Nombre de jours de pluie.					
Équateurville....	9	22	8	18	7	
Katanga.......	5	3	1	0	0	1892(*)

(*) 137 jours sans pluie du 25 avril au 9 septembre 1892.

Il ressort de là que les pluies deviennent de plus en plus fréquentes à mesure que l'on va du sud vers l'équateur, chose que nous avons déjà expliquée précédemment.

Les mois de juin à septembre sont les plus sains et les plus agréables de la saison sèche. Mai et octobre sont des mois de transition.

Vents et brises. — La chaleur du soleil, tamisée déjà par les nuages, est encore tempérée par des brises qui se lèvent à des heures variables avec les localités et empêchent l'air de devenir étouffant. Les vents ont une importance capitale comme purificateurs de l'atmosphère, et c'est ainsi que deux régions placées en apparence dans des conditions de climat tout à fait semblables, telles que Banana et Buli, ont l'une un climat délicieux et vivifiant, l'autre un climat fiévreux.

A la côte (Banana), le régime des vents, très régulier, peut se résumer comme suit :

Faible brise de sud-est à sud au lever du soleil, puis calme jusque vers 11 heures, ensuite brise de mer du sud-ouest jusque vers 19 heures, second calme, puis vers 22 heures, tendance de la girouette à s'infléchir dans la direction sud-nord.

La brise de mer apparaît à 15 heures à Boma. C'est une brise très rafraîchissante, parfois même assez forte.

Il y a, en outre, dans le Bas-Congo, de forts vents qui surviennent une heure après le coucher du soleil et soufflent pendant quelques heures.

Sauf dans la partie orientale et méridionale du Congo, les vents dominants sont, dans toute la région supérieure et la région centrale, ceux de l'ouest et du sud-ouest, qui représentent plus des deux tiers des vents régnants. Les matinées sont généralement calmes, mais au milieu du jour la brise de terre se lève et dans la soirée, surtout dans la saison sèche, le vent d'ouest est assez fort.

Dans le Katanga, c'est la brise fraîche du sud-est qui est presque journalière pendant la saison sèche.

Résumé climatologique comparatif de la Belgique et de l'Afrique équatoriale.

ÉLÉMENTS CLIMATOLOGIQUES	VALEUR moyenne à Bruxelles (1895).	VALEUR moyenne en Afrique équatoriale.
Hauteur barométrique moyenne à midi	752,5mm	758,4mm
» la plus élevée..	755,6	766,1
» la plus basse...	750,0	746,5
Température moyenne de l'année.....	9°5	27°
» la plus élevée..........	11°3	30°9
» la plus basse..........	8°0	24°5
Maximum thermique absolu	35°3	40°
Minimum.........................	20°1	0°5
Vents dominants (prop. s. 100).......	SW (30) W (17) S (11) E (11)	SW (43) WSW (11) W (3)
Humidité à midi	74,1	81,6
Hauteur de pluie tombée............	651mm	1122mm
» maxima	1046mm	310mm (moy. de 18 ans, 4 mois)
» minima..................	449mm	381,9mm
Orages	17	54

INFLUENCE DU CLIMAT SUR LA COLONIE

L'influence du climat sur la nature et la valeur d'une colonie est énorme. S'il est analogue à celui sous lequel vit la race colonisatrice, celle-ci pourra se livrer au travail manuel et nous serons en présence d'une *colonie de peuplement;* ce climat vient-il au contraire à différer notablement de celui de la mère-patrie, tout travail manuel sérieux est interdit au colon : le pays, dans ce cas, est *colonie de plantation,* et c'est encore le climat qui renseignera sur la variété et la valeur des cultures auxquelles on pourra se livrer.

Nous venons de voir que le climat du Congo est trop différent de celui de la Belgique pour qu'il soit, au moins dans la majeure partie de son territoire, autre chose qu'une colonie de plantation et d'exploitation, c'est-à-dire où les colons ne se livrent pas aux gros travaux, mais se bornent à diriger les grands établissements agricoles et à commercer avec les indigènes.

Mais il ne faut pas s'exagérer l'influence du climat tropical. L'action de l'air chaud est simplement débilitante et n'empêche pas la vie, la marche et même le travail.

Le premier effet du climat tropical est parfois excitant : on éprouve une sensation de bien-être inaccoutumé; l'on fait des marches qu'on n'oserait pas tenter en Europe, l'appétit est augmenté et on se sent une vigueur qu'on ne se connaissait pas. Mais bientôt cette ardeur s'éteint pour faire place à une sorte de torpeur, qui rend le travail pénible et fait languir toutes les fonctions.

Cette dépression est moins dangereuse par elle-même que par la moindre somme de forces qu'elle permet d'opposer aux maladies paludéennes qui peuvent se présenter dans la suite.

C'est contre elle et aussi contre la nostalgie qui parfois l'accompagne qu'il faut réagir de toutes ses forces par une nutrition réconfortante et variée, un travail et des plaisirs modérés.

La question du confort et des distractions entre ici en ligne de compte; c'est un point important qui a déjà fait diminuer sensiblement la mortalité.

Deux facteurs essentiels d'acclimatement au Congo sont l'âge et la santé. C'est en pleine force, de vingt-cinq à quarante ans, qu'on résiste le mieux.

De quarante à cinquante ans, tout en résistant parfaitement aux chaleurs, on fournit cependant une somme de travail moindre.

GÉOGRAPHIE POLITIQUE
ET ADMINISTRATIVE

GÉNÉRALITÉS

Définition. — La colonisation est l'action civilisatrice et bienfaisante d'un peuple supérieur sur un autre encore en état d'infériorité.

Les colonies peuvent se classer en quatre sortes :

1° *Les colonies de peuplement,* dans les territoires inhabités, sous un climat propre au développement de la race civilisatrice. (Ex. l'Australie, l'Amérique du Nord.)

2° *Les colonies d'exploitation,* dans des territoires habités par une population de qualité inférieure, dont le travail enrichira les colons. (Ex. le Mexique et le Pérou sous la domination espagnole.)

3° *Les colonies de plantation,* dans des pays parfois peu habités, sous un climat médiocrement favorable aux colons, mais très fertiles, où l'on importe les capitaux et la main-d'œuvre quand elle fait défaut. (Ex. les Antilles, la Louisiane.)

4° *Les colonies de commerce* ou comptoirs, ordinairement le long des côtes, en pays populeux, mais déjà assez civilisés pour qu'il faille s'entendre avec les occupants.

Ces comptoirs ne peuvent presque plus être considérés comme colonies, puisqu'ils manquent de rouages administratifs et politiques.

Ces distinctions, jadis nettement établies, sont loin d'être aussi rigoureuses maintenant. La plupart des colonies présentent aujourd'hui un caractère mixte, tantôt de plantation et d'exploitation (Congo), tantôt de plantation et de commerce.

UTILITÉ. — Les raisons qui militent en faveur de la colonisation sont d'ordre matériel, moral, politique et humanitaire.

Dans l'ordre *matériel,* 1° la colonie soulage d'un excès de population; 2° elle ouvre un marché aux produits nationaux et en crée un, dans la métropole, aux produits de la colonie.

Le premier avantage qui, pour les colonies de peuplement, n'est pas discutable le devient lorsqu'on a affaire à une colonie de plantation. Quant au second, il reste vrai dans tous les cas : le commerce suit le pavillon, c'est-à-dire s'établit de préférence là où le gouvernement est aux mains de ses nationaux. Ailleurs, au contraire, ses capitaux sont moins en sûreté et ses concurrents plus nombreux.

Dans l'ordre *moral* et *politique,* la colonie est non seulement une soupape de sûreté pour les esprits aventureux et indisciplinés, à qui elle permet d'utiliser des qualités parfois remarquables, mais elle est une puissante manifestation de la force d'une nation, dont elle augmente considérablement le prestige.

Dans l'ordre *humanitaire,* enfin, elle contribue au développement de races plongées le plus souvent dans la barbarie.

Mais une entreprise coloniale est une opération de longue durée. A moins d'un succès exceptionnel, il faut de longues années pour qu'elle puisse marcher seule. Presque toujours les débuts en sont critiqués; quand la période de rapport est arrivée, les opposants sont morts et les contemporains, croyant que la situation coloniale a toujours été florissante, critiquent de nouvelles et coûteuses expansions.

FONDATION. — Quel doit être le fondateur d'une colonie? Est-ce l'État, c'est-à-dire le gouvernement de la métropole, ou une puissante compagnie créée dans cette métropole et jouissant de privilèges étendus pour coloniser?

La question reste des plus controversée. L'histoire nous apprend que les grandes compagnies colonisatrices furent très âpres au gain; par contre, les gouvernements se tirèrent parfois fort mal de leurs entreprises.

Dans la période actuelle, devant la rareté des terres encore vacantes, on est allé occuper des pays peu habitables aux Européens ou peuplés de races puissantes. Il en est résulté souvent une conquête longue et difficile, des débuts lents et dispendieux, des devoirs nouveaux et plus élevés, qu'il pourrait être imprudent de confier à une association fondée dans un but commercial.

Si l'Angleterre, en trois points du globe à la fois, n'a pas suivi cette façon de procéder, c'est probablement parce qu'elle avait affaire à des peuples peu redoutables et que d'ailleurs ses compagnies à chartes avaient derrière elles l'État, prêt à les soutenir. Deux d'entre elles ont déjà fait place au Gouvernement direct de la métropole, et la reprise de la troisième, celle de la Rhodésie, par le gouvernement impérial est désirée par de nombreux coloniaux.

GOUVERNEMENT. — La colonie étant fondée, il faut la rendre vigoureuse et prospère et, à cet effet, il faut lui donner un gouvernement sage et capable.

Le gouvernement doit-il être confié à l'élément civil ou à l'élément militaire?

L'expérience prouve que la colonisation, même pacifique, ne va jamais sans un certain déploiement de forces. L'élément militaire semble donc s'imposer, au moins au début, pour pacifier et gouverner énergiquement des pays où le commerce pourrait être entravé par les dispositions malveillantes des premiers occupants.

L'administration civile ne doit s'implanter dans la colonie que progressivement; encore ne doit-elle pas présenter les rouages compliqués des administrations européennes.

Les rapports de la colonie avec la métropole doivent être compris de telle sorte que, tout en laissant au chef de la colonie l'initiative qui lui est indispensable, le pouvoir métropolitain garde sur lui une action suffisante.

La décentralisation administrative, employée avec circonspection, semble être la meilleure règle de conduite en pareille circonstance.

Quant au gouvernement proprement dit, il est chargé de gérer les intérêts de deux races : les colons et les natifs.

Dans les colonies où la race indigène est inférieure, l'autorité doit rester provisoirement entièrement aux mains des colons ; mais il est nécessaire de prendre des précautions pour qu'elle ne dégénère pas en tyrannie.

La conduite à tenir envers les indigènes doit être humaine. En les gouvernant comme il convient, en les civilisant peu à peu, en en formant des travailleurs, en les dotant d'instruments perfectionnés et, à cet effet, en prélevant sur eux les ressources nécessaires, en leur assurant la sécurité, la justice et le maintien de leurs anciennes institutions, on prépare leur développement moral et intellectuel.

GOUVERNEMENT

Forme du gouvernement. — L'État indépendant du Congo est une monarchie absolue, ayant pour souverain Sa Majesté Léopold II, Roi des Belges.

Celui-ci exerce à la fois et sans partage le pouvoir législatif et le pouvoir exécutif.

Il s'aide, à cet effet, d'un *gouvernement central* ayant son siège à Bruxelles et d'un *gouvernement local* siégeant à Boma.

Le drapeau de l'État est bleu et porte au centre une étoile d'or à cinq branches.

Le gouvernement central est placé sous la haute direction d'un *secrétaire d'État,* assisté d'un *chef de cabinet* et d'un *trésorier général.*

Le gouvernement central comprend trois départements :

1° *Le département des affaires étrangères et de la justice,* qui s'occupe des rapports avec l'étranger, de la législation, de l'état civil, du commerce, des postes et télégraphes, des ports et des rades, des cultes, de la justice, de la bienfaisance et de l'instruction publique;

2° *Le département des finances,* qui a dans ses attributions le budget, les emprunts, les impôts, le commerce, le régime foncier, les douanes de l'État, le domaine de l'État, les chemins de fer, les monnaies et les mines;

3° *Le département de l'intérieur,* qui s'occupe de l'administration des districts, de l'hygiène publique, de la marine, des transports, de l'industrie, de l'agriculture, de la force publique, du service administratif, des travaux publics et des collections scientifiques.

Chaque département est géré par un *secrétaire général* responsable envers le secrétaire d'État.

Les secrétaires généraux ont sous leurs ordres des directeurs généraux, des directeurs, des chefs de division, des chefs de bureau et des commis.

La trésorerie générale s'occupe de la comptabilité, de la dette publique et de la trésorerie.

Indépendamment des divers départements, il existe encore un *service du contrôle* des dépenses effectuées, qui s'assure également du versement des sommes dues à l'État.

Le gouvernement local. — A la tête du gouvernement local se trouve un *gouverneur général,* qui représente le Roi en Afrique. Il assure dans tout le territoire l'exécution des décrets et des décisions du gouvernement central, pourvoit provisoirement aux emplois vacants, peut commissionner, pour le terme d'un an, des fonctionnaires pour inspecter ou administrer une partie du territoire de l'État et peut suspendre l'exécution d'un décret, en cas d'urgence. Il a la haute direction de tous les services administratifs et militaires et le pouvoir d'édicter des ordonnances ayant force de loi, mais devant, pour continuer leurs effets, être approuvées par décret endéans les six mois.

Il est assisté dans ses fonctions d'un *vice-gouverneur général,* d'un *inspecteur d'État* et d'un *secrétaire général.*

Les grands services de l'État sont assurés par un certain nombre de directions, à la tête desquelles se trouvent des *directeurs :*

1° *La direction de la justice* s'occupe de la justice, des actes notariaux et de l'état civil, du régime pénitencier, des cultes et des registres de chancellerie;

2° *La direction de la marine et des travaux publics;*

3° *La direction du service administratif* s'occupe de la comptabilité du département de l'intérieur, des transports et de tout ce qui concerne les ravitaillements;

4° *La direction de l'agriculture et de l'industrie,* à qui ressortissent les exploitations agricoles et industrielles et ce qui a trait à l'élève du bétail;

5° *La direction des travaux de défense* étudie les mesures relatives à la défense de l'État et assure le service du matériel d'artillerie;

6° *La direction de la force publique* administre les troupes;

7° *La direction des finances* a dans ses attributions la perception des impôts, la comptabilité générale de l'État, les questions monétaires, le commerce et le service des terres.

Un comité exécutif remplace le gouverneur général en cas d'absence de son intérimaire. Il est formé entre autres du secrétaire général, des directeurs et du commandant de la force publique.

Un comité consultatif, placé sous la présidence du gouverneur général ou de celui qui le remplace et formé de l'inspecteur d'État, du président du tribunal d'appel, du secrétaire général, des directeurs et de quelques autres membres, se réunit sur la convocation du directeur général pour donner son avis sur les questions d'intérêt général.

L'État est divisé en quatorze districts, au chef-lieu desquels réside un *commissaire de district* qui tient ses pouvoirs du gouverneur général, à défaut de nomination par le gouvernement central.

Il fait respecter les décisions de l'autorité par des *chefs de zone*, des *chefs de secteur* et des *chefs de poste* répartis dans 313 postes (ce nombre s'est élevé successivement de 13 en 1885 à 115 en 1895, 183 en 1900 et 233 en 1904).

I. — DIRECTION DE LA JUSTICE

Justice

Si l'administration de la justice aux colonies est rendue plus aisée par l'application d'un code plus simple, plus large que les anciens codes européens, elle se complique singulièrement par la juxtaposition de deux races, dont l'une colonisatrice, ayant pour elle l'autorité et la force, est parfois disposée à en abuser pour opprimer l'autre, la race des premiers occupants. Dans les colonies, la justice doit donc édicter un ensemble de pénalités pour protéger non seulement entre eux les hommes de même race, mais encore ces deux races l'une contre l'autre.

D'autre part, la proportion minime du personnel judiciaire de la colonie mise en regard de l'immensité des contrées aux communications difficiles sur lesquelles s'exerce sa juridiction est encore une cause de restriction à l'action effective de la justice.

Personnel de la justice. — Le *directeur de la justice* a la haute surveillance de tous les services inhérents à la justice. Il dirige le personnel judiciaire.

Un *procureur général* veille, sous la haute autorité du gouverneur général, au maintien de l'ordre dans tous les tribunaux; il réside à Boma, où il exerce les fonctions de ministère public près le tribunal d'appel. Celles-ci sont remplies près les tribunaux de première instance par cinq *procureurs d'État* nommés par le Roi, et près les tribunaux territoriaux et les conseils de guerre par des *substituts*.

Le personnel est complété par des *officiers de police judiciaire, greffiers,* etc.

Administration de la Justice

L'administration de la justice est confiée au *ministère public* et aux *tribunaux.*

Le **ministère public** ou **parquet** comprend un procureur général, des procureurs d'État et des substituts; des officiers de police judiciaire ont à les aider dans la recherche des infractions.

Bien qu'en principe et conformément à l'organisation judiciaire moderne le ministère public ne rende pas à proprement parler la justice, un décret récent permet aux officiers du ministère public docteurs en droit de juger sans assistance de juge ni de greffiers, et d'après une procédure sommaire, dans les localités de leur ressort où ne se trouve pas de tribunal compétent, en matière civile : les contestations dont l'objet est d'une valeur non supérieure à 100 francs et en matière pénale certaines infractions le plus fréquemment commises par les indigènes, et toutes celles qui peuvent être punies d'une peine non supérieure à 200 francs d'amende et sept jours de servitude pénale.

Les tribunaux se subdivisent en tribunaux de première instance, tribunaux territoriaux, conseil supérieur, conseils de guerre de première instance et conseil de guerre d'appel.

Les tribunaux de première instance siègent à Boma, Léopoldville, Coquilhatville, Stanleyville et Nyangara. Ils ont plénitude de compétence, tant en matière civile et commerciale qu'en matière pénale, sauf les exceptions prévues par la loi. Ils connaissent seuls des infractions entraînant la peine de mort, lorsque les prévenus sont de race européenne. Une heureuse innovation de la législation congolaise réside dans le caractère itinérant donné aux juges de première instance : le gouverneur général fixe le nombre minimum et le lieu de ces audiences obligatoires.

Les tribunaux territoriaux sont installés dans un grand nombre de régions de l'État et voient leur nombre s'augmenter sans cesse ; ils fonctionnent notamment à Basoko, Lado, Lusambo, Matadi, Nouvelle-Anvers, etc. Ils n'ont de compétence qu'en matière pénale et jugent les infractions commises par les indigènes et celles de peu d'importance commises par les Européens.

Ils sont composés, comme les tribunaux de première instance, d'un juge, d'un officier du ministère public et d'un greffier.

Le tribunal d'appel siège à Boma. Il connaît : en matière pénale, des appels des jugements rendus par les tribunaux de première instance et les tribunaux territoriaux. Il juge en première instance les infractions commises par les juges et les officiers du ministère public auprès des tribunaux de première instance ; en matière civile et commerciale il connaît de l'appel des décisions des tribunaux de première instance.

Le conseil supérieur forme le degré suprême de l'organisation judiciaire. Il siège à Bruxelles et se compose d'un président, de conseillers, d'auditeurs, d'un secrétaire et d'un greffier, choisis par le Roi parmi des jurisconsultes belges et étrangers. Ses attributions sont triples :

Il siège soit *en cassation,* soit *en appel,* et forme un *conseil d'État* chargé de délibérer sur les questions dont le Roi-Souverain croit devoir le saisir.

Un *comité permanent* examine les affaires urgentes.

Les conseils de guerre de première instance qui fonctionnent dans bon nombre de régions de l'État ont à juger les infractions commises par des militaires dans leur ressort, ou en dehors de leur ressort lorsque leurs auteurs sont retrouvés à l'intérieur.

Lorsque la région est placée sous le *régime militaire spécial,* les conseils de guerre jugent tous les individus tant civils que militaires qui se trouvent dans la région.

Un juge, un officier du ministère public et un greffier forment ces conseils de guerre.

Le conseil de guerre d'appel siège à Boma.

Il juge les appels contre les jugements des conseils de guerre dans les régions soumises au régime du droit commun.

Il se compose d'un président, le président du tribunal d'appel, et de deux membres du grade d'officier désignés par le gouverneur général; le procureur général remplit les fonctions du ministère public et celles de greffier sont réservées au greffier du tribunal d'appel.

En ce qui concerne les indigènes, au point de

vue civil, ils peuvent soumettre les différends qu'ils ont entre eux à leurs chefs locaux, mais ils peuvent aussi pour les faire trancher, si l'une des parties le préfère, recourir aux tribunaux de l'État.

En matière pénale, ils relèvent en règle générale des tribunaux ordinaires, mais l'officier du ministère public peut abandonner, quand il le juge opportun, la répression des infractions commises par les indigènes au préjudice d'autres indigènes à l'autorité des chefs locaux.

Code pénal et civil. — Le code pénal de l'État du Congo prévoit la peine de mort, la servitude pénale, l'amende et la confiscation spéciale (des biens).

La législation pénale, civile ou commerciale s'inspire des lois belges.

Des mesures législatives spéciales ont été prises dans le but de protéger particulièrement les natifs contre les abus dont ils peuvent, de diverses parts, être victimes.

Cultes.

Les missions ont, dans un état colonial, une importance des plus grande. Non seulement elles représentent l'élément qui doit tirer de leur abaissement moral les populations sauvages, mais encore elles se chargent de leur instruction manuelle et les régénèrent ainsi par le travail.

Les missionnaires qui se sont chargés d'évangéliser le Congo appartiennent à la religion catholique ou à des sectes protestantes.

Missions catholiques. — L'État du Congo est divisé en deux vicariats, quatre préfectures et

deux missions :

Le vicariat apostolique du Congo belge, qui occupe toute l'étendue de l'État à l'exception des territoires évangélisés par :

Le vicariat apostolique du Haut-Congo belge, qui occupe la région entre le Lualaba et le Tanganika ;

La préfecture apostolique du Kwango, qui embrasse le bassin du Kwango ;

La préfecture apostolique de l'Uele, qui comprend presque tout le bassin de l'Uele et du Rubi;

La préfecture apostolique du Haut-Kasai, occupant le bassin du Kasai proprement dit jusqu'à son confluent avec le Loange et les bassins du Sankuru, de la Lulua et du Loange;

La préfecture des Stanley-Falls, limitée au nord par la préfecture de l'Uele, au sud par le vicariat du Haut-Congo et à l'ouest par le Lomami et le Congo.

Le vicariat apostolique du Congo belge, confié à la congrégation de Scheut, est occupé par 42 religieux. Ceux-ci ont fondé des établissements, des colonies scolaires et un lazaret pour les malades atteints de la maladie du sommeil (Nouvelle-Anvers).

Ce vicariat comporte 9 postes principaux, 23 postes secondaires, 5,218 chrétiens, 17,924 catéchumènes.

Des sœurs franciscaines missionnaires de Marie sont venues s'établir dans ce vicariat : 9 d'entre elles sont attachées à l'hôpital de la Croix-Rouge de Boma et tiennent, dans cette localité, l'école Clémentine où elles se vouent à l'éducation des 40 jeunes filles qui en suivent les cours; les 7 autres sont attachées à la mission de Nouvelle-Anvers et s'occupent surtout de donner leurs soins aux malades. Enfin 6 sœurs de charité de Gand dépendent de la mission de Moanda.

Le vicariat apostolique du Haut-Congo belge, occupé par 33 religieux de l'ordre des Pères blancs et 15 sœurs, a fondé 7 missions comportant un total de 5,149 chrétiens, 29,038 catéchumènes, 32 chapelles-écoles, une école d'instituteurs-catéchistes, un petit et un grand séminaire, indépendamment des 15 orphelinats avec 573 enfants, 10 hôpitaux, 20 dispensaires et un refuge pour veuves. De plus, 49 catéchistes noirs donnent la classe à 3,553 enfants dans 37 écoles primaires et évangélisent plus de 400 villages païens.

La préfecture apostolique du Kwango, administrée par les Jésuites, comprend 6 stations comportant un personnel de 30 religieux et 15 sœurs de Notre-Dame de Namur; 400 fermes-chapelles donnent, avec les stations, un total de plus de 3,000 chrétiens. Le centre de la mission est établi à Bergeyck-Saint-Ignace (Kisantu) : on y trouve, indépendamment d'une belle église gothique, des écoles, ateliers, jardins, vergers, installations botaniques, fermes, une brasserie, une savonnerie et même une imprimerie qui édite chaque mois une revue populaire.

La préfecture apostolique de l'Uele, administrée par les chanoines Prémontrés de l'abbaye de Tongerloo, compte 3 postes principaux, 23 postes secondaires et fermes-chapelles, 9 pères, 11 frères, 11 sœurs du Saint-Cœur de Marie (de Berlaer) et un grand nombre de chrétiens et de catéchumènes.

La préfecture apostolique du Haut-Kasai, placée également sous la juridiction des Pères de Scheut, a fondé 8 missions et 9 postes secondaires : 41 religieux et 9 sœurs de charité de Gand en font partie; ces dernières soignent les malades atteints de la maladie du sommeil dans les lazarets de Louvain-Alma-Mater et de Saint-Trudon. Le nombre des chrétiens est de 4,932, des catéchumènes de 8,884.

La préfecture apostolique des Stanley-Falls est occupée par 21 religieux de la congrégation des prêtres du Sacré-Cœur de Jésus répartis dans 8 stations. Le nombre de chrétiens s'élève à 3,778, de catéchumènes à 4,394 et de familles chrétiennes à 1,118. 11 sœurs franciscaines missionnaires de Marie sont attachées aux stations de Saint-Gabriel-des-Falls et à l'hôpital du chemin de fer des grands lacs.

La mission des Pères Rédemptoristes comprend 6 stations dont un hôpital, celui de Kinkanda, auquel sont attachées 6 sœurs de charité de Gand et 48 postes secondaires (fermes-chapelles).

Elle est administrée par 28 religieux et compte 1,500 chrétiens et plus de 3,000 catéchumènes.

La mission des Pères Trappistes comporte 4 postes, 16 religieux, 9 religieuses, 5 écoles, 2 hôpitaux pour les dormeurs atteints de la maladie du sommeil et les autres malades, 13 fermes-chapelles et 10 postes de passage.

Le nombre approximatif des chrétiens est de 10,035, celui des catéchumènes dépasse les 10,000.

Depuis 1906 une nouvelle congrégation, qui en est donc encore à ses débuts, celle des **Pères de Mill-Hill**, est venue s'établir au Congo en fixant son siège principal à Lulonga. La station de

Lulonga compte 3 pères et celle de Bokakata 4.

Enfin des **Pères du Saint-Esprit** se sont embarqués en mai 1907 pour fonder une nouvelle mission à Sendwe.

En résumé, 340 religieux belges des deux sexes, possédant 2 vapeurs sur le haut fleuve, administrent des missions comptant plus de 100,000 néophytes. Autour de ces missions les pères créent de vastes plantations et des villages exclusivement chrétiens. Ils unissent, à cet effet, les garçons et les filles sortis de leurs écoles. Ces jeunes ménages forment le point de départ d'agglomérations où régneront l'ordre et le travail.

Par un arrangement récent l'État cède aux missions des terres à titre gratuit et en pleine propriété (100 ou 200 hectares), moyennant certaines obligations relatives à l'enseignement.

Missions protestantes. — La situation en 1902 était la suivante : 8 congrégations protestantes ayant fondé 40 stations principales et 192 postes de missions et comprenant 211 missionnaires des deux sexes, 6,521 communicants et 1,470 catéchumènes. En 1907 les missions protestantes compta ient77 établissements.

Ces missions ont un budget considérable et de nombreux représentants. Les sociétés auxquelles elles se rattachent sont puissamment organisées et abondamment pourvues du nécessaire et même du superflu par les dons généreux de la mère-patrie.

La *Baptist missionary Society* a comme siège principal Bolobo. Les principales missions sont celles du Wathen, Kinshasa, Lukolela, Umangi, Yakusu, etc.

Les missionnaires ont institué un système d'écoles établies dans des villages et placées sous le contrôle d'élèves de la mission.

Le *Congo Balolo mission* étend son action dans les bassins du Lopori et de la Lulonga.

Les autres missions protestantes sont :

L'*American Baptist missionary union;*

L'*American Presbyterian Congo mission;*

La *Foreign Christian missionary society;*

La *Bishop Tailors Self-Supporting mission;*

L'*International missionary alliance;*

La *Svedish missionary Society* et la *Garenganze mission.*

En général les prédicateurs de confession anglicane ne se prêtent à la fondation ni de colonies scolaires ni de dispensaires; ils se bornent, pour la plupart, à initier les noirs aux préceptes de la religion, mais l'instruction manuelle ne semble pas aller au delà des besoins immédiats de la mission.

Colonies voisines.

Uganda. — La Church missionary society possède :

32 stations.
1,070 églises.
44,358 baptisés.
250,000 adhérents.

Deux sociétés de missionnaires catholiques ont :

28 stations.
82,000 baptisés.
146,000 adhérents.

Afrique orientale allemande : huit sociétés de missionnaires protestants et trois sociétés de missionnaires catholiques.

Leurs écoles comptaient, en 1905, 16,500 élèves.

Enseignement.

L'enseignement demandant toujours un temps assez long pour donner des résultats tangibles, il fallait l'établir dans la colonie le plus tôt possible : l'État indépendant n'a pas failli à cette tâche.

Au Congo.

Il existe actuellement au Congo **deux colonies scolaires** : à Boma et à Nouvelle-Anvers, où sont recueillis les enfants abandonnés que l'État conserve sous sa tutelle jusqu'à l'âge de vingt et un ans accomplis. Ces écoles sont dirigées par les Pères de Scheut. Le temps est partagé entre les exercices militaires, les classes et exercices religieux et les travaux manuels; les études sont faites en trois années.

Un certain nombre d'élèves ayant terminé leurs études et choisis parmi les plus aptes sont envoyés à l'**école des candidats sergents comptables**, à Boma.

A Boma est instituée également une **école de**

candidats commis choisis parmi les élèves sortis de la colonie scolaire de Boma.

Un magistrat surveille cette école, qui est administrée par la direction de la justice.

La durée des cours est de deux années.

Des **écoles professionnelles** sont annexées aux ateliers de l'État à Boma, Léopoldville et Stanleyville.

Les jeunes indigènes, autorisés par leurs parents et présentés par leurs chefs, y apprennent un métier. Les cours sont de deux ans. L'instruction et l'entretien des élèves sont aux frais de l'État.

En Belgique.

L'État s'est préoccupé de préparer aux fonctions coloniales les agents de différentes catégories qui se rendent au Congo.

Le **cours colonial** fournit à ses élèves un bagage de connaissances en grande partie pratiques, de manière à les mettre en état de rendre le plus vite possible des services et à leur éviter, dans la mesure du possible, les erreurs inhérentes à tout début.

A côté des cours de géographie, de force publique, d'administration, d'organisation administrative, de droit et d'hygiène qui leur sont développés, on insiste tout particulièrement sur les devoirs des blancs vis-à-vis des indigènes : on arrive de la sorte à rendre exceptionnels ces actes répréhensibles isolés que l'on a tant exploités contre le gouvernement de l'État indépendant.

Le personnel élève comprend non seulement les officiers, sous-officiers et commis se rendant en Afrique pour la première fois, mais encore les agents militaires et les commis qui désirent passer l'examen exigé pour l'obtention du grade de sous-lieutenant de la force publique ou d'agent d'administration.

Les cours ont été suivis jusqu'à ce jour par 233 officiers de tous grades et de différentes nationalités et par 835 sous-officiers et commis.

Le nombre de sessions, qui était autrefois de 6 par an, a déjà été réduit à 5, de façon à donner plus d'extension aux cours qui sont d'ailleurs appelés à s'étendre davantage encore dans l'avenir.

Dans les mêmes locaux, à l'ancien observatoire, est installée l'**école de médecine tropicale**, inaugurée récemment; trois médecins professeurs y donnent aux praticiens qui se rendent au Congo des cours qui ont pour but de les rendre aptes à lutter avec succès contre les maladies tropicales et surtout contre la maladie du sommeil, le plus terrible fléau de la race noire dans l'État indépendant.

Bien que ce soit une installation de l'État belge, nous ne pouvons nous dispenser de citer, à propos d'enseignement colonial, l'**école d'horticulture et d'agriculture** de Vilvorde.

Les cours de chacune des deux sessions annuelles durent quatre mois et comportent les branches suivantes : hygiène, revue générale et pratique agricoles, agriculture, horticulture, botanique, cultures spéciales, plantes à caoutchouc, zootechnie, géographie, chimie et géologie.

Enfin une **école mondiale** a été créée à Tervueren.

Fondée aux frais de l'État indépendant, elle a pour but de former ceux qui se destinent aux carrières à l'étranger. Les études comporteront trois degrés : le premier pour les carrières libérales et commerciales supérieures, le deuxième pour les carrières secondaires et le troisième pour les carrières professionnelles.

État civil.

Les fonctionnaires désignés par l'autorité dressent les actes de naissance et de décès, célèbrent les mariages, immatriculent les indigènes qui le demandent, etc.

Il y a des bureaux de l'état civil dans toutes les localités de quelque importance : ils se classent en bureaux principaux et en bureaux auxiliaires.

Ils procèdent périodiquement au recensement des non-indigènes.

Le dernier recensement (1er janvier 1907) a donné une population blanche de 2,760 personnes, dont 1,587 belges (total en 1886 : 254; en 1896 : 1,474). La majeure partie en est composée de fonctionnaires et d'agents de l'État (1,682 en mai 1908); les autres Européens sont des missionnaires et des commerçants.

Le nombre de mariages nègres célébrés en 1906 a été de 1,674.

POPULATION BLANCHE COMPARÉE.

Afrique orientale allemande . . .	2,629	(1907).
Est africain britannique	1,464	(1904).
Kamerun	1,010	(1907).
Uganda	484	(1906).
Nigérie du Sud	533	(1905).
Nigérie du Nord.	322	(1904).
Congo français . . . . (sauf Moyen-Ubangi)	1,278	(1906).

II. — DIRECTION DE LA MARINE ET DES TRAVAUX PUBLICS

Le directeur de la marine et des travaux publics embrasse dans ses attributions :

1° **Le service de la marine.** — Ce service s'occupe en général de la navigation dans tout le bas Congo ainsi que des réquisitions concernant la marine du haut Congo. Il a dans ses attributions la surveillance des vapeurs et autres embarcations de l'État, dans le bas et le moyen Congo. L'État possède onze vapeurs dans le bas fleuve.

Le service est assuré par des *capitaines*, des *capitaines adjoints* et des *mécaniciens*, dont un mécanicien faisant fonction d'*inspecteur-mécanicien*.

Un service de pilotage et un service hydrographique sont chargés du balisage du fleuve, du sondage et du dragage des passes.

De plus, deux phares sont établis à la pointe de

Banana et dans l'île de Bulabemba; un feu à éclairs, en amont de Banana, indique à 19 milles l'embouchure du Congo.

L'atelier et les magasins de la marine se trouvent à Boma.

2° **Le service des travaux publics** s'occupe de la construction et de l'entretien des bâtiments et des ateliers de l'État.

Toutes les voies de communication, routes, chemins de fer, voies fluviales autres que celles du bas Congo, ainsi que l'établissement des lignes télégraphiques, sont aussi de son ressort.

La marine du haut Congo, qui se rattache à ce service, comporte un personnel analogue à celui du bas fleuve. La plupart des bateaux ont leur port d'attache à *Léopoldville* (1).

C'est là que réside le *commandant du port* et l'*inspecteur-mécanicien,* ce dernier ayant notamment dans ses attributions la visite après chaque voyage des bateaux attachés au port de *Léopoldville.*

Celui-ci est doté de *chantiers* possédant des installations de premier ordre tant pour assurer les réparations des unités faisant partie de la flottille du haut Congo que pour permettre le montage des steamers envoyés en Afrique par pièces détachées.

Tonnage de la marine de l'État :

Bas-Congo : 11 navires jaugeant de 4 à 150 tonnes.

---

(1) Voir *Communications.*

Haut-Congo : 41 navires jaugeant 2,780 tonnes.

MARINE COMPARÉE.

Sur le Zambèze et le Shire :

22 petits steamers, tonnage 1,121 tonnes.
100 barges » » 2,888 »

Dans le lac Nyasa : 4 petits steamers.

III. — DIRECTION DU SERVICE ADMINISTRATIF

La direction du service administratif s'occupe d'une façon générale de toutes les questions d'administration et de comptabilité ressortissant au département de l'intérieur.

Les ravitaillements et les opérations relatives aux expéditions, sauf le transport proprement dit, rentrent également dans ses attributions.

Le service administratif est placé sous la haute direction du *directeur du service administratif*. Ce dernier est secondé par des *sous-directeurs* (aux transports), des *agents d'administration* et des *commis*. De plus, deux services de transports spéciaux sont établis l'un dans la Province orientale, l'autre dans le district de l'Uele et l'enclave de Lado; ils comportent chacun un *inspecteur*, un *adjoint* et des *agents des transports*.

Des agents réceptionnaires sont chargés de la réception et de l'expédition des colis dans les postes; ces derniers comprennent un magasin de transit.

IV. — DIRECTION DE L'AGRICULTURE, DE L'INDUSTRIE ET DES MINES

Le *directeur* de l'important service de l'agriculture et de l'industrie est chargé de la surveillance générale des plantations et des pépinières du gouvernement; de l'étude des essences forestières et de leur exploitation, ainsi que du reboisement; de l'étude des produits naturels manufacturés et des moyens de développer l'industrie indigène; des recherches et des exploitations minières; de la surveillance générale des troupeaux de l'État et de tout ce qui concerne l'élevage du bétail.

Les plantations de l'État sont placées sous la direction immédiate de *chefs de culture* et de *sous-chefs de culture.*

Ces agents, répartis dans les principaux postes, y créent des cultures de rapport et se livrent à des essais d'acclimatation de plantes importées. Ils initient à leurs travaux les indigènes des environs ainsi que le personnel non militaire des stations.

Il existe à **Eala** (district de l'Équateur) un **jardin botanique** auquel sont annexés un *jardin d'essai,* une *station météorologique* et une *ferme-modèle* (1).

Le gouvernement ne néglige aucun moyen de développer les cultures et met gratuitement à la

---

(1) Le gouvernement a créé également un établissement étape : le jardin colonial de Laeken, où l'on cultive les plantes destinées aux postes de l'Etat ou au jardin d'Eala. On y étudie également les essences à caoutchouc du Congo. Ajoutons, enfin, que la plupart des agents du service agricole et du contrôle forestier viennent y compléter leurs connaissances professionnelles.

disposition des indigènes des graines, des plantes ou des baliveaux d'essences à latex ou d'autres essences de rapport.

Plusieurs décrets déterminent les conditions auxquelles les particuliers sont autorisés à faire dans les forêts des coupes de bois. Mais les nombreuses coupes de bois que nécessite le chauffage des steamers, allant et venant sur le haut fleuve, pourraient à la longue dégarnir les rives. Afin d'éviter ce déboisement, afin aussi de ramener la richesse dans des régions actuellement peu productives, mais dont le sol est cependant fertile, on procède à des reboisements méthodiques d'essences utiles.

Le personnel et les travailleurs du service de l'agriculture comprennent 1 directeur du service, 3 agents d'administration, 3 commis, 1 directeur du jardin botanique d'Eala, 1 inspecteur forestier, 8 contrôleurs forestiers, 12 sous-contrôleurs forestiers, 32 chefs de culture, 24 sous-chefs de culture et surveillants de culture, 6 cultivateurs, 5 vétérinaires, 17 éleveurs de bétail, 1 directeur de l'usine à café de Kinshasa, 2 mécaniciens, 3 artisans et environ 10,000 travailleurs noirs.

V. — DIRECTION DES TRAVAUX DE DÉFENSE

Le *directeur des travaux de défense* s'occupe, sous la haute direction du gouverneur général, de l'étude des questions relatives à la défense de l'État.

Il dirige personnellement les travaux de fortification du Bas-Congo et exerce le commandement supérieur du fort du Bas-Congo (Shinkakasa), qui bat les passes du fleuve en aval de la capitale et met les ports de Boma et de Matadi à l'abri d'un coup de main.

Ce haut fonctionnaire assure également le service du matériel d'artillerie dans tout l'État.

VI. — DIRECTION DE LA FORCE PUBLIQUE

L'organisation d'une armée coloniale doit, comme l'organisation de toute armée d'ailleurs, être en rapport avec les forces qu'elle est appelée à combattre et avec la nature du sol et le climat du pays que celles-ci occupent.

Destiné sans doute à rester un État ou une colonie militairement faible, n'étant habité que par des peuples très courageux parfois, mais que n'unit aucun lien religieux ni politique, l'État du Congo n'a pas dû, comme les Hollandais et les Anglais aux Indes, comme les Français en Algérie, se créer une puissante et coûteuse armée.

Une seule arme est possible dans ce pays forestier et broussailleux, aux communications terrestres des plus rudimentaires : c'est une bonne infanterie avec quelques canons.

D'autre part, le Congo étant situé dans la région des pluies équatoriales, les hommes doivent, pour résister facilement au climat, être recrutés dans les régions tropicales *humides*.

Donc, pas de troupes européennes, pas de rassemblements importants de forces, à moins qu'il ne faille, d'un vigoureux effort, briser une forte résistance, mais de petits groupes de soldats noirs, ayant reçu une solide instruction militaire dans les camps disséminés sur toute l'étendue de la colonie, sous les ordres de chefs européens; des recrues s'instruisant dans les camps permanents et formant une réserve prête à fournir des renforts : tels sont les principes d'organisation de la force publique congolaise.

But. — La force publique est chargée d'assurer l'exécution des lois et la sécurité dans les parties de l'État où l'autorité de ce dernier est complètement assise, d'appuyer l'action administrative à mesure que s'étend l'occupation du territoire et de ramener au respect des lois les populations qui viendraient à les méconnaître.

C'est donc en somme une force de police intérieure.

Force publique. Recrutement. — Elle se recrute par des *levées annuelles* et par des *engagements volontaires.*

Toutes les parties de l'État participent à ces *levées annuelles.* A cet effet, les chefs territoriaux divisent les territoires effectivement administrés par eux en *régions de recrutement* et fixent le nombre de miliciens à fournir annuellement par chacune d'elles.

Les levées se font, autant que possible, par voie de tirage au sort, entre les hommes de 14 à 30 ans.

Le chiffre du contingent est de 1,600 hommes pour 1908.

Le terme de service est de sept ans dans l'armée active. Les miliciens passent alors administrativement au corps de réserve pour cinq ans et rentrent dans leurs foyers, à moins qu'ils ne préfèrent signer un rengagement.

Dans le premier cas, ils sont soumis à des revues annuelles.

Les volontaires contractent soit un engagement de moins de quatre ans, et reçoivent alors leur instruction dans leur district d'origine, soit un engagement de quatre ans et plus, et sont dirigés dans ce cas sur les camps d'instruction.

Effectif. — La force publique atteignait en 1907 le chiffre de 13.736 soldats, non compris les cadres européens qui sont recrutés en grande partie dans l'armée belge.

Forces militaires comparées.

Afrique orientale anglaise : 3,800 hommes et 56 officiers.
» » allemande : 2,510 hommes et 275 blancs.
Angola : 4,731 hommes.
Congo français : 1,680 hommes dont 1,478 natifs.
Uganda : 2,560 hommes (1904).
Nyasaland : 879 hommes.

Organisation. — Le gouverneur général est le commandant suprême de la force publique.

Celle-ci se compose d'un état-major, de vingt et une compagnies actives, d'une compagnie d'artillerie et du génie, d'une compagnie auxiliaire des chemins de fer du Congo supérieur, de trois corps de police, d'un corps de réserve, de trois camps d'instruction, d'une école des candidats sergents-comptables et d'une école d'armuriers noirs.

L'*état-major* réside à Boma et comprend : le *commandant de la force publique*, des *capitaines-commandants* adjoints à l'état-major et surtout chargés de missions d'inspection, des *officiers adjoints* et des *sous-officiers archivistes*.

Chaque compagnie est commandée par un *officier commandant* et comprend plusieurs pelotons placés sous les ordres d'*officiers*, d'*agents militaires*, de *premiers sous-officiers* ou de *sous-officiers*.

Le cadre européen comporte encore des *chefs comptables militaires* chargés de l'administration.

Le cadre indigène comprend des *caporaux*, des *sergents*, *sergents-majors*, *sergents-comptables*, un *caporal clairon* et des *clairons*.

Les **compagnies** sont réparties comme suit :

Vingt et une compagnies actives :

		Quartier principal
1.	Comp[ie] du Bas-Congo . . .	*Boma*
2.	» Stanley-Pool . .	*Léopoldville*
3.	» lac Léopold II . .	*Inongo*
4.	» de l'Équateur . . .	*Coquilhatville*
5.	» de la Maringa-Lopori.	*Basankusu*
6.	» des Bangala	*Nouv.-Anvers*
7.	» de la Mongala . . .	*Monveda*
8.	» l'Ubangi	*Libenge*
9.	» l'Aruwimi . . .	*Basoko*

10.	Comp[ie] de la Gurba-Dungu .	*Dungu*
11.	» du Bomokandi . . .	*Niangara*
12.	» de l'Uere-Bili . . .	*Bambili*
13.	» du Rubi	*Buta*
14.	» de l'enclave	*Lado*
15.	» des Stanley-Falls . .	*Stanleyville*
16.	» de Ponthierville . .	*Ponthierville*
17.	» d'Uvira	*Uvira*
18.	» de la Rutshuru-Beni .	*Rutshuru*
19.	» du Maniema. . . .	*Kasongo*
20.	» Haut-Ituri . . .	*Irumu*
21.	» Lualaba-Kasai . .	*Lusambo*

Deux compagnies spéciales :

1. La *compagnie d'artillerie et du génie* est attachée aux forts du Bas-Congo.

2. La *compagnie auxiliaire des chemins de fer du Congo supérieur* assure le service d'ordre dans la zone des chemins de fer concédés à la Compagnie des chemins de fer du Congo supérieur aux grands lacs africains.

Trois corps de police :

1. Le corps de police du Kwango.
2. » » Kasai.
3. » » Lomami.

Il existe encore :

Le *corps de réserve* dont le nom indique suffisamment la mission et qui comprend une partie active formée de miliciens et de volontaires, et une partie non active composée de miliciens en congé illimité. La première est stationnée au camp de la Lukula.

Les **camps d'instruction** sont établis à la Luki (Bas-Congo), à Irebu et à Lisala.

Armement. — Les militaires noirs sont armés du fusil Albini avec baïonnette raccourcie. L'artillerie, desservie par des troupes d'infanterie, se compose de canons de campagne et de montagne, de mitrailleuses et de Nordenfelt, armant les principaux postes de l'État.

Compagnies auxiliaires. — Elles sont constituées par des levées lorsque la sécurité de l'État l'exige et se composent dans ce cas de tous les travailleurs de l'État et des agents et fonctionnaires (à l'exception des magistrats) ; ceux-ci sont placés sous les ordres d'agents désignés par l'autorité.

Dans aucun cas on ne peut recourir à des auxiliaires indigènes.

Corps de police. — Des corps de police destinés à assurer l'ordre et la tranquillité publics existent dans un grand nombre de localités et notamment à Boma, Matadi, Léopoldville, Stanleyville, Banana, Lukula et au chemin de fer de Matadi à Léo.

VII. — FINANCES

Le département des finances est chargé du recouvrement des recettes et du payement des dépenses faites par l'État.

Dette publique.

Pour parer aux premières nécessités, l'État a constitué en 1888 la dette au capital nominal de 150,000,000 de francs sur lesquels il a été émis pour 91,687,500 francs de titres.

Un emprunt 2 1/2 p. c. fut créé en 1887 au profit des anciens membres du Comité d'études du Haut-Congo et au capital nominal de 11,087,000 francs, mais tous les titres en ont été annulés, sauf à concurrence d'une somme de 422,200 francs.

Dans la suite, de nouveaux décrets créèrent les emprunts suivants :

4 % 1896,	capital	nominal de	1,500,000	francs.
4 % 1898	»	»	12,500,000	»
4 % 1901	»	»	50,000,000	»
3 % 1904	»	»	30,000,000	»

Ces quatre emprunts sont entièrement émis.

4 % 1906 capital nominal de 150,000,000 de francs sur lesquels 10,000,000 de francs sont émis.

L'emprunt de 1904 a pour but d'assurer le développement économique de l'État du Congo, et le dernier (1906) est affecté à des entreprises de chemin de fer et autres voies de communication à établir dans les territoires de l'État.

La première émission de l'emprunt de 1906 a été

autorisée pour l'étude, la construction et l'exploitation du chemin de fer du Bas-Congo au Katanga.

Si on ajoute à ces emprunts :

Les bons du trésor 4 %	2,040,000
L'emprunt provisoire	3,914,450
Les obligations incombant à la caisse d'épargne	3,000,000
et les fonds de tiers	1,200,000
on arrive à une valeur totale de la dette de	114,576,650

DETTES COMPARÉES.

1905-06.	Indes anglaises . . . fr.	5,794,825,300
1905-06.	Sierra-Leone	31,928,225
1905-06.	Côte-d'Or.	56,203,975
1905-06.	Nigérie du Sud. . . .	50,000,000

BUDGET.

La situation financière d'une colonie se présente généralement d'une façon différente de celle d'un État métropolitain.

Le commerce et l'industrie étant, à leur début, mal assurés n'alimentent que dans une proportion restreinte le revenu de la colonie.

Cette dernière doit trouver la principale de ses ressources soit dans un subside de la métropole, soit dans l'exploitation de son domaine. Ce dernier moyen est celui qui s'accorde le mieux avec le principe d'une saine économie financière.

Le budget de l'État est établi chaque année par le département des finances et soumis à l'approbation du Roi-Souverain.

Voici le relevé des recettes et des dépenses tel qu'il résulte des comptes arrêtés pour 1906.

Comptes arrêtés de l'année 1906.

RECETTES ORDINAIRES.

Taxes d'enregistrement . . . fr.	2,687.00
Vente et location de terres domaniales, etc.	177,044.19
Douanes.	6,323,658.63
Impositions directes et personn.	596,843.70
Coupes de bois.	119,337.00
Recettes postales	177,123.35
Taxes maritimes	47,395.00
Recettes judiciaires	22,744.35
Droits de chancellerie	7,384.51
Transports et services divers . .	2,221,796.91
Taxes sur le portage	51,637.99
Produits du domaine privé, tributs des indigènes	12,879,094.49
Versements du Conseil du Domaine national, etc.	3,700,000.00
Produit du portefeuille	4,085,736.95
Droits de patente de sociétés congolaises	205,923.99
Recettes ordin. et accidentelles.	821,128.94
Total des recettes ordinaires de l'exercice 1906. . . . fr.	31,439,537.00
Report de l'excédent des recettes ordinaires de l'exercice 1905.	3,184,245.20
Total général	34,623,782.20

Dépenses ordinaires.

Personnel de service central . fr.	107,360.00
Département de l'intérieur . . .	
Service d'Europe	249,960.79
Service d'Afrique	4,782,023.97
Force publique.	5,529,791.51
Service de la marine	2,104,396.22
Service sanitaire	588,001.69
Travaux publics	1,170,650.29
Missions diverses et établissements d'instruction . . .	121,197.66
Transports pour sociétés . . .	1,250,000.00
Département des finances . . .	
Service d'Europe	116,162.81
Service d'Afrique	531,273.62
Agriculture	1,478,511.44
Exploitation du domaine . . .	6,006,157.46
Services de la caisse d'épargne, etc.	2,937,656.14
Département des affaires étrangères et de la justice	
Service d'Europe	112,691.70
Postes	82,725.33
Navigation	160,352.17
Justice	1,019,148.95
Cultes	342,127.84
Dépenses diverses	138,163.75
Non-valeurs et remboursements .	18,987.56
Total des dépenses . . fr.	28,847,280.90

Recettes ordinaires	fr.	34,623,782.20
Dépenses ordinaires	fr.	28,847,280.90

En examinant ce budget on constate que les ressources ordinaires actuelles sont plus que suffisantes pour assurer l'équilibre budgétaire.

Autre constatation : il n'est plus question à l'article « recettes » ni de l'avance du trésor belge ni du versement du Roi-Souverain. La première a pris fin en 1900, et la nécessité de faire appel à la générosité du Fondateur ne s'est plus présentée.

On voit également que le produit du domaine et des impôts payés en nature a donné, avec le produit du portefeuille, la majeure partie des recettes. Les droits de douane, le produit des transports et des services divers de l'État complètent ces ressources.

Le budget de 1908 a été arrêté comme suit :

Dépenses ordinaires	fr.	35,344,088.00
Dépenses extraordinaires		3,901,875.00
Recettes ordinaires		35,378,000.00

La situation budgétaire de l'État indépendant est en progrès constant depuis sa création. Elle montre que les finances publiques de notre future colonie ont été gérées avec une prudence et une science remarquables.

BUDGETS COLONIAUX COMPARÉS.

		Recettes.	Dépenses.
1905-06.	Indes anglaises . fr.	2,120,750,000	2,076,750,000
1906.	Indes orient. néerl.	319,226,830	339,329,546

1905-06.	Afrique orient. angl.	6,759,054	10,480,980
1905.	» » allem.	20,091,675	25,916,783
1908.	Congo français . .	4,147,000	4,747,000
1905-06.	Angola.	8,597,511	12,969,501
1906.	Uganda	1,919,735	4,778,571
1906.	Nyasaland. . . .	1,918,450	2,717,050

DIRECTION DES FINANCES EN AFRIQUE

Organisation. — L'administration des finances comprend au Congo :

A. Le service des impôts et de la comptabilité.

B. Le service des terres.

A. Le service des impôts et de la comptabilité.

Le service des impôts et de la comptabilité est placé sous l'autorité d'un *directeur des finances*, aidé d'un personnel de *sous-directeurs*, de *contrôleurs*, de *receveurs*, de *vérificateurs*, de *commis* et de *préposés des douanes*.

Le directeur des finances a dans ses attributions :

1° La perception des impôts de toute nature;

2° La comptabilité générale de l'État (ressortissant au département des finances);

3° Les monnaies et questions monétaires;

4° Le commerce intérieur et extérieur;

5° Les sociétés de commerce;

6° L'immigration;

7° Les relations postales et télégraphiques.

Service des impôts.

Les impôts forment, avec l'exploitation de son domaine, la plus importante ressource de l'État. Ils frappent tous les contribuables indigènes et non-indigènes. Les seconds acquittent des contributions directes et indirectes.

Non-indigènes.

Contributions directes. — Elles comprennent les impôts sur les bâtiments et enclos, sur les employés et ouvriers au service du non-indigène et sur les bateaux et embarcations.

Les contributions directes s'élevaient, en 1905, à 580,000 francs, soit 1,87 p. c. des recettes locales.

Contributions indirectes. — Elles comprennent toutes les autres taxes : sur le transport des voyageurs et des marchandises, taxes maritimes, douanes, etc. (1).

Elles montent, en n'y comprenant pas les douanes, à environ 416,180 francs, soit 1,34 p. c. des recettes locales.

Douanes. — L'État du Congo est entièrement situé dans la zone du commerce libre, dans laquelle, d'après l'acte de Berlin, tous les pavillons sans distinction de nationalité ont libre accès, sans qu'un traitement différentiel puisse être

(1) Sont exemptés de tout impôt : 1° toutes les entreprises déclarées, par décret, d'utilité publique, telles que : hôpitaux, hospices, établissements d'instruction, écoles professionnelles, orphelinats, etc.; 2° les fondations instituées dans un intérêt général et ayant reçu la personnification civile.

appliqué à leurs produits. Des droits de douane frappent les marchandises tant à l'entrée qu'à la sortie. Ces droits ont été fixés de commun accord avec les pays limitrophes (1). Ils sont perçus par des postes établis dans les ports de Banana, Boma, Matadi, à Luali, Kinshasa, Albertville, Pweto, Kasembe, Dilolo, Dobokelo, etc.

Sociétés commerciales. — Les sociétés par actions, à responsabilité limitée, fondées au Congo, acquittent une taxe s'élevant à 2 p. c. du montant de leurs bénéfices; en ce qui concerne les sociétés étrangères opérant au Congo, cette taxe se réduit à 1 p. c. du montant des bénéfices réalisés dans la colonie.

---

(1) Ce sont *à l'entrée* : *a*) spiritueux : 100 francs l'hectolitre à 50° centésimaux; *b*) navires, machines, appareils mécaniques, outils, matériel de chemin de fer en exploitation : 3 % de la valeur; *c*) autres marchandises généralement quelconques : 10 % de la valeur.

N. B. — Les voitures et le matériel du chemin de fer pendant la construction de celui-ci, tout ce qui sert à l'usage personnel des voyageurs, les instruments de science, les objets du culte, les graines, les instruments agricoles, les animaux vivants sont *exempts* des droits de douane.

P. S. — Le Gouvernement a déposé un projet de loi approuvant la Convention internationale du 3 novembre 1906 pour la revision du droit d'entrée sur les spiritueux en Afrique. D'après cette convention, ce droit sera porté à 100 francs pour toute la zone délimitée par l'Acte général de Bruxelles de 1890, dans un délai qui ne pourra excéder un an.

A la sortie :

		fr.
Pour 100 kilogr. arachides		1.35
Pour 100 kilogr. café		3.00
Pour 100 kilogr. caoutchouc		60.00
Pour 100 kilogr. copal	rouge	8.25
	blanc (qualité inférieure)	1.50
Pour 100 kilogr. huile de palme		2.75
Pour 100 kilogr. ivoire	morceaux, pilons, etc.	100.00
	dents de moins de 6 kgs	160.00
	dents de plus de 6 kgs.	210.00
Pour 100 kilogr. palmistes		1.40
Pour 100 kilogr. sésame		1.25

Indigènes.

Tous les indigènes valides et adultes sont soumis à l'impôt en argent, soit individuel, soit collectif. Il est payable en argent et, à défaut de numéraire, en produits ou en travail, et le taux varie de 6 à 24 francs par an; ce dernier chiffre est un maximum.

Toutefois, le gouverneur général a le pouvoir, dans des circonstances exceptionnelles, de faire remise de tout ou partie de l'impôt aux indigènes. L'impôt se paie par douzièmes, mais les commissaires de district sont autorisés à fixer, en cas de besoin et suivant les convenances particulières des populations, des intervalles plus grands entre les échéances.

Ces fonctionnaires territoriaux établissent des rôles d'impositions en numéraire et des tableaux d'équivalence en produits et en travail; ils doivent tenir compte, dans l'élaboration de ce travail, du taux des salaires locaux, de la richesse du pays et de la difficulté du travail. Le travail à fournir ne peut jamais dépasser quarante heures par mois.

Ajoutons que lors du payement de l'impôt, en produits ou en travail, les indigènes sont rémunérés; cette rémunération, dans les régions où est admis le principe de l'impôt collectif, est indépendante d'une récompense spéciale accordée au chef indigène à l'intervention duquel les prestations ont été perçues.

B. Le service des terres.

Le service des terres fait partie des attributions du *conservateur des titres fonciers*. Ce dernier a sous ses ordres des *géomètres*.

Le service des terres s'occupe :

1° De la vente et de la location des terres aux particuliers; 2° de l'enregistrement des terres; 3° du cadastre; 4° de l'occupation des terres; 5° du domaine de l'État.

Le **régime foncier** est basé sur les principes suivants : Toute terre vacante est considérée comme appartenant à l'État. Les indigènes sont confirmés dans les droits fonciers qu'ils exerçaient à l'arrivée des blancs. Les non-indigènes ne peuvent acquérir des terres qu'en suivant les formes indiquées par la loi.

L'application de ces principes conduit à la division du sol en trois catégories :

1° Les terres occupées par les **indigènes**. Sont considérées comme telles celles qu'ils habitent, cultivent ou exploitent d'une manière quelconque, conformément aux coutumes et usages locaux. Dans l'attribution de ces terres, le gouverneur ou le commissaire de district délégué peut accorder aux villages une superficie de terres triple de l'étendue de celles habitées et cultivées par eux et même dépasser cette limite.

En dehors de ces terres, les indigènes peuvent couper le bois destiné à leur usage personnel, pêcher et chasser en tant qu'ils ne contreviennent pas aux lois et règlements édictés notamment pour la protection des animaux vivant à l'état sauvage et particulièrement de l'éléphant.

2° Les terres devenues la propriété des **non-indigènes** sont enregistrées lors de l'achat par le conservateur des titres fonciers qui ne délivre de certificat d'enregistrement définitif que lorsque le terrain concédé a été mesuré par des géomètres du gouvernement aux frais des intéressés et reproduit sur le plan « communal ».

Les propriétés doivent être bornées. Les ventes, échanges et locations se font à la simple intervention du conservateur qui délivre un nouveau certificat et en sa présence, sauf dans certains cas spéciaux.

Ce système d'aliénation est des plus simple et supprime les onéreuses formalités de la législation belge; en outre, par suite de l'obligation d'inscrire au dos du certificat toutes les opérations qui changent la situation juridique de la propriété, l'acquéreur a sous la main l'histoire de l'immeuble et les éléments d'une sécurité absolue.

3° Les terres **domaniales** comprennent toutes les terres vacantes ou occupées par l'État.

Le *domaine national* est constitué par les biens et mines administrés en régie par l'État et les mines non concédées. Il est géré par un conseil de six membres. Les revenus ne peuvent en être employés que dans un but d'utilité publique.

Les rivières et cours d'eau navigables ou flottables ainsi que leurs bords, sur une profondeur de 10 mètres, sont rangés dans le domaine public.

Les terres domaniales constituent le principal revenu de l'État et sont exploitées par le département des finances, qui intervient également dans leur cession aux particuliers.

Toute vente ou location par l'État de terres domaniales, en dehors de celles comprises dans le domaine national, a lieu par adjudication publique.

Une commission des terres examine toutes les questions qui se rapportent à la vente et à la location et aux concessions des terres.

Les produits minéraux de toute espèce, y compris le sel, ne peuvent être exploités sans concessions spéciales.

L'aliénation du sol par l'État ne donne aucun droit sur les richesses minières qu'il renferme.

Le gouvernement décrète les régions où les recherches minières sont permises soit pour tous, soit pour les personnes spécifiées dans le décret. Quiconque découvre une mine dans les régions où il est autorisé à faire des recherches peut se faire octroyer pour dix ans un droit de préférence pour la concession de cette mine. Le décret de concession minière est enregistré par le conservateur des titres fonciers.

Dans chaque zone d'exploitation minière il est nommé un « commissaire des mines » revêtu de la qualité d'officier de police judiciaire.

Il existe des *bureaux notariaux* dans tous les chefs-lieux de district et de zone.

Monnaies. — La base du système monétaire est l'étalon d'or.

L'unité de monnaie est le franc divisé en 100 centimes.

Le système comprend :

Une pièce d'or de 20 francs (qui n'a pas encore été frappée); des pièces d'argent de 5 francs, 2 francs, 1 franc et 50 centimes, à l'effigie du Roi-Souverain; des pièces de 20, 10 et 5 centimes en nickel; des pièces de cuivre d'une valeur de 10, 5, 2 et 1 centimes.

Les monnaies de nickel et de cuivre sont percées d'un trou au centre.

L'usage de la monnaie, difficilement admis au début par les indigènes, s'est répandu rapidement, notamment dans une grande partie du Bas-Congo et au Katanga.

En 1907, il y avait en circulation pour 1,187,700 francs de monnaies.

Le décret du 3 juin 1906 ayant admis, en principe, la faculté pour les indigènes de payer l'impôt en numéraire, il n'est pas douteux que cette circulation ira en augmentant dans une notable proportion.

Service des postes et télégraphes. — L'État du Congo fait partie de l'union postale universelle.

Le personnel des postes se compose d'un *contrôleur*, d'un *contrôleur suppléant*, de *percepteurs*, de *percepteurs suppléants* et de *commis* répartis entre vingt-cinq bureaux (novembre 1906).

Il assure non seulement le transport des lettres

et des journaux, mais a établi un service de mandats postaux intérieurs et extérieurs, un service d'envois recommandés et, d'accord avec le gouvernement belge, un service de colis postaux.

Il existe des bureaux à Banana, Boma, Matadi, Léopoldville (ces quatre bureaux assurent les communications intérieures et extérieures : ce sont des bureaux d'échange), puis à Albertville (Toa), Basankusu, Basoko, Basongo, Beni, Bumba, Coquilhatville, Ibembo, Inongo, Irebu, Kasongo, Libenge, Lisala, Luali, Lusambo, Nouvelle-Anvers, Popokabaka, Pweto, Stanleyville, Thysville et Uvira.

L'État est relié à Anvers par une ligne postale régulière allant jusque Matadi, puis l'envoi des objets postaux se continue par chemin de fer, par bateaux-poste, par courriers pédestres ou par courriers en pirogue.

Le service des postes a pris un grand développement; ainsi le nombre d'objets transportés, qui en 1896 s'élevait à 270.234, atteint en 1905 le chiffre de 868.903.

Les lignes télégraphiques existantes sont :

Une ligne Boma-Lukula suivant le chemin de fer du Mayumbe;

Une ligne Boma-Matadi-Léopoldville-Coquilhatville (suivant le chemin de fer de Matadi à Léo), qui doit se prolonger jusqu'aux Falls;

Une ligne Kasongo-Kabambare-Baraka-Uvira;

Un câble Kinshasa-Brazzaville qui relie l'État au réseau français.

A l'état de projet : une ligne télégraphique-téléphonique devant suivre le chemin de fer du Congo supérieur.

MOUVEMENT POSTAL COMPARÉ.

Afrique orientale anglaise : 1.342.144 objets (1905-06).
Nyasaland protectorate : 558.683 objets, 23 bureaux (1905-06).

SERVICE SANITAIRE

Sous un climat où les germes morbides sont si nombreux, où les causes de maladies abondent pour les Européens, le service sanitaire est de première nécessité et doit prendre dès le début de l'occupation un développement proportionnel à l'essor commercial et industriel, de façon à permettre dans de bonnes conditions l'exploitation de la colonie.

ORGANISATION.

Le service sanitaire est assuré par un *chef de service* et un certain nombre de *médecins de 1re* et de *2e classe,* à raison d'un par district ou zone, ces derniers chargés de soigner les employés du gouvernement.

Leurs soins s'étendent aussi aux indigènes des environs.

Leur nombre, de deux auquel il était réduit en 1885, s'est élevé successivement à huit en 1891 et à trente actuellement.

Chaque station est abondamment pourvue de médicaments.

Dans chaque chef-lieu de district ou de zone fonctionne une *commission d'hygiène* appelée à faire à l'autorité toutes les propositions concernant les mesures prophylactiques à prendre, telles que drainage des marais, assainissement des villages des noirs, construction d'habitations hygiéniques pour blancs et pour noirs.

Deux maladies surtout ont appelé sur elles l'attention du gouvernement : la **maladie du sommeil** et la **variole**.

La première est la conséquence de l'introduction dans le corps, par la piqûre de la mouche tsétsé, du trypanosome de Gambie. Le gouvernement de l'État n'a pas ménagé ses encouragements et son aide aux savants qui se sont mis à la recherche des moyens de combattre cette maladie : l'installation du *laboratoire de recherches* de Léopoldville, l'envoi avec le concours pécuniaire de l'État d'une mission scientifique dirigée par des médecins de l'École de médecine tropicale de Liverpool, et surtout les résultats remarquables obtenus par le docteur Van Campenhout, grâce à l'emploi combiné de l'atoxyl et de la strychnine ont fait faire un grand pas à la question et fixé les mesures à prendre tant pour empêcher l'extension de la maladie vers les régions encore indemnes que pour la combattre dans celles où elle règne, la faire diminuer de fréquence et même la faire disparaître.

Des *postes d'observation médicale avec lazarets* spéciaux ont été créés à Ibembo, à Stanleyville et à Kabinda ; un *poste médical avec lazaret* à Uvira ; une *ligne de surveillance médicale avec lazarets* qui existait au début le long de la route entre Pweto (lac Moero) et Kabinda (Katanga) a été rapportée plus au sud; c'est ainsi que des lazarets sont établis à Kilwa, Lukafu, Bunkeia et Fundaviako; on dirige sur les lazarets toutes les personnes atteintes. Léopoldville, Lusambo, Libenge, Baraka et Nouvelle-Anvers possèdent également des lazarets.

Enfin, il existe encore des *lazarets locaux* où l'on traite les malades non transportables.

Pour enrayer les ravages de la **variole**, le gouvernement a fait installer un *institut vaccinogène* central à Boma et une chaîne d'*offices vaccinogènes* établie de telle manière que tous les postes de l'État soient en mesure de recevoir du vaccin ayant conservé toute sa virulence.

Des offices vaccinogènes fonctionnent à Eala, à Nouvelle-Anvers, à Stanleyville, à Bambili, à Kasongo, à Uvira et à Kabinda.

Les résultats obtenus sont remarquables, et l'année 1906 notamment n'a plus vu se reproduire une seule de ces terribles épidémies qui ravageaient autrefois des régions entières.

Il y a des *hôpitaux pour blancs* à Boma, à Léopoldville et à Stanleyville; des *hôpitaux pour noirs* existent dans tous les centres importants; ceux de Boma et de Léopoldville sont construits d'après les dernières données de la science.

Il existe également à Boma une *école professionnelle pour infirmiers* où l'on initie au métier d'infirmier certains élèves sortis de la Colonie d'enfants et les indigènes qui sollicitent leur admission.

A côté de l'organisation officielle il faut encore signaler des *services sanitaires privés,* créés soit par de grandes compagnies ou des missions résidant sur les lieux, soit par des associations humanitaires, comme celle de l'Association congolaise et africaine de la Croix-Rouge.

DIVISIONS ADMINISTRATIVES

Les quatorze districts du Congo sont :

		Chef-lieu
1.	Le district de Banana . . .	*Banana*
2.	» de Boma	*Boma*
3.	» de Matadi . . .	*Matadi*
4.	» des Cataractes rattaché provisoirement au district de Matadi.	
5.	Le district du Stanley-Pool .	*Léopoldville*
6.	» du lac Léopold II .	*Inongo*
7.	» de l'Équateur . .	*Coquilhatville*
8.	» des Bangala. . .	*Nouv.-Anvers*
9.	» de l'Ubangi . . .	*Libenge*
10.	» de l'Aruwimi . .	*Basoko*
11.	» du Lualaba-Kasai .	*Lusambo*
12.	» du Kwango oriental rattaché provisoirement au district du Stanley-Pool.	
13.	Le district de l'Uele.	
14.	» de la Province orientale.	

Les territoires du *comité spécial du Katanga* sont confiés à une administration spéciale.

ORGANISATION ADMINISTRATIVE DES DISTRICTS.

A la tête du district se trouve un **commissaire de district** nommé par le gouverneur général (à moins qu'il n'ait reçu sa nomination du gouvernement central) pour représenter dans sa circonscription l'administration générale de l'État.

Il est chargé de la haute direction de tous les services fonctionnant dans son district (le service judiciaire excepté).

Un **adjoint supérieur** est attaché à chaque commissaire de district : il est appelé à le remplacer notamment en attendant l'arrivée de son successeur.

Deux districts ont été divisés en zones commandées chacune par un **chef de zone**.

Les autres districts et les zones se subdivisent en secteurs à la tête desquels sont placés des **chefs de secteur**. Enfin les secteurs comprennent un certain nombre de postes commandés par des **chefs de poste**.

Chargé de nouer et d'entretenir des relations avec les indigènes qu'il s'efforce de rallier à l'État, le commissaire de district parcourt le plus souvent possible son territoire, faisant exécuter partout les lois et décrets et recueillant des renseignements de toute espèce, tant scientifiques qu'économiques, sur la région.

Il veille à l'amélioration des voies de communication, à l'hygiène publique, recrute des travailleurs, fait des plantations, lève des cartes, répartit le personnel, enfin prend toutes les mesures nécessaires à la bonne progression de sa province.

Le chef de zone remplit dans sa zone des fonctions analogues à celles du commissaire du district envers lequel il est responsable de l'état de sa zone.

Le chef de secteur est chargé de la police de son secteur ; il a pour devoir d'effectuer de nombreuses reconnaissances, surtout dans les régions peu connues, en ayant soin de leur conserver un caractère strictement pacifique.

Les postes sont de différente nature suivant leur destination ; c'est ainsi que l'on rencontre des postes de police, des postes de transit, des postes agricoles, des postes fiscaux, etc.

Le poste est la dernière subdivision territoriale dont la direction soit confiée à un blanc.

Immédiatement après le poste vient la **chefferie indigène**, à la tête de laquelle se trouve un chef indigène, ayant reçu l'investiture et un insigne.

L'État met tout en œuvre pour étendre le plus possible les chefferies qui peuvent être appelées à rendre les plus grands services dans l'administration du pays.

Il est aisé de se rendre compte du rôle important que remplissent les chefs indigènes en tant que trait d'union naturel entre les autorités de l'État et la population ; on s'efforce de développer leur dévouement à l'État, et ils s'engagent à gouverner leur territoire selon leurs us et coutumes, pour autant qu'ils ne soient pas contraires aux lois.

Des *messagers* servent d'intermédiaires entre les autorités européennes et les chefs indigènes.

DISTRICTS DU BAS-CONGO

Les districts de Banana et de Boma ne présentent, dans leur occupation, aucune différence sensible.

Placés tous deux dans une région basse, se relevant vers le nord dans le fertile pays du Mayumbe qu'arrose le Shiloango, d'une étendue modérée, et traversés par des voies de communication commodes, voisins de la capitale où sont concentrés tous les services, ils n'offrent qu'un petit nombre de postes qui assurent l'ordre et la sécurité.

District de Banana (43 Européens). — Le chef-lieu, *Banana,* est une réunion de factoreries bâties à l'embouchure du Congo, sur une pointe sablonneuse abritant une bonne rade.

La localité s'étend sur une longueur de près de 3 kilomètres.

Banana frappe le visiteur par la coquetterie de ses petites habitations blanches entourées de jardinets; de superbes allées de cocotiers contribuent à donner à l'ensemble un cachet agréable à l'œil. Le voisinage de la mer en fait un des postes les plus sains du Congo.

La population blanche (29 Européens) compte

des agents de factoreries et quelques fonctionnaires; un consul anglais et un second portugais y résident. La population noire travaille principalement dans les factoreries et au port.

On remarque dans le district l'importante mission de *Moanda*.

District de Boma (403 Européens). — *Boma* (257 Européens), capitale de l'État et port important, est devenue, de simple groupe de factoreries qu'elle était il y a quelques années, une véritable petite ville, où sont établis tous les services officiels et de nombreuses maisons de commerce.

La ville comprend deux quartiers reliés entre eux par un tramway à vapeur : Boma-rive et Boma-plateau.

Boma-rive comprend la marine, la douane, divers hôtels et factoreries.

Le chalet du gouverneur général, les bâtiments de la force publique, des finances, de la justice, l'hôpital, les habitations des fonctionnaires et le parc public forment Boma-plateau.

Enfin, Boma-beach, situé entre le pier de l'État et la rivière des Crocodiles, est constitué par les magasins de la marine et des travaux publics et par les magasins de charpenterie, menuiserie, forges, etc.

Les habitations entourées de jardins qu'ornent des cocotiers, palmiers, lauriers-roses, etc., offrent un riant aspect. D'importants travaux d'assainissement ont amélioré la situation sanitaire de la ville.

En aval de Boma se trouve le fort de *Shinkakasa*.

Un camp d'instruction est établi à la *Luki* et le corps de réserve au camp de la *Lukula*.

Postes : *Kalamu* (reboisement), *Malela* (exploitation forestière), *Zambi* (élevage), *Mateba* (service hydrographique), *Tshela* (poste agricole), *Luali*, *Zobe*, *Kutu* (postes fiscaux).

Le district de Matadi et l'ancien district des Cataractes qui y est rattaché provisoirement sont entièrement situés dans la région des monts de Cristal.

Ils sont traversés par une importante voie de communication : le chemin de fer de Matadi au Stanley-Pool, le long duquel s'est concentré tout le mouvement des transports.

Ce district constitue avant tout une région de passage : faisons remarquer cependant que depuis que l'achèvement du chemin de fer a permis aux porteurs de rentrer définitivement dans leurs villages, le développement de l'agriculture y est devenu possible.

District de Matadi (278 Européens). — Chef-lieu : *Matadi* (142 Européens).

Matadi, jadis simple comptoir dans un pays rocheux, est devenue, depuis la construction du chemin de fer dont elle est en tête de ligne, en même temps qu'un entrepôt de premier ordre, l'une des villes les plus importantes de la côte occidentale.

Elle possède un bon port accessible en toutes saisons aux navires de mer et doté des installations nécessaires à l'accostage et au déchargement des navires.

Matadi est le siège de nombreux comptoirs; on y voit de plus une église, une bibliothèque, des hôpitaux pour blancs et pour noirs.

Postes : *Thysville,* station centrale du chemin de fer de Matadi à Léopoldville, jouit, par suite de son altitude élevée (741 mètres), d'une situation climatérique privilégiée qui sera probablement mise à profit dans un avenir peu éloigné.

Kitobola est à la fois un centre d'élevage important (200 têtes de bétail environ) et un poste agricole comportant une exploitation d'environ 80 hectares où la culture du riz a pris une grande extension (21 hectares de riz et 30,000 plants d'essences à caoutchouc).

Gongolo, poste agricole (9 hectares de riz).

DISTRICTS DU HAUT-CONGO.

Les populations du Haut-Congo sont neuves, n'ayant pas, comme celles du Bas-Congo, des relations séculaires avec les blancs; le personnel restreint nécessite une plus grande dissémination des établissements.

L'occupation des districts est assurée par des postes importants, centres administratifs et militaires, et se trouve complétée par des postes secondaires, ayant des missions diverses : postes de police, de perception, de transit, d'élevage, d'exploitation forestière, postes agricoles, etc.

District du Stanley-Pool (384 Européens). — Chef-lieu *Léopoldville* (172 Européens).

Léopoldville occupe, sur le haut Congo, la même situation que Matadi sur le bas fleuve. C'est la tête de ligne de la navigation sur le haut Congo et la station terminus du chemin de fer.

Le port est doté d'installations très complètes : murs de quai, bassins, plan incliné, slips, chantiers pour le montage des vapeurs et pour les réparations, ateliers de mécanique et de charpenterie de marine. De nombreuses maisons de commerce sont établies à Léo, qui est également le siège d'un tribunal, un évêché, un hôpital, un institut bactériologique, etc.

Postes : *Kinshasa,* station du chemin de fer.

Dolo, poste d'élevage et station où descendent les voyageurs pour le Congo français. Ce poste est situé à une demi-heure environ de Léopoldville.

Lukolela, poste agricole et centre d'exploitation forestière.

Kwamouth, poste de transit.

Yumbi, poste de ravitaillement.

Popokabaka, ancien chef-lieu du Kwango oriental. (Ce district est rattaché provisoirement au Stanley-Pool.) C'est un poste de police.

District du lac Léopold II (36 Européens). — Chef-lieu *Inongo* (9 Européens).

Inongo, poste de transit, situé sur la rive orientale du lac.

Ce district est divisé en cinq secteurs :

1. Le secteur du lac, chef-lieu *Inongo.*

Postes : *Bongo*, *Bolia, Kiri* et *M'Bali* (transit).

2. Le secteur de la Lokoro, chef-lieu *Bokoliwango.*

Postes : *Lokolama, Mongoreko* et *Eranga* (transit).

3. Le secteur de la Fini, chef-lieu *Kutu,* poste de transit.

Postes : *Nioki, Ganda* (agricole) et *Mushie* (transit).

4. Le secteur de la Luabu Lukenie, chef-lieu *Ekwayolo.*

Postes : *Tolo* et *Oshwe.*

5. Le secteur de la Lukenie, chef-lieu *Dekese.*

Postes : *Bumbuli* et *Ila.*

District de l'Équateur (260 Européens). — Chef-lieu *Coquilhatville,* localité habitée par 29 Européens.

C'est un des postes les plus pittoresques et les mieux aménagés du pays, en même temps qu'un centre de commerce important; l'industrie du caoutchouc y est pratiquée sur une grande échelle. On y rencontre plusieurs factoreries et une mission américaine.

Ce district comprend sept secteurs et la zone de la Maringa-Lopori.

1. Le secteur de Coquilhatville, chef-lieu *Coquilhatville,* poste de transit.

Postes : *Eala,* situé près du chef-lieu et possédant un jardin botanique, un jardin d'essai et une ferme modèle. On y a créé un poste vaccinogène.

2. Le secteur d'Irebu, chef-lieu *Irebu*, camp d'in-

struction entouré de vastes cultures et situé en face du confluent de l'Ubangi.

Poste : *Bikoro* (agricole).

3. Le secteur de Bala, chef-lieu *Ingende.*

Postes : *Bala, Lotoko* et *Bokote.*

4. Le secteur de Lisaka, chef-lieu *Lisaka.*

Poste : *Bombomba.*

5. Le secteur de Waka, chef-lieu *Waka.*

Postes : *Bianga* et *Mondjuku.*

6. Le secteur de Boende, chef-lieu *Boende.*

Postes : *Wema, Itoko* et *Bosongote.*

7. Le secteur de Mondombe, chef-lieu *Mondombe.*

Postes : *Belo, Bokungu* et *Moma.*

Quant à la *zone de la Maringa-Lopori,* elle a pour chef-lieu *Basankusu,* poste de police.

District des Bangala (144 Européens).— Chef-lieu *Nouvelle-Anvers* (34 Européens).

Nouvelle-Anvers, siège d'un tribunal, d'un bureau d'état civil, d'un office notarial, d'un bureau postal, d'une colonie d'enfants et d'un institut vaccinogène, est un des postes les plus considérables du Congo, véritable établissement modèle, centre commercial, agricole et politique de toute la région.

Les habitations y sont remarquables de confort et de bon goût. De grandes plantations auxquelles on a accès par de belles avenues bordées d'arbres fruitiers s'étendent autour du poste. Plusieurs centaines de têtes de bétail peuplent les étables.

Le district des Bangala se divise en quatre secteurs et une zone : celle de Mongala.

1. Le secteur de Nouvelle-Anvers, chef-lieu *Nouvelle-Anvers.*

2. Le secteur de Lisala, chef-lieu *Lisala,* siège d'un camp d'instruction.

3. Le secteur de l'Itimbiri, chef-lieu *Moenge.*

Postes : *Bumba,* poste de transit pour les marchandises provenant des régions de l'Uelé et du Nord-Est et destinées à celles-ci ; *Loeka, Mandungu* et *Mobwasa.*

4. Le secteur de la Giri, chef-lieu *Musa.*

Postes : *Kutu, Bomboma* et *Bosesera* (transit).

La *zone de la Mongala* comporte sept secteurs dont le chef-lieu est *Monveda.*

District de l'Ubangi (24 Européens). — Chef-lieu *Libenge* (5 Européens).

Ce district frontière est faiblement occupé. Il est divisé en cinq secteurs :

1. Le secteur de Libenge, chef-lieu *Libenge.*

Postes : *Mokoange* et *Duma* (agricole).

2. Le secteur d'Imese, chef-lieu *Imese.*

3. Le secteur de la Lua, chef-lieu *Ekuta.*

Poste : *Bwado.*

4. Le secteur de Banzyville, chef-lieu *Banzyville.*

5. Le secteur de Yakoma, chef-lieu *Yakoma.*

Poste : *Monga.*

District de l'Aruwimi (96 Européens). — Chef-lieu *Basoko* (16 Européens).

Basoko a été établi pour servir de camp retranché lors de la lutte entamée contre la puissance arabe ; l'importance militaire de ce poste a diminué depuis les victoires remportées par l'État.

Les postes de ce district sont échelonnés sur l'Aruwimi et le Lomami et partagés entre trois secteurs :

1. Le secteur de Basoko.

Postes : *Basoko*, *Barumbu* (agricole), *Lingomo*, *Limbutu* (agricole), *Bomaneh* (agricole), *Yalulu* et *Yalusema*.

2. Le secteur de Yahila.

Postes : *Yahila*, *Yamonongeri* et *Mapalma*.

3. Le secteur de Mogandjo.

Postes : *Mogandjo* (agricole), *Mogandjoro* et *Mombana*.

Il faut y ajouter quatre postes de police.

District de l'Uele (223 Européens).

Les autorités de ce district ne jouissent pas, pour faire sentir leur influence, des facilités de communication qu'offre la région centrale : les rivières sont fréquemment coupées de rapides et de chutes. Des travaux de routes considérables ont été entrepris pour remédier à cet état de choses désavantageux.

Le district de l'Uele comprend cinq zones :

1. *La zone du Rubi*, chef-lieu *Buta*, poste de transit (7 Européens).

a. Secteur de Buta : *Buta, Bima, Libokwa, Titule.*

b. Secteur de la Likati : *Likati, Ibembo, Angu, Djamba* (de transit), *Aketi* et *Go* (de transit).

c. Secteur du Haut-Rubi : *Zobia.*

2. *La zone de l'Uere-Bili*, chef-lieu *Bambili*, poste de transit (10 Européens).

a. Secteur de l'Est : *Bambili-Uere.*

b. Secteur du Centre : *Bili*.

c. Secteur de l'Ouest : *Bondo-Gufuru*.

Au poste d'*Api* réside la mission de domestication des éléphants.

3. *La zone du Bomokandi*, chef-lieu *Niangara*, poste de transit (8 Européens).

a. Secteur de la Makua : *Niangara, Surango, Amadis*.

b. Secteur de Tely-Poko : *Poko, Rungu, Nala* (agricole), *Niapu*.

c. Secteur de Gombari : *Gombari, Arebi, Duru, Van Kerckhovenville*.

4. *La zone de la Gurba-Dungu*, chef-lieu *Dungu*, poste de transit (12 Européens).

a. Secteur de la Dungu : *Dungu*.

b. Secteur de N'Zoro : *Faradje*.

c. Secteur de la Buere : *Bafuka*.

5. *Secteur de l'enclave*, chef-lieu *Lado* (1), poste de transit (10 Européens).

---

(1) Un arrangement signé le 9 mai 1906 a réglé définitivement la question des territoires « à bail ». En exécution de celui-ci l'État indépendant détient à bail les territoires dénommés « enclave de Lado » et délimités comme suit :

Une ligne tirée d'un point situé sur la rive occidentale du lac Albert, immédiatement au sud de Mahagi, jusqu'au point le plus rapproché de la ligne de partage des eaux des bassins du Nil et du Congo. Cette ligne de partage jusqu'à son intersection au nord, avec le 30e méridien est de Greenwich, ce méridien jusqu'à son intersection avec le parallèle 5°30 de latitude nord, ce parallèle jusqu'au Nil, le Nil vers le sud jusqu'au lac Albert, et enfin la rive occidentale du lac Albert jusqu'au point indiqué ci-dessus, au sud de Mahagi.

Ce bail restera en vigueur pendant la durée du règne de S. M. le Roi Léopold II.

A l'expiration de ce règne ces territoires seront remis au gouvernement soudanais dans un délai de six mois. Toutefois le bail sera continué aussi longtemps que les territoires du Congo resteront comme *a.* Secteur de Lado : *Lado, Kero, Bundukia, La Kaya, Redjaf, Luri.*

b. Secteur de Ie : *Ie, Aba, Loka, Wandi, Rapides Lambermont, Kagulu* (agricole).

c. Secteur de Mont-Wati : *Mont-Wati, Dufile, Wadelai, Kadjo-Kadji, Alenzoi.*

Province orientale (585 Européens).

La province orientale comprend quatre zones :

1. *La zone des Stanley-Falls,* chef-lieu *Stanleyville,* poste de transit (75 Européens).

a. Secteur de Stanleyville : *Stanleyville, La Romée* (agricole), *Bafwaboli, Yanonge, Bakumu.*

b. Secteur de la Lindi : *Bengamisa, Bafwasende, Kondolole, Gwania* (transit).

c. Secteur de l'Aruwimi-Nepoko : *Banalia, Panga, Bomili, Yambuya, Bokwama, Mandigwe.*

2. *La zone du Haut-Ituri,* chef-lieu *Irumu* (10 Européens).

a. Secteur de l'Irumu : *Irumu-Kilo.*

État indépendant ou comme colonie belge sous la souveraineté des successeurs de Sa Majesté pour une bande de 25 kilomètres de large, allant de la crête de partage du Congo et du Nil jusqu'au lac Albert et comprenant le port de Mahagi.

L'arrangement en question comportait encore les clauses suivantes :

1° Construction d'un chemin de fer de Lado à la frontière congolaise, avec garantie d'intérêt du trésor égyptien ;

2° Etablissement d'un port commercial au terminus du chemin de fer ;

3° Libre navigation sur le haut Nil pour les bateaux congolais et belges ;

4° Libre transit des personnes et des marchandises par les territoires du Soudan égyptien ;

5° Arbitrage obligatoire de la cour de La Haye pour les différends de frontières qui s'élèveraient désormais entre l'Angleterre et le Congo ;

6° Engagement de la part de l'Etat indépendant de n'entreprendre aucun travail pouvant diminuer le volume d'eau se déversant dans le lac Albert.

b. Secteur de Mawambi : *Mawambi.*

c. Secteur d'Avakubi : *Avakubi* (agricole), *Makala.*

d. Secteur du Nepoko : *Nepoko*, *Medje.*

e. Secteur de Mahagi : *Mahagi.*

3. *La zone de Ponthierville,* chef-lieu Ponthierville, poste de transit (26 Européens).

a. Secteur de Ponthierville : *Ponthierville, Iongama, Biondo.*

b. Secteur de Lokandu : *Lokandu*, *Shuka*, *Motombi, Kindu.*

c. Secteur de Lowa : *Lowa, Aluta.*

d. Secteur de Lubutu : *Lubutu, Walikale.*

4. *La zone du Maniema,* chef-lieu *Kasongo*, poste de transit (13 Européens).

a. Secteur de Kasongo : *Kasongo, Wazimba, Nyangwe.*

b. Secteur de Kabambare : *Kabambare, Niembo, Ingiri.*

c. Secteur de Kama : *Kama, Kihembwe.*

d. Secteur de Matampa : *Mokata, Makanga, Sendwe* (de transit), *Lusuna, Difuma.*

e. Secteur de Shabunda : *Shabunda, Micici, Mulungu.*

f. Secteur du Fleuve : *Kamimbi* (de transit), *Kibombo* (de transit) et *Kindu* (de transit).

On rattache à la Province orientale le

Territoire de la Ruzizi-Kivu, chef-lieu *Uvira* (20 Européens).

Ce territoire comprend six secteurs et une zone :

a. Secteur de l'Uvira : *Uvira.*

b. Secteur de Baraka : *Baraka, Kibanga.*

c. Secteur de Kalembe Lembe : *Kalembe Lembe* (de transit), *Kilubilizo.*

d. Secteur de Luvungi : *Luvungi, Nia Kagunda.*

e. Secteur de Nia Lukemba : *Nia Lukemba, Shangugu.*

f. Secteur de Bobandana : *Bobandana, Goma.*

Zone Rutshuru Beni, chef-lieu *Rutshuru* (8 Européens).

Postes : *Beni-Kasindi.*

District du Lualaba-Kasai (284 Européens), chef-lieu *Lusambo,* poste de transit (20 Européens). Les postes de l'État sont presque tous établis dans la partie centrale du district. Les rives du haut Kasai, pas plus que les plaines du plateau de Lunda, ne sont sérieusement occupées jusqu'ici.

Lusambo est un superbe poste qui doit également son origine à une pensée de défense contre les incursions arabes : il fait l'admiration de tous ceux qui le visitent.

Le district du Lualaba est divisé en cinq secteurs :

1. Le secteur du Sankuru, chef-lieu *Lusambo.*

Postes : *Bena Dibele* (agricole et transit), *Lubefu* et *Bombai* (agricole).

2. Secteur de la Loange, chef-lieu *Basongo* (de transit).

3. Secteur de la Lulua, chef-lieu *Luluabourg,* poste bâti dans un pays salubre et riche. La population y est intelligente et laborieuse.

Les nombreux bâtiments du poste sont construits sur une colline de la rive gauche de la Lulua. Ils sont entourés de grandes cultures et de pâturages où l'on élève du gros bétail.

Postes : *Luebo* sur la Lulua, *Kanda Kanda.*

De nombreuses et belles missions sont établies dans cette région, une des plus fertiles de l'État.

4. Secteur du Haut-Kasai, chef-lieu *Dilolo.*

Poste : *Katola.*

5. Secteur de la Lukenie Tshuapa, chef-lieu *Lodja.*

Postes : *Katako Kombe* (agricole), *Kole, Lomela, Loto.*

Comité spécial du Katanga. — Chef-lieu *Lukonzolwa* (5 Européens).

Les territoires du comité spécial du Katanga sont l'objet d'une administration spéciale à la tête de laquelle se trouve un comité composé de cinq membres présidés par le secrétaire général du département des finances.

Ils sont situés en majeure partie dans la Province orientale, mais ils empiètent également sur le district du Lualaba-Kasai.

Ils sont divisés en trois zones :

1. *La zone du Lomami.*

a. Secteur de Tshofa, chef-lieu *Tshofa.*

Poste : *Lubefu.*

b. Secteur de Kabinda, chef-lieu *Kabinda.*

Poste : *Kisengwa.*

c. Secteur de Kabongo, chef-lieu *Kabongo.*

Postes : *Mutombo Mukulu* et du *lac Kinda.*

2. *La zone du Tanganika-Moero.*

a. Secteur de Kiambi, chef-lieu *Kiambi.*

DISTRICTS

I. de Banana.
II. de Boma.
III. de Matadi.
IV. des Cataractes.
V. du Stanley Pool.
VI. du Kwango oriental.
VII. du Lac Léopold II.
VIII. de l'Équateur.
IX. des Bangala.
X. de l'Ubangi.
XI. de l'Aruwimi.
XII. de l'Uele.
XIII. de la Prov. orientale.
XIV. du Lualaba-Kasai.

ZONES

1. de la Maringa-Lopori.
2. de la Mongala.
3. du Rubi.
4. de l'Uere-Bili.
5. du Bomokandi.
6. de la Gurba-Dungu.
7. de l'Enclave.
8. des Stanley-Falls.
9. du Haut-Ituri.
10. de Ponthierville.
11. du Maniema.
12. Territoire de la Ruzizi-Kivu.

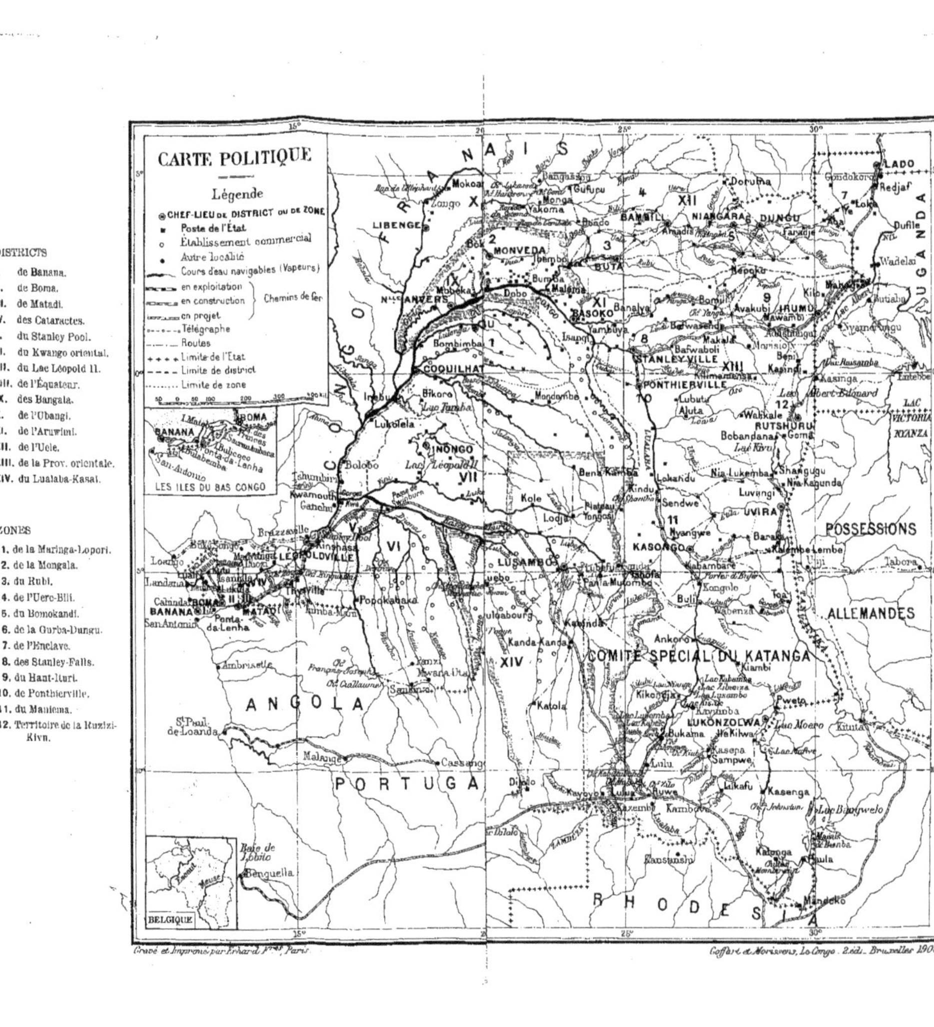

Postes : *Buli, Lubile* et *Ankoro.*
b. Secteur de Kikondja, chef-lieu *Kikondja.*
c. Secteur de Pweto, chef-lieu *Pweto.*
d. Secteur de Toa, chef-lieu *Toa.*
Poste : *Moliro.*
3. *La zone du Haut-Luapula.*
a. Secteur de Lukafu, chef-lieu *Lukafu.*
Postes : *Sampwe, Bukama.*
b. Secteur de Lulua, chef-lieu *Lulua.*
Postes : *Musofi, Kayoyo.*
c. Secteur de Kalonga, chef-lieu *Kalonga.*
Postes : *Kilwa, Kasenga* et *Kavalo.*

Conclusions.

Colonie sans métropole, du moins officielle, le Congo, né il y a vingt-deux ans à peine, a créé et développé avec une rapidité et une sûreté vraiment extraordinaires toute son organisation politique et administrative.

Dans l'établissement du gouvernement central comme dans celui des districts, dans l'organisation de la justice comme dans celle de l'administration, dans la création des services strictement nécessaires comme dans la nette délimitation de leurs attributions, dans la reconnaissance du pouvoir des grands chefs comme dans le recrutement indigène d'une puissante force armée, on remarque la constante préoccupation d'adapter pratiquement aux lieux et aux hommes un système gouvernemental simple, réalisant le maximum d'effets avec le minimum d'efforts; on reconnaît l'œuvre d'une volonté unique, ayant un but bien déterminé : édicter les lois les plus favorables à l'élèvement moral et matériel du pays et les faire respecter dans toute l'étendue du territoire.

C'est à cette unité de direction, à cette impulsion toujours parallèle à elle-même qu'il faut attribuer les énormes progrès accomplis par l'État dans la pacification, la mise en valeur et l'occupation effective de ses districts.

GÉOGRAPHIE ÉCONOMIQUE

GÉNÉRALITÉS

La colonisation est, avant tout, un phénomène d'ordre économique : elle vise à la création de débouchés nouveaux pour les produits et les nationaux de la métropole et à l'exploitation des richesses de la colonie.

Cette exploitation doit-elle, comme la fondation, être l'œuvre de l'État, ou doit-elle plutôt être abandonnée aux particuliers ?

L'initiative privée doit jouer ici un rôle prépondérant. Il est désirable, dans les pays neufs, qu'elle s'exerce par des associations disposant de puissants capitaux, des sociétés capables d'assumer les lourdes charges du premier établissement et des inévitables insuccès passagers. Ces groupements importants ne doivent pas exclure les moyennes entreprises, les sociétés industrielles et agricoles plus modestes, et même les exploitations individuelles. Ils doivent leur préparer la voie. Toutefois, il peut se faire qu'en raison de circonstances spéciales l'État soit conduit à mettre lui-même en valeur une partie des richesses locales, soit pour des raisons budgétaires, soit pour initier ou encourager une exploitation nouvelle, offrant trop d'aléas pour que l'initiative privée s'y risque seule.

Afin de faciliter l'immigration des capitaux, une bonne organisation du crédit s'impose. Comme celui-ci ne se commande pas, la loi ne peut faire sentir son influence qu'en inspirant confiance aux capitalistes, par l'organisation simple, claire et sûre des contrats de gages ou de contrats analogues. Plus les droits du créancier sont garantis, plus il sera disposé à prêter ses capitaux pour la création des entreprises.

En matière commerciale, le régime libre-échangiste est le plus recommandable.

Il faut fournir à la colonie le moyen d'accomplir ses transactions le plus facilement, le plus économiquement, le plus fructueusement possible, et laisser ensuite toute liberté à son activité et à son initiative. On a voulu jadis, par un faux calcul, être protectionniste pour tirer profit de la colonie. C'était une erreur. Si sur certains produits l'industrie nationale n'est pas à même de lutter avec l'étranger, s'il s'ensuit qu'elle ne recueille pas de bénéfice immédiat de l'entreprise, les colons, eux, qui sont, en majorité, des nationaux (comme le commerce, le colon suit le pavillon), en profiteront. Or, qu'importe au pays que ce soient ses industriels ou ses colons que la colonisation enrichisse? Les uns et les autres ne communiquent-ils pas la richesse à la métropole en venant y dépenser leur fortune ?

La politique coloniale de la métropole doit se prévaloir d'un principe permanent : il faut fournir largement à la colonie les instruments de travail qui peuvent lui donner la richesse et, cela fait, la réglementer le moins possible.

C'est en se conformant constamment à ce principe qu'elle pourra amener l'établissement qu'elle a créé à une situation économique florissante, qui sera la meilleure justification de sa fondation.

L'étude de la *géographie économique* du Congo nous permettra d'examiner si ce pays renferme des richesses suffisantes pour que, gérées d'après les principes que nous venons d'énoncer, elles puissent en faire une colonie florissante.

La *facilité d'accès* d'un pays neuf est le premier facteur de sa valeur économique. C'est du coût des transports que dépend la possibilité d'exploiter le pays : certains prix de transport permettront l'établissement de telles entreprises pour lesquelles des prix plus élevés seraient prohibitifs.

A ce point de vue on peut distinguer au Congo diverses régions économiques.

Une première grande division s'impose et conduit au partage du Congo en deux régions :

A. Le Bas-Congo.

B. Le reste de l'État ou Haut-Congo.

Le **Bas-Congo** comprend toutes les régions accessibles par la partie maritime du fleuve. Le coût des transports y est minimum : aussi toutes les entreprises y sont-elles possibles, notamment les plantations.

Le **Haut-Congo** n'est favorable qu'aux exploitations de produits de grande valeur sous un faible poids; tels sont : le caoutchouc, les gommes copales, l'ivoire, certains produits miniers, etc.

Le Haut-Congo se subdivise lui-même en quatre sous-régions :

1. Le *Congo central* comprenant toutes les régions accessibles aux vapeurs partant du Stanley-Pool;

2. Le *Katanga,* qui rentre ou rentrera à bref délai dans la zone d'attraction économique de la Rhodésie et du Mozambique (1);

3. La *Province orientale,* qui rentrera dans la sphère d'influence économique de l'Est africain, anglais et allemand;

4. L'*Uele* qui, actuellement déjà, est situé dans le périmètre économique du Soudan.

---

(1) Déjà le sud du Congo est dans la sphère d'attraction des chemins de fer rhodésiens; les statistiques douanières de la Rhodésie du nord-ouest pour septembre 1906 renseignent 2,190 onces d'or brut provenant de l'Etat indépendant du Congo (valeur : 220,000 francs).

I

AGRICULTURE

L'agriculture constitue, plus encore dans les colonies que dans les pays métropolitains, la véritable richesse d'un État. Ne permettant pas, comme certaines industries, les fortunes extraordinairement rapides, elle n'attire pas une foule d'aventuriers quittant le pays dès qu'ils ont atteint leur but ; mais par les connaissances qu'elle nécessite, par le capital et le temps qu'elle exige, elle appelle les colons sérieux, les forçant à se fixer sur les lieux mêmes et finalement à s'y établir.

L'agriculture d'un pays dépend de la *nature du sol* et du *genre de climat*. Elle embrasse non seulement la *culture* des plantes, mais aussi l'*exploitation des produits végétaux et animaux* et l'*élevage des animaux domestiques,* sans lequel il n'y a point d'exploitation agricole possible.

Nous diviserons donc l'étude de l'agriculture en quatre parties :

1. *Nature du sol et climat.*
2. *Exploitation des produits végétaux et animaux.*
3. *Culture.*
4. *Élevage des animaux.*

NATURE DU SOL ET CLIMAT

NATURE DU SOL (1).

1. Si l'on jette un regard sur la carte géologique du Congo (voir carte, p. 18), on voit que toute la ceinture de la cuve congolaise, de même que quelques massifs intérieurs, est formée par un ensemble de massifs paléozoïques ou granitiques. La désagrégation de ces terrains, par l'influence atmosphérique, ne donne que du sable et de l'argile. Là où l'humus est insuffisant, comme à l'extrême frontière sud du bassin du Congo, par exemple, ils sont improductifs faute de calcaire.

Dans cette cuve, avons-nous vu, sont venus se déposer des sédiments, bancs de grès rouge (brun), de grès blanc (bleu) et de calcaires, terrains poreux,

---

(1) *Composition de la terre arable.* La terre arable est formée de deux éléments :

1. L'*humus* formé des débris végétaux et animaux qui, tombés sur le sol, s'y sont décomposés;

2. Les *matières minérales* produites par la désagrégation des roches sous-jacentes. Trois corps dominent dans la composition de ces matières minérales :

a) L'argile qui contient l'albumine;

b) Le sable qui contient la silice;

c) Le calcaire.

Le mélange intime et très proportionné de ces trois éléments dans une terre humifère forme un sol de bonne qualité, convenant à toutes les cultures. La prédominance de l'un d'eux sur les autres donne, selon le cas, des terres argileuses, sablonneuses ou calcareuses, chacune d'elles se prêtant à certaines cultures spéciales.

Enfin l'excès d'un de ces éléments peut rendre la terre impropre à toute culture.

tantôt stériles lorsque l'argile est absente, comme au plateau de la Manika, tantôt couverts de vastes plaines herbues, comme sur les monts Kundelungu.

C'est dans ces sédiments surtout, ainsi qu'en quelques endroits de la ceinture paléozoïque, que se creusèrent les vallées supérieures du Congo et de ses affluents qui, arrachant aux terres granitiques leur sable et leur argile, aux calcaires leur chaux, formèrent dans la grande mer intérieure et dans les lacs secondaires des dépôts d'alluvions (jaunes) fertiles.

C'est ainsi que se créèrent les grandes plaines de la Lufira constituées par un sol argilo-calcareux, la longue et large vallée du haut Lualaba couverte d'un épais humus noir, les vallées des affluents du Tanganika, les plaines de la Rutshuru et de la Semliki sur le haut Nil, les vallées de l'Inkisi et du Kwilu dans les Monts de Cristal.

Quant aux alluvions de la grande mer, elles se composent d'un immense dépôt argilo-sableux fortement imprégné de minerai de fer et reposant sur un lit de gravier et de cailloux roulés, dépôt ne s'étendant pas seulement sur la région centrale, mais encore sur toute la région congolaise des Monts de Cristal, sur le plateau du Bangu et au nord du fleuve, par exemple.

Selon les couches que le dépôt laisse affleurer, la nature du sol superficiel est sablonneuse ou argileuse.

On retrouve des alluvions récentes dans la

région côtière, le long des rives de l'estuaire du fleuve et dans la vallée du Shiloango.

En résumé, toute l'immense région centrale est argilo-sableuse. Couverte d'épaisses couches d'humus, surtout près des rivières, elle se travaille et s'irrigue facilement. Les riches pays de l'Ubangi et de l'Uele sont aussi argilo-sableux; de même, semble-t-il, ceux qui se relèvent du Lualaba vers la grande crevasse. Les fertiles terrains du Tanganika sont argilo-calcareux. Les abords du moyen Lomami sont argileux, devenant sablonneux plus au sud. Enfin, le Katanga est généralement fertile, sauf sur les hauts plateaux des Mitumba ou de l'extrême sud, où la nature du sol et le régime des pluies arrêtent la végétation. De toute l'Afrique centrale, la région équatoriale couverte de forêts est la plus fertile et la plus riche.

CLIMAT.

Le Congo, situé entièrement dans la zone torride, présente des températures réparties assez uniformément sur la plus grande étendue de son territoire. La seule cause qui puisse amener, dès lors, un si grand contraste dans la répartition de sa flore, et créer à côté d'une immense et puissante forêt une vaste savane parsemée à peine de quelques arbres, ne peut donc résider que dans le régime des pluies.

Celui-ci, nous l'avons vu, est, en effet, absolument distinct dans la zone tropicale et dans la zone équatoriale (de 5° latitude nord à 5° latitude sud).

Alors que, dans la première, l'absence de l'anneau nuageux laisse pendant de longs mois le pays sans une goutte d'eau, la seconde, au contraire, est arrosée par des averses réparties sur toute l'année.

Cette longue saison sèche qui se fait sentir dans la savane y rend difficile la croissance des espèces ligneuses (café, cacao, par exemple).

Par contre certains autres végétaux qui exigent une période de repos (hiver ou saison sèche) s'accommodent fort bien du *climat de la savane*.

Dans la zone équatoriale, les pluies ininterrompues ne laissent aux espèces aucun répit et, tombant sur un sol fertile déjà abondamment irrigué, provoquent une grande exubérance de la végétation. Le *climat de la forêt* est celui des grandes cultures de rapport, du café, du cacao, de la canne à sucre, etc.

EXPLOITATION DES PRODUITS VÉGÉTAUX ET ANIMAUX

A. — FORÊTS.

La majeure partie du territoire congolais est couverte par l'immense forêt équatoriale. De la forêt du Gabon qui la prolonge à l'ouest se détache, vers le sud, la forêt du Mayumbe.

Ailleurs, dans les vallées, se retrouvent des

lambeaux sylvestres parfois très fournis, et dans la savane de vastes espaces boisés d'arbustes rabougris et mal venus.

Comme nous l'avons vu, la grande forêt équatoriale ne présente pas partout la même densité ni la même beauté. Admirable dans les régions argileuses des districts de la Province orientale, de l'Aruwimi, des environs de Lukolela et du Mayumbe, où elle est formée d'arbres gigantesques de 30 et 40 mètres de hauteur d'une venue, elle est moins riche, moins fournie dans les districts centraux des Bangala et de l'Équateur.

Essences.

Les essences forestières sont excessivement nombreuses. Comme il est difficile de les reconnaître botaniquement, on désigne la plupart d'entre elles provisoirement soit par leur nom indigène, soit par le nom du bois connu avec lequel elles ont le plus de ressemblance.

Parmi les bois du Congo, un grand nombre sont précieux comme bois de charpente, comme bois d'ébénisterie ou comme bois de teinture.

Citons parmi les principales essences :

1. — Bois de construction.

L'*Elongo,* excellent bois de construction, jaunâtre;

L'*Eluku,* très bon;

Le *Kabumba,* bon bois;

Le *Kembaki;*

Le *Kifuli-Mitji,* bon bois;

Le *Mombinxo,* bois blanc-jaunâtre, à odeur forte de chou pourri, très bon pour la construction;

Le *Mukutu,* excellent bois de construction;

Le *Tjiuja,* très bon.

2. — Bois d'ébénisterie.

1. Bois noirs :

Le *Mbotu* (*Millettia Laurentii*) fournit un bois d'ébénisterie remarquable; le cœur est fortement coloré d'un brun noir, dur et très résistant; il pourrait être utilement exporté.

Le *Mbota* (*Millettia Versicolor*).

2. Bois rouges : le *Nkula* (*Pterocarpus Cabræ*).

3. Bois jaunes : le *Gulu-Maza (Sarcocephalus Diderrichii)* dont le bois est jaune clair quand l'arbre est jeune et devient plus foncé avec l'âge.

Le *Nkubi* qui donne un joli bois jaune d'ocre, facile à travailler.

3. — Bois de teinture.

Le *Takula* (amarante);

Le *Sekegna* (violet lie de vin);

Le *Gulu* (rouge brunâtre);

Le *Tucula* (*Pterocarpus tinctorius*); les indigènes en tirent une teinture rouge appelée n'gula ou nkula.

D'autres essences sont encore dignes d'une mention :

Le *Sanga,* qui ressemble au hêtre, mais est beaucoup plus fort et plus dur;

Le *Seke,* l'un des bois les plus résistants que l'on connaisse; il est analogue au noyer d'Amérique;

Le *Talanti* ressemble au chêne;

Le *Kafkaf* ressemble à l'acacia; il donne un bois rougeâtre et on l'utilise pour fournir des traverses de chemin de fer;

Le *Sambi* et le *Vouckou* fournissent un bois blanc très dur;

L'*Ambatch,* bois très léger, poreux, employé comme flotteur;

Les *Ficus.*

Tous les bois de charpente et d'ébénisterie que nous venons d'énumérer sont de qualité tout à fait remarquable. Ils sont généralement durs, tantôt rougeâtres ou jaunâtres, tantôt roses ou noirs. Employés dans l'ébénisterie de luxe, ils donnent des meubles du plus bel aspect. On a déterminé le coefficient de résistance de quelques-unes de ces essences. Le tableau de la page 311 donne les résultats obtenus.

A côté de ces arbres il en est d'importants à d'autres points de vue. Ce sont, dans la famille des palmiers : l'*Elaïs,* le *Borassus,* l'*Ukélélé,* l'*Hyphoene* et les *Calamus* (rotins, palmiers, lianes); dans d'autres familles, le *faux cotonnier,* le *Panza,* le *Baobab,* etc.

Bois congolais (*).

BOIS	DENSITÉ	CHARGES DE RUPTURE à la compression par centim²	LIMITE DE TENSION à la flexion par mill de section
	Kilogr.	Kilogr.	Kilogr.
SANGA . . .	950	600	9.50
SARCOCEPHALUS	650	570	7.11
SEKE	750	500	9.00
TALANTI . . .	750	525	8.75
KAFKAF . . .	775	500	8.50
SAMBI . . .	725	425	8.25
VOUCKOU . .	600	375	5.50
BOIS ROUGE .	650	490.8	6.49

(*) A titre d'indication rappelons que le chêne d'Europe a une densité de 725, une charge de rupture à la compression de 400 et une limite de tension à la flexion de 6 kilogrammes.

EXPLOITATION FORESTIÈRE.

L'exploitation forestière a dû être abandonnée momentanément. Les arbres d'une même essence sont trop disséminés pour se prêter à une exploitation avantageuse. C'est là la principale cause des déceptions qui ont été éprouvées.

Les premiers essais remontent à 1893-1894 et furent tentés dans les îles du bas fleuve. Ils durent être abandonnés. Ils furent repris sur une plus grande échelle vers 1895, dans la vallée du Shiloango (Mayumbe) : les bois étaient charriés par la rivière jusqu'à Landana où de nombreuses pièces se perdaient dans la barre.

De nouveaux chantiers furent établis en 1898 dans le voisinage du chemin de fer sans que des résultats plus rémunérateurs fussent atteints.

En ce qui concerne les forêts du Haut-Congo, chaque poste puise dans la forêt les bois qui lui sont nécessaires. De plus, une exploitation considérable, dotée d'une scierie, a été organisée à Lukolela; elle alimente surtout les chantiers de marine de Léo.

Avenir.

Il semble, après les expériences diverses qui ont été tentées, que les conditions locales se prêtent peu à une exploitation des bois.

Le Haut-Congo, pour autant qu'on admette qu'il puisse jamais exporter du bois, ne sera susceptible d'une exploitation rémunératrice que grâce à une très forte réduction des tarifs de transports.

En somme, ce n'est que dans le Bas-Congo que l'on pourra espérer un certain développement de cette industrie; encore faudra-t-il, pour atteindre un résultat sérieux, procéder à des reboisements systématiques.

B. — GOMMES VÉGÉTALES

Le caoutchouc.

Le caoutchouc s'extrait à l'état naturel d'un liquide tout différent de la sève, qui circule dans l'écorce des lianes et des arbres qui le fournissent.

Il s'y trouve en suspension sous forme de petits globules et de petits filaments. La « coagulation du latex » est tout simplement l'opération par laquelle on juxtapose toutes ces cellules de caoutchouc de manière à en former des masses plus ou moins grandes.

Les diverses variétés de caoutchouc se classent au point de vue géographique en trois groupes : l'américain, l'asiatique et l'africain.

Le groupe américain, jusqu'ici le principal producteur, comprend entre autres le *Para*, le meilleur des caoutchoucs connus.

Le groupe asiatique est moins important. Cependant les plantations considérables qui ont été établies dans l'Insulinde assurent à bref délai un très grand développement au commerce du caoutchouc dans cette partie du monde.

Enfin le groupe africain qui a pris dans ces dernières années une grande importance comprend les espèces suivantes : *Sénégal Soudan, Gambie ou Casamance, Sierra Leone, Libéria, Lagos, Grand Bassam, Côte d'or, Accra biscuits, Niger niggers, Cameroon, Gabon, Congo, Loanda, Angola, Benguela, Mozambique, Zanzibar* et *Madagascar*, parmi lesquelles celle du Congo est la plus recherchée.

Espèces du Congo.

Les immenses ressources caoutchoutières de l'État du Congo proviennent principalement de deux groupes de végétaux : les *Landolphia* qui se subdivisent en Landolphia des forêts et Landolphia des herbes, et les *Ireh*.

Les *Landolphia des forêts* croissent dans toutes les forêts de l'Etat, se présentant généralement sous la forme de lianes d'une longueur excessive, au tronc atteignant souvent, près du sol, 15 centimètres de diamètre, aux feuilles rares et en forme de fer de lance. Elles s'accrochent aux arbres par des vrilles et grimpent jusqu'au sommet. Les principales espèces sont les *Landolphia owariensis, Klainei, Droogmansiana* et *Gentilii,* fournissant toutes un caoutchouc de première valeur.

Citons encore une liane très répandue, le *Clitandra Arnoldiana,* qui donne du caoutchouc noir en grande quantité.

En ce qui concerne le *caoutchouc des herbes,* son aire de dispersion géographique peut être limitée approximativement au nord par une ligne oblique partant du 5e degré et se dirigeant vers l'intersection du 22e degré de longitude est et du 10e degré de latitude sud, avec cette restriction cependant que dans les environs de Stanley-Pool le 5e degré est légèrement dépassé vers le sud; vers l'est, le Loange en détermine nettement la limite.

Les *Landolphia des herbes,* au lieu d'être grimpantes, ont des rhizomes souterrains souvent très développés et détachant des rameaux aériens de 20 à 60 centimètres. Elles croissent admirablement dans les savanes sablonneuses et offrent une variété très importante au point de vue économique.

Le caoutchouc des herbes provient surtout d'une essence : le *Landolphia Thollonii.*

L'*Ireh* (ou *Kikxia elastica* ou *Funtumia elastica*) est un grand arbre glabre de 15 à 20 mètres de hauteur, à rameaux cylindriques, qui croît de préférence dans les terrains d'argile rouge et donne, paraît-il, jusqu'à 5 à 7 kilogrammes de caoutchouc par récolte.

L'administration a prescrit la propagation du *Funtumia elastica* dans tous les districts où son développement est normal, en raison des avantages qu'il présente : croissance vigoureuse, grande dispersion naturelle dans la région équatoriale et dans les pays à longues saisons sèches, structure arborescente permettant de planter par hectare un plus grand nombre de plantes (800 arbres à l'hectare, pour les lianes 666 seulement) et enfin inutilité d'arbres tuteurs qui épuisent le sol.

Aire de dispersion et centres de récolte.

Districts du Lualaba-Kasai et du Kwango oriental. — Au point de vue de la quantité de caoutchouc produite, le district du Lualaba-Kasai se place à la tête des districts de l'État.

C'est une compagnie : la *Compagnie du Kasai,* qui se charge de la récolte de ce produit dans cette région et dans la partie du district du Kwango oriental située à l'est de la rivière Inzia.

Le caoutchouc dit « rouge du Kasai » est sans contredit le meilleur caoutchouc du Congo ; le latex qui le fournit est tellement riche qu'il se coagule spontanément au contact de l'air. Il est produit par les lianes suivantes : *Landolphia Droogmansiana, Gentilii, owariensis* et *Klainei*. Ce caoutchouc est le « Kasai prima ».

Le *L. Droogmansiana* abonde dans tout le Kasai; on le rencontre notamment dans les rideaux de forêt qui environnent Kanda-Kanda.

Le *L. Gentilii* est répandu également dans cette dernière région, dans le bassin du Luele et dans les lambeaux de forêt du sud du district du Kwango oriental. Quant au *L. owariensis*, il n'est pas spécial au Kasai et existe dans tout le territoire de l'État. Ses lianes de même que celles du *L. Gentilii* sont très répandues à Zovo sur la Wamba et dans la région boisée comprise entre cette dernière rivière et l'Inzia et la Tungila.

Le *L. Klainei* a été signalé vers Pania-Mutombo, aux chutes Wolff et dans les environs de Muene-Dinga.

Le caoutchouc « noir du Kasai » fourni par le *Clitandra Arnoldiana*, quoique existant en grandes quantités, est peu exploité par les indigènes.

L'*Ireh* se développe dans les bassins du moyen Kwilu, de l'Inzia, de la basse Lubue et du Loange.

On rencontre encore dans ces deux districts des lianes du genre *Carpodinus*, mais aucune d'elles n'a été signalée jusqu'à présent comme fournissant un caoutchouc commercial.

En ce qui concerne le caoutchouc des herbes, il

est fourni notamment par les *Landolphia Thollonii* et *humilis* et les *Carpodinus gracilis* (ce dernier au Kwango seulement).

La direction de la Compagnie du Kasai est établie à Dima où se centralise toute la vie commerciale du Kasai. Cette région est le siège de nombreuses factoreries où les indigènes viennent échanger leur récolte contre des marchandises européennes.

Cinq grands centres de culture ont été établis à Bolombo, Bena-Makima, Madibi, Munungu et Lukombe-Madibi : quatre d'entre eux s'occupent de plantations de lianes, le cinquième de plantations d'*Ireh* (200.000 Funtumia étaient cultivés en 1906).

Le caoutchouc du Kasai se présente sous différentes formes dont trois de très bonne qualité.

Le *Kasai rouge I*, suite de boules disposées en chapelets et qui atteignait à Anvers les prix extrêmes de 6 fr. 95 à 7 fr. 12 1/2 en 1895 et de 12 fr. 50 à 13 fr. 25 en 1906;

Le *Kasai rouge (genre Loanda II)* coté fin décembre 1906 de 11 fr. 10 à 11 fr. 35,

et le *Kasai noir* préparé en briquettes de 20 × 7 centimètres, valant à la même époque de 12 fr. 90 à 13 fr. 20.

Parmi les caoutchoucs du Kwango :

Le *Wamba rouge* était payé en août 1907 de 6 fr. à 9 fr. 92 1/2 ;

Le *Djuma rouge* était payé en août 1907 de 6 fr. 15 à 9 fr. 17 1/2.

Les quantités de ces caoutchoucs vendues à

Anvers pendant l'année 1905 se répartissaient comme suit :

Kasai	876 tonnes.
Djuma	244 »
Wamba. . . .	118 »
Kwango. . . .	14 »

District de l'Aruwimi. — Parmi les lianes qui fournissent du caoutchouc dans ce district, il faut citer les *Landolphia owariensis* et *Gentilii*, les *Clitandra Arnoldiana* et les *Carpodinus Gentilii.*

Le caoutchouc *Aruwimi* atteignait comme prix extrêmes à Anvers :

En 1895, de 4 fr. 80 à 5 fr. 70; en 1906, de 11 fr. 30 à 12 francs.

Il a été mis en vente à Anvers, en 1905, 482 tonnes de ce caoutchouc, 96 tonnes de caoutchouc « Lomami » et 65 tonnes de caoutchouc « Isangi ».

District de l'Uele. — Le caoutchouc de l'Uele provient en majeure partie de *Clitandra Arnoldiana.*

Le caoutchouc *Uele* était coté à Anvers (prix extrêmes) :

En 1895, de 4 fr. 80 à 5 fr. 42 1/2; en 1906, de 11 fr. 30 à 12 francs.

448 tonnes de ce caoutchouc ont été mises en vente à Anvers en 1905.

District du Lac Léopold II. — Dans les forêts situées entre le lac Léopold II et le Congo (confluent de l'Aruwimi) on trouve partout au moins trois bonnes espèces de lianes à caoutchouc : les *Landolphia owariensis* et *Gentilii* ainsi que les *Clitandra Arnoldiana*.

Le *L. Gentilii* se rencontre plus particulièrement entre le Lopori et Barumbu.

Une autre liane abonde également dans ce district et notamment aux environs de Mushie : c'est le *Landolphia Klainei*.

Le *Landolphia humilis* est une liane buissonnante; bien qu'on la rencontre au lac Léopold II, elle n'est pas exploitée actuellement.

Quant au *Carpodinus lanceolata*, qu'on prend souvent pour le vrai producteur du caoutchouc des herbes, il fournit un latex sans valeur.

Le caoutchouc *Lac Léopold II* valait en août 1907 de 7 fr. 40 à 10 fr. 42 1/2.

Vente à Anvers en 1905 : 142 tonnes de ce caoutchouc.

District de l'Équateur. — Les lianes à caoutchouc qui dominent dans ce district sont :

Les *Landolphia owariensis, Gentilii*, les *Clitandra Arnoldiana* et les *Carpodinus Gentilii*.

L'espèce des *L. owariensis* présente cette particularité de donner à la fois du bon caoutchouc et de la glu sur des pieds croissant en un même endroit.

Les *L. Gentilii* se rencontrent surtout le long du Ruki et dans le Lopori et la Maringa.

Parmi les centres de récolte importants il convient de citer Basankusu, Waka, Baringa, Monpono, etc.

Le caoutchouc *Équateur I* atteignait comme prix extrêmes à Anvers :

En 1895, de 6 fr. 17 1/2 à 6 fr. 65; en 1906, de 12 fr. 72 1/2 à 13 fr. 40.

La variété *Lopori I*, en 1895, de 6 fr. 17 1/2 à 6 fr. 50; en 1906, de 12 fr. 72 1/2 à 13 fr. 40.

Le caoutchouc *Ruki* était payé en août 1907 de 6 fr. 15 à 9 fr. 75.

Le caoutchouc *Momboyo* était payé en août 1907 de 5 fr. 62 1/2 à 5 fr. 80.

Le caoutchouc *Lulonga* était payé en août 1907, 8 fr. 50.

Vente à Anvers en 1905 :

97	tonnes	Equateur.
186	»	Lopori.
53	»	Momboyo.
18	»	Ikelemba.
5	»	Ruki.
7	»	Lulonga.
100	»	Maringa.

Districts des Cataractes, du Stanley-Pool et de Boma. — Les deux premiers districts sont couverts sur de vastes étendues de *Landolphia des herbes*, qui forment leur principale richesse. Les indigènes les exploitent sur une vaste échelle, et quoique toutes les parties de la plante contiennent du latex, ils ne retirent celui-ci que de la liane souterraine.

Leur produit, rempli de débris végétaux dont

la présence est due à un battage insuffisamment poussé, affecte la forme de rognures de la grosseur du bout du doigt (thimbles) et se désigne commercialement sous le nom de « Bas-Congo ».

En tête des plantes qui fournissent du caoutchouc des herbes il faut placer le *Landolphia Thollonii*. D'autres lianes en renferment, mais dans des proportions moindres : les *Landolphia humilis* et les *Carpodinus gracilis*.

Le *Landolphia Klainei* a été signalé au Stanley-Pool dans les environs de Sabuka.

Le *Clitandra Arnoldiana* se rencontre en abondance tant dans les districts des Cataractes et du Stanley-Pool que dans celui de Boma (Mayumbe).

Les *Bas-Congo thimbles rouges* atteignaient à Anvers comme prix extrêmes :

En 1895, de 3 fr. 60 à 3 fr. 80; en 1906, de 6 fr. 50 à 7 francs.

Vente à Anvers en 1905 : 86 tonnes de ce caoutchouc.

District de la Province orientale. — La liane la plus répandue est le *Clitandra Arnoldiana*. On la rencontre surtout dans les zones des Stanley-Falls, de Ponthierville et du Manyema ainsi que dans le sud du Katanga.

Le *Carpodinus lanceolata* existe également dans la zone du Manyema, mais cette plante fournit un latex qui ne donne par coagulation qu'une masse poisseuse employée comme glu par les indigènes.

La variété *Katanga* était payée en août 1907 de 8 fr. 62 1/2 à 11 fr. 10.

Vente à Anvers en 1905 : 98 tonnes de caoutchouc « Katanga ».

District des Bangala. — Ici encore c'est surtout le *Clitandra Arnoldiana* qui fournit le caoutchouc en plus grande quantité.

La variété *Mongala* valait en août 1907 de 6 fr. 27 1/2 à 10 fr. 52 1/2.

Vente à Anvers en 1905 : 93 tonnes de caoutchouc « Mongala ».

District de l'Ubangi. — Deux lianes ont été signalées dans ce district comme fournissant du caoutchouc : le *Landolphia Klainei* (environs d'Imese) et le *Clitandra Nzunde.* Cette dernière n'est connue actuellement que dans les forêts situées au sud de Banzyville; elle donne un latex abondant, fournissant un caoutchouc noir de très bonne qualité.

Rapport.

Il n'est guère possible de fournir un chiffre exact en ce qui concerne les bénéfices que peut donner une exploitation de caoutchouc bien menée.

Toutefois, nous donnerons à titre d'indication les renseignements suivants qui permettent de se faire une idée de la valeur du caoutchouc en Afrique et rendu à Anvers.

La Compagnie du Kasai paie le kilogramme de CTC 1 fr. 25.

Le prix de rétrocession au Congo français était fixé vers le mois de juillet 1907 à des prix variant de 1 fr. 25 à 1 fr. 50.

Enfin, l'État du Congo s'est engagé à céder aux sociétés Abir et Société anversoise du Commerce au Congo, sur quai, à Anvers, et pendant un laps de temps déterminé, le kilogramme de CTC au prix de 4 fr. 50.

Avenir du caoutchouc.

Abondant partout, dans la savane comme dans la forêt, le caoutchouc peut être récolté en grandes quantités. La pureté du produit, condition essentielle de la qualité, va s'améliorant constamment grâce aux procédés perfectionnés de récolte auxquels les indigènes sont déjà parfaitement initiés.

Aussi le caoutchouc est-il et restera-t-il sans doute longtemps la principale richesse de l'État. Comme le montre le diagramme, les exportations ont monté à 4,848,931 kilogrammes en 1906 contre 18,069 kilogrammes en 1886 (voir page 324).

Cet énorme accroissement de production n'abaisse cependant pas le prix de vente du produit, car les nouvelles applications qu'on en fait tous les jours en augmentent sans cesse la demande; au contraire, il subit un mouvement de hausse presque continuel : ainsi la hausse moyenne à fin décembre 1906 était de 3 p. c. comparativement à fin décembre 1905, et cela malgré une hausse de 13 pour cent constatée à la fin de cette dernière année.

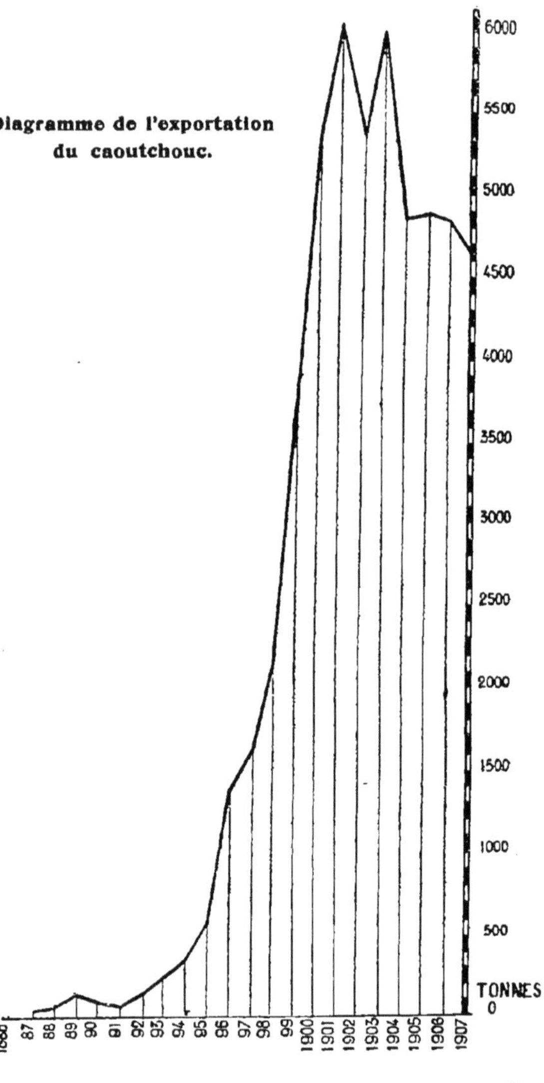

Dans le courant de l'année 1907 cet article a subi de violentes fluctuations de prix qu'il faut attribuer plutôt à la crise financière que nous traversons qu'à l'état précaire de l'industrie : c'est ainsi qu'on constatait en décembre une baisse moyenne d'environ 28 p. c. sur les prix de l'année précédente.

Cette situation est anormale et passagère, et il

faut remonter jusqu'en 1902 pour retrouver des cours aussi bas.

Voici un tableau de comparaison des valeurs en 1895, en 1906 et en 1907 :

	1895	1906	1907
Kasai rouge I .	6.95 à 7.12 1/2	12.50 à 13.25	9.40 à 13.45
Équateur I . .	6.17 1/2 à 6.65	12.72 1/2 à 13.40	9.40 à 13.65
Lopori I . . .	6.17 1/2 à 6.50	12.72 1/2 à 13.40	9.40 à 13.65
Uele	4.80 à 5.42 1/2	11.30 à 12.00	8.80 à 12.00
Aruwimi . . .	4.80 à 5.70	11.30 à 12.00	8.80 à 12.00
Haut-Congo ord.	5.50 à 6.00	11.35 à 12.25	8.80 à 12.20
Bas-Congo thimbles rouges. .	3.60 à 3.80	6.50 à 7.00	4.50 à 7.00

Le seul danger qui menace le caoutchouc, c'est l'épuisement que pourrait provoquer une exploitation imprudente. Il a été constaté, en effet, qu'après une récolte il faut à peu près deux ans pour que les lianes puissent se reposer. Le tort causé à la plante est donc grand. Il n'en est pas de même pour les caoutchoutiers des herbes, que l'on peut cultiver par coupe réglée : des espaces exploités à fond et abandonnés par l'indigène ont, en effet, repris leur valeur au bout de trois ans.

Le gouvernement a pris une série de mesures destinées à parer aux dangers qui pouvaient menacer la production du caoutchouc : c'est d'abord la défense absolue de couper les arbres et les lianes comme les indigènes le faisaient autrefois; ensuite l'obligation imposée à ceux qui récoltent du caoutchouc de planter un nombre d'arbres ou de lianes proportionnel à la quantité de produit récolté (au moins 50 pieds pour le caoutchouc d'arbres ou de lianes et 15 pieds pour le caoutchouc des herbes par 100 ou fraction de 100 kilogrammes

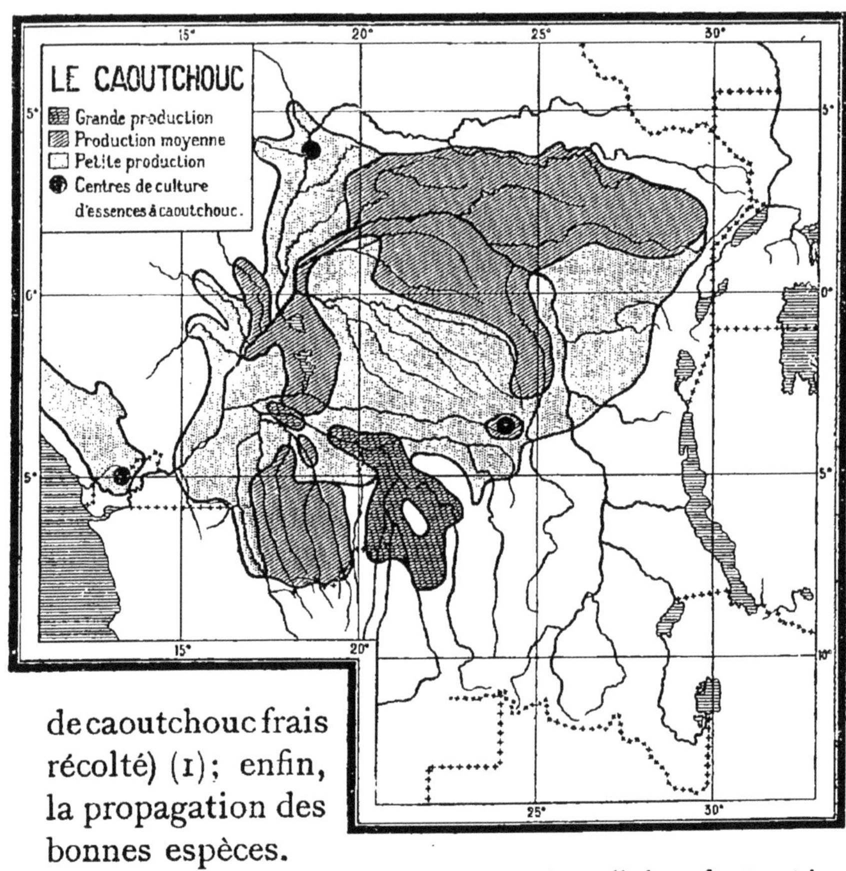

de caoutchouc frais récolté) (1); enfin, la propagation des bonnes espèces.

L'administration, après avoir d'abord tenté des replantations dans tous les postes de l'État,

---

(1) Au premier janvier 1907 les champs d'essences à caoutchouc aménagés par l'Etat et les sociétés commerciales comptaient 11,525,000 plants. En tenant compte de l'inexpérience des planteurs, etc., etc., on peut estimer à 15 millions le nombre de pieds plantés en conformité des dispositions légales citées ci-dessus.

s'est décidée à concentrer ses essais dans un certain nombre d'établissements agricoles judicieusement choisis par les agronomes dans chaque district producteur. Chacune de ces plantations comprendra un ou plusieurs secteurs de 50 hectares.

Indépendamment de celles-ci, *trois grands centres de culture d'essences à caoutchouc*, d'une étendue d'environ 300,000 hectares, sont établis :

1. *Dans la zone du Mayumbe* aux environs de Banza.

2. *Dans le district de l'Ubangi* aux environs du poste de Duma.

3. *Dans le district du Lualaba-Kasai* dans les forêts de la haute Lukerie, entre les postes de Katako-Kombe et de Lodja.

Après avoir suivi jusque vers l'année 1900 une progression fortement ascendante, le chiffre des récoltes se maintient actuellement à un taux normal et régulier grâce aux mesures que nous venons d'énumérer et dont les effets seront plus sensibles encore par la suite.

La Belgique a importé en 1906 9,440,661 kilogrammes de caoutchouc brut de toutes provenances.

L'importation totale du caoutchouc sur les principaux marchés du monde atteignait, en 1905, le chiffre de 76,087,101 kilogrammes se répartissant comme suit :

États-Unis . . .	kilos	28,582,000
Liverpool . . .	»	21,907,000
Hambourg . . .	»	8,100,000

Anvers	kilos	5,713,728	(transit non compris)
Le Havre . . .	»	5,700,000	
Lisbonne. . . .	»	2,475,873	
Londres	»	2,278,000	
Bordeaux. . . .	»	1,330,480	

La production mondiale du caoutchouc a été la suivante du 30 juin au 1er juillet :

1899-1900	53,348	tonnes	
1900-1901	52,864	»	
1901-1902	53,887	»	
1902-1903	55,603	»	
1903-1904	61,759	»	
1904-1905	68,879	»	
1905-1906	67,999	»	42,800 de l'Amérique 23,400 de l'Afrique 1,800 de l'Asie et de la Polynésie

La gutta-percha.

La gutta-percha est le latex coagulé de divers arbres : Palaquium, Isonandra, etc.

Celle-ci ne semble pas exister au Congo, mais l'État a fait, depuis 1895, plusieurs tentatives d'introduction de cet arbre qui, finalement, ont été couronnées de succès.

La preuve de l'acclimatement est faite; aujourd'hui, il reste à développer les plantations.

Cette gomme se vend de 5 à 22 francs le kilogramme et la production a peine à suffire à la consommation.

Le copal.

Les arbres à copal appartiennent à la famille des légumineuses. Ils abondent dans toute la forêt équatoriale et se complaisent sur les rives basses des rivières.

La gomme copal, très employée dans la fabrication des vernis, varie du blanc au rouge en passant par le blanc doré. Elle existe en quantités considérables au Congo et se présente sous deux aspects : le *copal vert* fraîchement récolté à l'arbre et le *copal fossile* enfoui dans la terre et de beaucoup supérieur au premier.

Sa valeur est très variable suivant les espèces. Voici quelques prix de 1906 :

Triée dure claire	par 100 kil.	275 à 300 fr.
Triée claire légèrement teintée.	»	215 à 225 »
Triée assez claire	»	175 à 200 »
Triée opaque	»	120 à 135 »
Non triée qualité courante . .	»	110 à 130 »

Il en a été exporté, en 1906, 868,735 kilos d'une valeur de fr. 1,085,918.75.

Les importations de copal à Anvers en 1907 ont été de :

Espèces congolaises	1,060,295 kil.
Espèces diverses	154,494
Total	1,214,789 kil.

Il existe encore d'autres gommes moins importantes provenant de diverses légumineuses, entre autres les arbres à *gomme arabique* et à *gomme gutte* signalés entre le Rubi et l'Uele et le *Mimusops Balata*.

C. — L'IVOIRE.

L'ivoire, qui fut pendant un certain temps le principal produit d'exportation du pays, provient en majeure partie des dents d'éléphant.

« Toute défense d'éléphant comprend trois parties distinctes : l'épiderme ou croûte, que le fabricant doit enlever tout d'abord; le cœur ou centre, qui peut, s'il est trop allongé ou trop large, causer une perte sensible à l'acheteur; enfin le creux. »

La dent vaut d'autant plus qu'elle est plus grosse et plus régulière, d'un grain plus serré et d'un moindre creux.

L'ivoire récolté sur le corps d'animaux morts récemment est plus répandu : c'est l'*ivoire ordinaire*.

Quand la défense fraîchement enlevée à l'éléphant est fendue dans le sens de la longueur, on trouve parfois à l'intérieur des parties de couleur olivâtre qu'on nomme *ivoire vert* et qui sont très recherchées pour les ouvrages de luxe.

Enfin il existe une troisième variété d'ivoire, inférieure aux deux autres : c'est l'*ivoire mort* enlevé aux bêtes mortes depuis longtemps. Il a un aspect gris sale.

Pour être de bonne qualité il faut que l'ivoire soit exempt de taches intérieures, fentes, etc.

Commercialement, les défenses se répartissent en catégories dont les principales sont :

1. Les « dents lourdes » qui sont les plus belles et les plus grandes ; elles atteignent parfois deux mètres ; on y classe les dents ayant plus de 25 kilos.

2. Les « dents moyennes », un peu inférieures en taille aux précédentes.

3. Les « petites dents » au-dessous de 18 kilos.

4. Les « Bangles » rangées dans les catégories 2 et 3, qui doivent être rondes pour pouvoir fournir des anneaux de bras pour les Indiens et les indigènes de la côte orientale d'Afrique.

5. Les « dents à billes » pour lesquelles on utilise même de petites dents de 6 à 8 centimètres de diamètre. Toute proportion gardée, ce sont ces dernières qui atteignent la plus grande valeur marchande.

6. Les « escravelles » ou « scrivailles », morceaux d'ivoire dont on se sert pour les menus objets et bibelots.

Signalons également la division en *ivoire doux* provenant d'éléphants vivant dans les pays de rochers et de montagnes, et *ivoire dur* enlevé aux éléphants des plaines et marécages. Le premier a plus de valeur que le second.

Lieux d'origine.

L'ivoire est répandu sur tout le territoire de l'Etat, gardé par les indigènes au retour de leurs chasses et vendu par eux aux trafiquants étrangers (1). Dans les régions où ceux-ci ont peu pénétré au début, comme dans certaines parties des districts de l'Uele, de l'Aruwimi, de la Province orientale, des Bangala et de l'Equateur, il existe encore en quantités énormes.

Dans les régions où l'éléphant se fait rare comme dans le Bas-Congo, et dans celles fortement occupées par les Européens, la récolte de l'ivoire est beaucoup moins fructueuse. Elle se borne alors à l'ivoire d' « infiltration », c'est-à-dire à celui des districts reculés, apporté par les tribus indigènes intermédiaires. C'est le cas pour toutes les rives du haut Congo et de ses affluents navigables.

Avenir.

L'ivoire vendu pendant longtemps sur les marchés européens, Londres et Liverpool, provenait presque uniquement de l'Afrique : Soudan, Afrique orientale, Colonie du Cap, Angola et Gabon. La découverte d'un pays neuf comme le Congo, d'un immense bassin ayant jusque-là échappé à

(1) Afin d'éviter la destruction des éléphants, l'Etat n'a permis cette chasse que dans les parties du territoire non constituées en réserve et après obtention préalable d'un permis ou d'une autorisation, suivant qu'il s'agit d'Européens ou d'indigènes. Les premiers payent une taxe de 500 francs, plus 50 francs par arme à feu perfectionnée et 10 francs par fusil à silex. Les seconds s'acquittent en remettant à l'Etat une partie de l'ivoire qui ne peut jamais dépasser la moitié du poids total récolté. De plus, pour protéger les jeunes éléphants, l'exportation, le trafic ou la détention de défenses pesant moins de 2 kilogrammes sont interdits. Enfin, dans tout l'Etat, la chasse est défendue du 15 octobre au 15 mai.

toute exploitation, et dans lequel le précieux produit abondait, amena une perturbation dans ce commerce.

Un nouveau marché, celui d'Anvers, fut créé, et se développa aux dépens de ses concurrents, au point de surpasser bientôt Liverpool et même Londres, grâce à des ivoires étrangers (notamment de l'Angola) qui arrivent également sur la place (1).

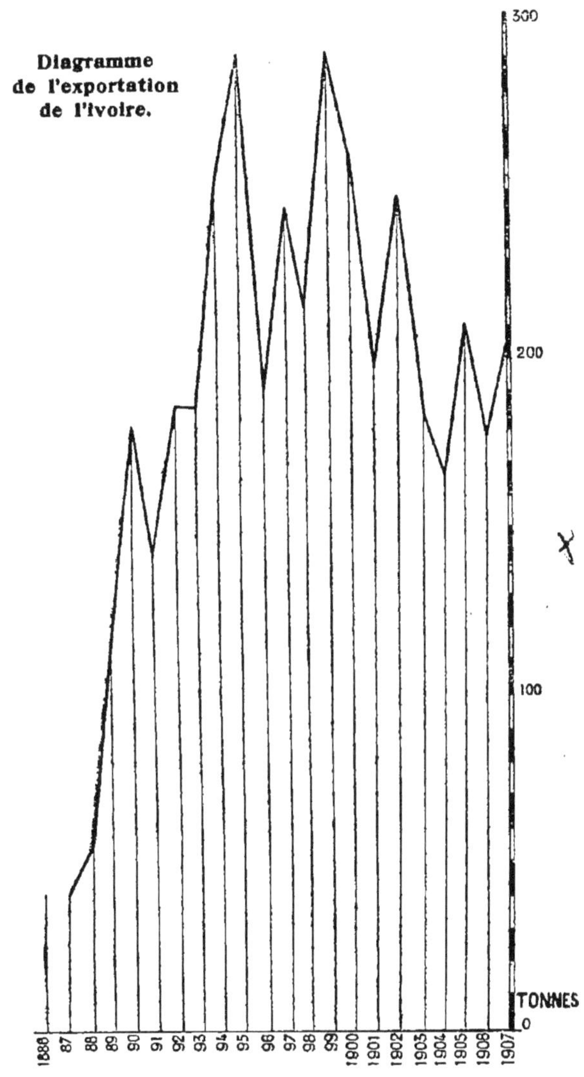

Mais comme il est activement récolté par les puissantes compagnies

(1) Les ventes se font trimestriellement d'après un catalogue descriptif des divers lots, soigneusement dressé par les courtiers et envoyé aux principaux acheteurs.

qui l'achètent aux indigènes, son acquisition est devenue plus onéreuse et plus difficile.

Sans baisser sensiblement jusqu'ici, la production d'ivoire se restreindra forcément dans un avenir plus ou moins éloigné.

Une exploitation commerciale basée uniquement sur l'achat de ce produit ne se présente plus à des particuliers dans des conditions très rémunératrices.

L'ivoire devra sans doute, d'ici à quelques années, être considéré seulement comme un objet de commerce secondaire, comme un appoint, dans le trafic de factoreries établies dans un autre but.

L'année 1906 a été marquée par une hausse extraordinaire de l'ivoire et celle-ci s'est encore accentuée en 1907.

Voici quelques prix à fin 1907 :

Dents saines	35 1/4 à 43 3/4 fr.
Oversizes	36 à 38 1/2
Dents à bangles	27 3/4 à 38 1/2
Dents à billes	30 1/2 à 46 1/2
Scrivailles	20 à 25 3/4

L'ivoire doux se paye :

Pour les grosses dents . . .	38 à 44 fr.
Dents à billes	45 à 60

Enfin l'ivoire du Sénégal obtient couramment 38 fr.

Le tableau suivant, comprenant les moyennes des prix en ne tenant compte ni de la qualité ni du poids, permettra de se rendre compte de la progression :

En 1888,	fr. 24.00 le kilo		poids moyen		9 2/5	kilos
En 1889,	28.25	»	»	»	12 1/2	»
En 1894,	15.05	»	»	»	7 3/10	»
En 1900,	17.93	»	»	»	9	»
En 1904,	21.54	»	»	»	8 2/5	»
En 1905,	28.55	»	»	»	8 2/5	»
En 1906,	27.90	»	»	»	8 5/8	»
En 1907,	33.52	»	»	»	8 3/8	»

Les importations totales à Anvers se sont élevées en 1907 à 327,800 kilos et le total des ventes à 312,400 kilos (à Londres 241,000 kilos et à Liverpool 22,000 kilos).

La consommation annuelle de l'ivoire dans le monde est de 549,550 kilos environ.

Les importations de l'ivoire en Belgique pour l'année 1906 ont été de 325,372 kilos (11 millions 388,000 francs).

L'État du Congo en a exporté, en 1906, 178,207 kilos d'une valeur de 4,455,175 francs. (Voir diagramme page 333.)

CULTURE

Le Congo est appelé à devenir surtout une colonie de plantation.

Cette définition dit assez l'importance qu'y a prise la culture et le développement de plus en plus grand qu'on cherchera à lui donner.

Les produits destinés à l'exportation, les *cultures*

industrielles ou *de rapport* doivent y figurer en première ligne. D'autre part, les exploitations agricoles nécessitent un personnel nombreux, européen et de couleur, qui requiert l'établissement de *cultures alimentaires*. La main-d'œuvre existe-t-elle au Congo? Dans une certaine mesure. Sans doute, la matière brute est abondante : l'ethnographie nous a appris que la population est tout à la fois dense et généralement vigoureuse. Cependant elle est peu habituée au travail et surtout à une occupation suivie. Le moyen d'en obtenir une main-d'œuvre régulière et suffisamment abondante constitue peut-être le plus gros problème qu'il faille résoudre au Congo. Ce dernier n'est d'ailleurs pas moins bien partagé que les autres pays tropicaux : ce problème se pose chez eux comme chez nous, et la question du travail, déjà si importante dans nos pays, se présente sous les tropiques avec plus de gravité encore.

Vingt années d'occupation du Congo ont cependant produit déjà certains résultats : on arrive dans certaines régions, et lorsque le travail n'est pas trop considérable, à obtenir par les moyens habituels une certaine quantité de main-d'œuvre : le gouvernement obtient des travailleurs ordinaires engagés par contrat aux conditions suivantes :

Salaire maximum pour le Bas-Congo et Léopoldville : fr. 0.21 par jour.

Salaire maximum pour le Haut-Congo : 7 francs; salaire initial : au maximum de 2 à 6 francs suivant la région.

Dans ces conditions, le succès des plantations se présente sous un jour suffisamment favorable. Ce n'est toutefois que dans le Bas-Congo que celles-ci sont réellement rémunératrices.

CULTURES INDUSTRIELLES

A. — LE CACAO.

Le cacaoyer se classe au premier rang des cultures arbustives. Cette plante pourra, moins encore que le café, être cultivée avec succès ailleurs que dans la grande forêt.

Elle exige, en effet, non seulement les meilleures terres argileuses, mais encore une situation abritée; de plus, ses semences sont délicates et sa transplantation difficile.

Les premières plantations de cacaoyers furent établies principalement au moyen de graines de San Thomé, d'où proviennent d'ailleurs la plupart des cacaoyers actuellement existants.

Cependant le jardin botanique cultive des cacaos originaires de Caracas, de Colombie, de Surinam, de San Salvador, de la Trinité, etc.

Les espèces végétales qui fournissent le cacao appartiennent au genre *Theobroma*.

Les essais de plantation n'ont pas donné partout les résultats qu'on croyait pouvoir en attendre : c'est que le cacaoyer exige pour fournir un rendement sérieux un ensemble de conditions que l'on trouve rarement réunies : un *climat*, un *terrain*, des *moyens de communication favorables* et une *main-d'œuvre abondante*.

Le climat.

La sécheresse est le grand ennemi du cacao. Les conditions climatériques les plus propices à cette culture se trouvent réunies au Mayumbe. Cette région jouit d'un climat très sain, surtout dans la partie accidentée : l'absence de marais, due à la rapidité du courant des rivières, n'y est certes pas étrangère.

Les saisons y sont nettement marquées : la saison des pluies commence à la fin de septembre pour se terminer dans les premiers jours de mai. Une moyenne de huit années d'observations donne 1^m483 comme hauteur de pluie, mais cette hauteur est loin d'être uniforme : ainsi l'année 1898 a donné 2^m632, alors qu'en 1904 la hauteur de pluie tombée se réduisait à 0^m892.

En ce qui concerne la température, celle-ci dépasse rarement 37° centigrades en saison chaude à midi et à l'ombre.

Les nuits sont généralement froides, et en saison sèche il arrive que le thermomètre ne marque que 8°.

Le terrain.

La majeure partie de l'État se développe dans les grès et dans les schistes qui ne conviennent pas pour la culture du cacao; c'est là une des causes principales de non-réussite des plantations dans certaines parties de l'État.

Le sol du Mayumbe est constitué par la série des terrains granitiques éminemment favorables à la culture de cette plante. La véritable valeur de cette région réside d'ailleurs dans la richesse de son sol.

Les moyens de communication.

De bons moyens de communication existent dans la majeure partie de l'État du Congo, mais les tarifs sont encore trop élevés à l'heure actuelle pour permettre l'exploitation du cacao dans des conditions avantageuses; tel n'est pas le cas du Mayumbe qui, à ce point de vue également, se trouve dans une situation privilégiée.

Main-d'œuvre.

La main-d'œuvre est également plus abondante dans la région du Mayumbe que dans les autres parties de l'État; rien d'étonnant d'ailleurs à cette situation : les noirs voisins de la côte sont depuis bien plus longtemps en contact avec le blanc que ceux de l'intérieur. Ils savent également qu'ils peuvent acquérir à prix d'argent dans les factoreries les objets qu'ils désirent : aussi leur salaire est-il toujours payé en argent.

Généralement les travailleurs du Mayumbe sont engagés au salaire de 8 à 10 francs par mois et nourris par les planteurs.

Centres de culture.

Les districts dans lesquels la culture du cacao donne les meilleurs résultats sont ceux de *Boma* (Mayumbe), de l'*Équateur*, de l'*Aruwimi* et de la *Province orientale*.

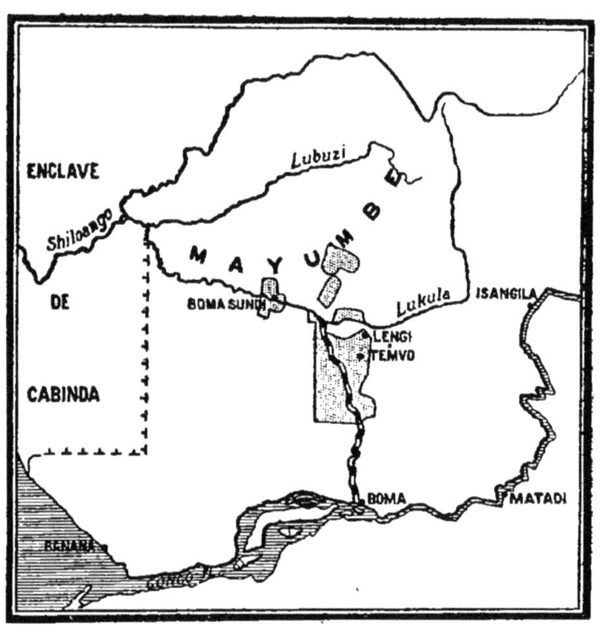

Les plantations de cacao au Mayumbe.

District de Boma (Mayumbe). — Les terres possédées par des planteurs de cacao dans cette région s'étendaient en 1906 sur une surface de 70,324 hectares.

L'étendue réellement plantée à ce jour atteint environ 3,700 hectares, et l'étendue en production environ 1,100 hectares.

On compte sur un rendement moyen de 600 kilos de cacao à l'hectare, quand les plantes ont atteint l'âge adulte, c'est-à-dire la septième année.

Voici le relevé de la production annuelle du cacao au Mayumbe depuis 1901 :

1901	1,133 kilos
1902	10,539 »
1903	67,222 »
1904	205,967 »
1905	211,233 »

District de l'Équateur. — Les principaux centres de culture de ce district sont Irebu, Coquilhatville, Ikenge et Bikoro.

District de l'Aruwimi. — Barumbu, Bomaneh et Mogandjo sont les centres de culture les plus importants.

Dans chacun de ces deux derniers districts on met en terre annuellement au moins 50,000 plants de cacao.

District de la Province orientale. — Seuls quelques postes de ce district possèdent des plantations, et ces dernières, en raison des difficultés d'exportation, n'atteignent pas l'importance de celles citées plus haut. L'étendue des terrains mis en culture dans ces trois derniers districts atteint actuellement environ 350 hectares, et on estime que, dans trois ou quatre ans, ce chiffre aura été porté à un millier d'hectares.

Avenir du cacao.

Les progrès rapides qu'a réalisés, dans le courant des dix dernières années, la culture du cacao permettent de bien augurer de l'avenir qui lui est réservé, et il semble que l'on puisse reporter sur cette plante toutes les espérances qu'avaient fait concevoir un instant les plantations de café et que la crise de surproduction est venue si malencontreusement réduire à néant.

Le cacao est actuellement la seule plante économique de grande culture susceptible de fournir des résultats certains dans des conditions normales de production; aussi peut-on le considérer comme l'élément de base de l'agriculture congolaise.

Les plantations de cacao actuellement existantes au Mayumbe ne recouvrent qu'une sommaire partie du sol disponible de cette région, qui, comme nous avons eu l'occasion de le signaler plus haut, offre au planteur les conditions les plus avantageuses. C'est de ce côté que devra porter l'effort de ceux que tentera cette exploitation à la fois facile, sûre et rémunératrice.

Voici quel est le chiffre des exportations de cacao de 1896 à 1906 :

1896	92 kilos
1897	983 »
1898	49 »
1899	447 »

1900	8,911 kilos.
1901	4,390 »
1902	15,873 »
1903	89,365 »
1904	231,382 »
1905	194,638 »
1906	402,429 »

Prix du cacao.

Le prix s'est fortement relevé en 1907 : alors qu'en 1906 le cours moyen était de 1 fr. 80 le kilogramme, il a atteint en 1907 le chiffre de 2 fr. 84; au 5 décembre de la même année il était à 2 fr. 05.

Il est à remarquer que le stock visible du cacao est en diminution de plus de la moitié sur l'an dernier.

La Belgique a importé, en 1906, 5,952,670 kilos de cacao (fèves et pelures) d'une valeur de 10,715,000 francs.

Production mondiale (moyenne pour 1902-1903-1904) : environ 126,000 tonnes dont : Équateur, 25,549 tonnes, et San Thomé, 19,982.

B. — Le café.

Le café pouvait être considéré il y a quelque dix ans comme une des cultures de grand avenir du Congo. Par sa production relativement facile, sa préparation simple, sa facilité d'écoulement, il paraissait appelé à devenir l'un des principaux articles d'exportation. La baisse produite par la surproduction du Brésil, jointe à la rareté de la main-d'œuvre, est venue réduire une partie de ces espérances.

En 1897, époque à laquelle la culture du café commençait à prendre de l'importance, la situation était la suivante :

Cette culture avait été tentée dans presque tous les postes de l'État, avec des succès divers, qui avaient permis de déterminer les contrées où les plantations pouvaient se faire sur une grande échelle.

Un million et demi de plants étaient répartis dans les districts de l'Équateur et des Bangala et aux Stanley-Falls.

Le *district de l'Équateur,* qui occupe la partie centrale de la forêt équatoriale, avait comme principaux centres de culture :

Coquilhatville : 100 hectares comprenant 60,000 caféiers en place ou en pépinières;

Irebu : 10,000 plants;

Bohangi (5,000), Équateurville et dix-neuf autres postes moins importants où les indigènes s'initiaient à la culture.

Au total : 100,000 pieds.

Dans les districts des Bangala et de l'Aruwimi. — Nouvelle-Anvers comptait 38,000 plants répartis entre cette station et le poste de Makolo;

Umangi (5,000), Bumana (850) et d'autres postes secondaires possédaient 30,000 caféiers.

Il existait dans le district de l'Aruwimi deux postes agricoles importants : Basoko (26,000 plants) et Isangi (17,000 plants).

Dans la Province orientale. — Stanley-Falls et Wabundu étaient les sièges de grandes cultures dont certaines en plein rapport.

Total : 30,000 pieds.

A côté des plantations de l'État se trouvaient celles des Arabes.

Dans le district du Lualaba-Kasai. — Lusambo avait une plantation de caféiers de Liberia et un grand nombre de pieds de café du Sankuru.

Total du district : 27,000.

Le district de l'Ubangi possédait 80,000 plants répartis entre les postes de Banzyville, Yakoma, Lengo, etc.

Dans le Bas-Congo (Mayumbe). — Le poste de Lengi en comptait 20,000, celui de Temvo 1,100.

Au total il en existait 37,000.

Depuis 1897 la culture, après un mouvement ascensionnel qui atteint son apogée en 1900, a commencé à décroître.

Nous donnons à la page suivante le tableau du

nombre de caféiers en pleine terre recensés depuis 1894 :

1894	61,517
1895	241,446
1896	494,069
1897	1,167,259
1898	2,021,178
1899	2,364,634
1900	2,631,183
1901	2,533,559
1902	1,996,200 (1)

Actuellement les grands centres de culture se trouvent dans le *Mayumbe,* dans la zone des *Stanley Falls* et dans les districts de l'*Équateur* et de l'*Aruwimi;* seulement les plantations ne sont plus développées que dans ces deux derniers districts qui paraissent se trouver dans les conditions les plus favorables.

Dans le Bas-Congo on a maintenu les postes existants : celui de Congo da Lemba a donné 40 tonnes en 1904 (2).

Les plantations se composent presque uniquement de caféiers de l'espèce *Coffea Liberica;* quelques postes possèdent des *Coffea Laurentii* et des *Coffea Dewevrei,* espèces indigènes que l'on propage là où le caféier de Liberia ne croît pas.

Les récoltes obtenues dans les différents postes

(1) Les diminutions qu'accuse l'année 1902 doivent être attribuées non seulement à la mauvaise qualité du sol, mais surtout au fait que le gouvernement a donné l'ordre de ne plus renseigner que les champs dont les arbustes sont de belle venue ; les autres ont été abandonnés.

(2) La récolte de l'année suivante, contrariée par la sécheresse, n'a donné que 19 tonnes.

sont dirigées sur Kinshasa, à l'exception, toutefois, des quantités nécessaires aux besoins locaux. Une usine centrale établie dans cette localité traite les cafés par voie sèche et les prépare pour la vente; une partie est torréfiée et vendue au Congo même, l'autre est exportée en Europe.

En 1902 l'usine a fourni :

Expédiés vers l'Europe . .	136,360	kilos
Utilisés au Congo. . . .	13,310	»
Soit au total . .	149,670	»

En 1905 elle a traité 388 tonnes de café en cerises.

Un second établissement de préparation, celui de Coquilhatville, traite le café par la voie humide.

Exportation du Congo en 1906 : 74,916 kilogrammes.

La production mondiale a atteint, en 1906, 16,480,000 balles de 60 kilos, soit 988,800 tonnes.

La Belgique a importé, en 1906, 53,996,088 kilogrammes de café d'une valeur de 56,241,000 francs.

PRODUCTION COMPARÉE.

Brésil : 649,000 tonnes (1905).
Nyasaland Protectorate : 288 tonnes (1905-1906).

Qualité.

« Les plus fins connaisseurs ont goûté ce café; ils ont été unanimes à déclarer qu'il est excellent de goût et d'arome, et supérieur, sous ce rapport, au café Santos, sans toutefois être aussi fin et aussi fort que le café Java ou Haïti. Son goût agréable, sa bonne préparation, la grosseur de sa fève le rendent particulièrement propre au marché d'Anvers; il entrera facilement dans la consommation du pays parce qu'il pourra concourir avec les principales sortes consommées en Belgique, telles que le Java, l'Haïti, le Santos. » (Rapport de la Chambre de commerce d'Anvers.)

Cette appréciation n'est que l'expression exacte de la vérité, comme le prouvent les prix offerts en Belgique à la fin de l'année 1907 : le *Coffea Canephora*, var. *Kwiluensis*, a été évalué de 45 à 46 francs et le *Coffea Dewevrei* genre Liberia, le meilleur des cafés du Congo, vaut de 59 à 60 francs.

Avenir du café.

L'état stationnaire de la production du café est dû principalement aux conditions du marché mondial de cette denrée. Il n'en est pas moins vrai que les éléments naturels qui favorisent cette production restent intacts. Le caféier Liberia, en effet, trouve dans la grande forêt équatoriale le sol et le climat qui lui conviennent le mieux; de plus, les essais tentés jusqu'ici ont permis de fixer les esprits tant au sujet des espèces qu'il conviendrait de propager qu'en ce qui concerne les conditions dans lesquelles cette culture pourra être entreprise de la manière la plus avantageuse. Enfin, la préparation du produit n'est ni longue ni délicate.

Si la surproduction du Brésil ne permet pas, à

l'heure actuelle, de vendre le café à des prix rémunérateurs, il ne faut pas perdre de vue que cette situation peut se modifier du tout au tout.

En somme, cette surproduction est à la merci soit d'éléments passagers, comme une mauvaise récolte ou une série de mauvaises récoltes, soit encore d'une crise permanente que provoqueraient, par exemple, les ravages causés par quelque maladie cryptogamique.

Si une pareille éventualité venait à se produire, sans aucun doute l'avenir de la production du café au Congo permettrait à nouveau les plus brillantes espérances.

C. — Le cola.

Le *cola* (Cola acuminata) est un arbre ressemblant au châtaignier et pouvant atteindre 30 mètres de hauteur. Il est en plein rapport vers sa dixième année et donne alors par an 40 à 45 kilos de noix employées en pharmacie.

Les colatiers existent à l'état sauvage ou cultivés dans toute l'Afrique tropicale occidentale. Au Congo ils ne sont cultivés que par les indigènes du bas fleuve.

Un colatier de bonne taille peut rapporter 30 francs pendant une mauvaise année et 60 francs dans les bonnes années. Le cola ne figure plus parmi les produits exportés du Congo.

D. — Le tabac.

Les tabacs congolais sont de deux espèces :

Le *Nicotiana tabacum,* grande plante atteignant jusque 4 mètres de hauteur et donnant un produit de couleur claire, mais très fort;

Le *Nicotiana rustica,* plus petit, donnant un produit plus foncé, mais moins fort et préféré par les Européens.

A côté de ces espèces indigènes, l'État introduisit dans ses plantations du district des Cataractes les semences des tabacs les plus réputés; la plupart vinrent très bien, particulièrement l'espèce richmond dont la qualité s'accrut encore en s'acclimatant au Congo.

Aire de dispersion et centres de cultures.

Le tabac recherche un sol sablonneux, riche en humus. Il est cultivé partout par les indigènes, mais sauf les Bateke; ceux-ci n'apportent pas le moindre soin à sa fermentation.

Préparé convenablement, il donne cependant un produit de bonne qualité.

A partir de 1895 des postes spéciaux furent créés pour se livrer à la grande culture du tabac. C'étaient Shinganga (12,000 pieds en 1895), Kaia, Zobe, Bulatu sur le Shiloango (Mayumbe), Kamba près de Banza-Makuta, dans le district des Cataractes, et ils semblaient convenir à la grande culture (30,000 plants de tabac américain, turc, etc., en 1897).

C'est dans ces postes que l'on introduisit les diverses espèces étrangères pour se livrer à des essais comparatifs.

D'autres essais furent encore tentés à Luvituku, à Kolo (rendement environ 2 tonnes) et à Kitobola (environ 25 tonnes).

Actuellement ces essais se poursuivent au jardin botanique d'Eala. On n'est pas encore arrivé à produire un tabac susceptible d'une exploitation avantageuse.

Avenir.

Le tabac du Congo n'ayant pas encore été l'objet d'un commerce suivi, les données manquent pour fixer le bénéfice approximatif qu'il peut laisser au planteur.

Il est possible que cette culture atteigne plus tard un grand développement, mais le plant de tabac, pour donner un bon produit, doit être soigneusement cultivé et ses feuilles exigent ensuite une manipulation délicate. Il faut, pour ces opérations, une main-d'œuvre nombreuse et instruite, qu'il ne sera guère possible d'obtenir avant longtemps.

La culture du tabac présente cependant un avantage qui la recommande à l'attention des planteurs : c'est qu'à l'encontre du cacao, du caoutchouc, du café, etc., elle n'exige pas une longue période d'attente avant d'être productive. A ce titre elle est tout indiquée comme culture accessoire dans les établissements agricoles.

La Belgique importe annuellement pour 9 millions de francs de tabac.

E. — La canne a sucre.

La canne à sucre (*Saccharum officinarum*) est une plante vivace dont les tiges atteignent parfois la grosseur du bras et une hauteur de 4 à 5 mètres. Elle renferme une sève sucrée dont on tire un excellent sucre cristallisé.

Les espèces les plus répandues sont la *canne violette de Java* et la *canne jaune de Bourbon.*

Dispersion.

La canne à sucre est répandue dans tout le Haut-Congo, particulièrement dans les endroits humides, bien arrosés, où elle croît soit à l'état sauvage, soit cultivée par les indigènes qui la mâchent ou en font du vin de canne.

La culture de la canne a été essayée dans plusieurs postes : Nouvelle-Anvers, Stanleyville, etc., avec le plus grand succès.

Rapport.

La canne à sucre est d'une culture très facile et d'un bon rapport.

A la Réunion, pour une valeur de 15 kilos de

sucre sur 100 kilos de canne, on retire 9.60 kilos de sucre, soit 64 p. c.

En Hawaï, dans les mêmes conditions, le rendement atteint 85 p. c., soit 12.75 kilos de sucre sur 100 kilos de canne.

Le *rhum* s'extrait de la mélasse.

Avenir.

La canne à sucre ne semble guère avoir d'avenir au Congo, non pas que les conditions naturelles lui soient défavorables, mais parce que, indépendamment de la surproduction des pays à betteraves, d'autres pays tropicaux et notamment les Antilles et les îles Hawaï réunissent des conditions meilleures.

F. — Plantes textiles.

Les plantes textiles du Congo sont très nombreuses. Les principales sont le *coton,* la *fibre de raphia,* le *chanvre* et la *ramie.*

Les **cotonniers** du Congo sont le *Gossypium barbadense* et le *Gossypium arborescens* qui trouvent dans le pays des conditions extrêmement favorables à leur développement.

Cette plante existe au Congo à l'état sauvage et cultivé : dans le Manyema où elle couvre la savane, dans les régions au nord de Boma où elle est dispersée sur de vastes espaces, et dans le Bas-Congo, la région des Cataractes et le Kasai.

Les variétés cotonnières pourront encore être améliorées par la suite.

L'expérience ayant démontré que la région équatoriale ne convient pas à la culture du coton, en raison de l'humidité de l'air et de la persistance des pluies qui entravent la maturation, l'administration a décidé de ne plus poursuivre la culture que dans le Bas-Congo.

On cherche à propager non seulement le cotonnier indigène, mais encore les espèces étrangères : de la Nouvelle-Orléans, de Géorgie, de Sea Island, du Pérou, de la Haute et Basse-Égypte, etc. Un outillage de presses et d'égreneuses a été envoyé sur les lieux de production.

Si, en quantité, les résultats n'ont pas été jusqu'ici en rapport avec la main-d'œuvre employée, la qualité du produit récolté (3 francs le kilo) permet d'espérer qu'en employant des machines agricoles on arrivera à produire le coton à un prix de revient satisfaisant.

Actuellement les essais se poursuivent dans les plantations de Kalamu et de Kionzo.

L'administration encourage aussi la culture du coton par les indigènes, auxquels elle remet les graines nécessaires et garantit l'achat de la récolte à des prix très rémunérateurs.

La production mondiale du coton brut atteignait, pour la saison 1904-1905, le chiffre de 19,426,859 balles de 500 livres.

La Belgique possédait en 1906 environ 1 million 200,000 broches à filer utilisant chaque année de

160,000 à 180,000 balles. Le même pays a importé, en 1906, 54,049,294 kilos de coton d'une valeur de 67,561,000 francs.

Les **raphia,** palmiers donnant des feuilles fibreuses, sont répandus d'une façon générale dans toute la forêt équatoriale. Ils abondent surtout dans les forêts du Haut-Congo, du Lualaba, de l'Aruwimi et du Kasai. Ils fournissent le *Piassava,* fibre dure, très employée dans la brosserie.

Le **chanvre,** plante acclimatée au Congo, est une herbacée de plusieurs mètres de hauteur, analogue au chanvre d'Europe, mais donnant une fibre de moins de valeur.

Il croît à l'état sauvage et à l'état cultivé, surtout dans les régions du Kasai et du Sankuru, où les indigènes le fumaient autrefois avec passion.

Le *chanvre de Manille* est produit par le *bananier textile (Musa textilis).*

Les essais tentés n'ont pas donné, au point de vue de la qualité de ce produit, les résultats qu'on en attendait.

Le *chanvre de Maurice* est fourni par l'*Agave* que l'on cultive à Eala et dans le Bas-Congo.

Les fibres préparées ont été évaluées à 86 francs les 100 kilos. Les essais se poursuivent et, en 1906, près de 5,000 rejetons de la variété *Agave Rigada* var. *Sisalana* ont été expédiés dans le Bas-Congo.

La Belgique a importé, en 1906, 18,555,618 kilos de chanvre, d'une valeur de 17,628,000 francs.

La **ramie**, plante acclimatée, est une ortie vivace, ressemblant un peu au chanvre, mais atteignant sous les climats humides et chauds des tropiques 2 à 4 mètres de hauteur. C'est un végétal pouvant fournir jusqu'à six récoltes par an et des plus précieux par la qualité de la fibre, à la fois plus élastique que le lin et le chanvre et incorruptible dans l'eau, qu'on en tire. L'espèce *Urtica nivea*, importée au nombre de 30 plants à Boma, en 1896, a réussi au delà de toute espérance.

L'introduction de deux espèces de ramie *Boehmeria nivea* et *tenacissima* a présenté assez de difficultés, mais actuellement ces plantes sont entièrement acclimatées et progressent normalement. L'usage industriel de la ramie est lié à la découverte d'une bonne machine à décortiquer que l'on cherche vainement depuis des années.

Le **jute** (*Corchorus clitorius* et *capsularis*), produisant la fibre de jute, s'est fort bien acclimaté au Congo; une plantation d'essai en a été établie dans le Bas-Congo en 1906.

La Belgique a importé, en 1906, 21,003,886 kilos de jute d'une valeur de 12,602,000 francs.

Enfin des essais de production de la fibre de *banane* ont également été commencés.

Avenir.

Tous les textiles que nous venons d'examiner n'ont pas encore été exportés commercialement. Il est sorti de l'État du Congo 267 kilos de coton brut en 1905 et 202 kilos en 1906, 25 kilos de fibres d'agave et 20 kilos de fibres de banane en 1906.

Il est encore difficile de se prononcer sur la valeur économique de ces plantes.

G. — PLANTES OLÉAGINEUSES.

Le **palmier Élaïs** *(Elæis guineensis)* ou palmier à huile est un arbre pouvant atteindre 25 à 30 mètres de hauteur. Il est couronné par une vaste touffe de feuilles et porte des grappes ou régimes de fruits d'une longueur de 0^m80 à 1 mètre et pesant de 30 à 40 kilos.

Les régimes contiennent de 300 à 400 amandes formées d'une partie charnue et d'un noyau. De la partie charnue on retire une huile prenant en Europe la consistance du beurre et se composant d'oléine et de palmitine. Cette huile est utilisée dans l'industrie pour la fabrication du savon, des bougies et le graissage des machines.

Le noyau ou « Coconot » fournit une huile comestible de qualité supérieure.

Aire de dispersion et centres de production. — Le palmier élaïs croît spontanément au Congo en quantité considérable; son habitat naturel est limité à peu près au nord par le 5e parallèle et au sud par le 10e.

Toute la région forestière tropicale semble lui convenir; seule l'altitude paraît arrêter sa croissance. Il semble préférer les sols sablonneux et sa venue est plus belle dans la forêt que dans la savane. Presque tous les villages indigènes, aussi bien du Haut que du Bas-Congo, en font des plantations plus ou moins importantes.

Districts du Bas-Congo. — La presque totalité de l'huile de palme exportée actuellement du Congo provient des districts de Banana et de Boma, où le palmier existe dans la forêt du Mayumbe et des îles du bas fleuve. Les indigènes, parfaitement au courant de sa valeur, se livrent à une exploitation régulière de ce produit. L'élaïs existe également dans le district des Cataractes.

Les districts du Haut-Congo abondent également en élaïs; on les trouve dans les ravins boisés des districts du Stanley-Pool et du Kwango, dans les districts des Bangala, de l'Équateur, de l'Aruwimi et surtout dans la zone des Stanley-Falls. Il est plus rare vers le lac Léopold II et le bas Kasai.

Entre le Lomami et le Sankuru on peut voir d'anciennes plantations indigènes comptant jusque 50,000 pieds.

Rapport. — L'élaïs a peu d'exigences : une fois planté il suffit de l'émonder une fois par an pour assurer sa production régulière et de le fumer. La main-d'œuvre est donc presque nulle. Un jeune pied commence à produire au bout de la cinquième année et rapporte environ 5 francs par an.

Si on abandonne la culture aux indigènes, ceux-ci livrent leurs produits au prix de 34 francs pour l'huile et 14 francs pour les noix, les 100 kilos

(Mayumbe). La valeur à Anvers en est actuellement (mars 1908) de : huiles molles, 60 francs environ; huiles dures, 58 francs environ; noix palmistes, 28 francs environ les 100 kilos.

Avenir. — L'État du Congo a exporté, en 1906, 1,995 tonnes d'huile de palme et 4,895 tonnes de noix palmistes.

L'élaïs fournit un des articles importants de transaction de la colonie et il semble qu'un certain avenir lui soit réservé.

La production proprement dite est presque tout entière aux mains des natifs, et le rôle des Européens se borne à acquérir et à exporter en Europe l'huile et les noix palmistes.

Les fabriques belges utilisent annuellement plus de 7,000 tonnes d'huile de palme provenant en majeure partie des colonies anglaises et allemandes.

L'**arachide** est une petite papillonacée de 30 à 60 centimètres de hauteur, qui fructifie deux ou trois fois par an. Ce fruit est contenu dans une gousse allongée qui pousse sous le sol et renferme deux ou trois semences de la grosseur d'une noisette. Il donne industriellement de 28 à 32 p. c. de son poids d'une huile comestible excellente, dont on se sert pour falsifier l'huile d'olive. L'huile d'arachide se prête aussi à l'éclairage, à la savonnerie, la parfumerie, etc. Le tourteau d'arachides, résidu de la fabrication, fournit un bon engrais et une nourriture de bonne qualité pour le bétail.

Aire de dispersion et centres de production. — L'aire de dispersion de l'arachide est comprise entre le 40° latitude nord et 35° latitude sud. La plante se plaît dans un sol sablonneux, léger et pouvant être facilement irrigué; la savane lui convient particulièrement.

Districts du Bas-Congo. — Presque toutes les arachides exportées du Congo proviennent de la région maritime, où les indigènes les cultivent en assez grandes quantités. Le district des Cataractes (surtout dans la région Manyanga-Nord), dans lequel l'État a installé de vastes champs de culture, en produit également en notable proportion.

Districts du Haut-Congo. — Parmi les plus riches en arachides il faut citer les districts du Stanley-Pool, du Kwango et du lac Léopold II, où les cultures indigènes donnent d'abondantes récoltes. Viennent ensuite les régions du Lualaba-Kasai et des Stanley-Falls.

Rapport. — L'arachide du Congo ne nécessite comme culture que le simple grattage d'un sol pauvre, sur lequel on jette ensuite les grains au hasard. La récolte est énorme : elle varie de 80 à 100 hectolitres à l'hectare. L'arachide vaut en Europe environ 300 francs la tonne.

Avenir. — La culture de l'arachide semble avoir peu d'avenir au Congo : le sol et le climat lui sont favorables, il est vrai, mais la main-d'œuvre étant limitée on préfère encourager des cultures plus productives. Elle ne présentera de véritable avantage dans les plantations dirigées par les Européens que comme culture intercalaire. Pour le surplus elle devra, comme l'élaïs, être abandonnée à l'indigène, qu'elle attachera au sol en l'habituant au travail de la terre. Nous avons vu que le natif la produit déjà sur une grande échelle; des tarifs de faveur pourront peut-être en permettre l'exportation du Haut-Congo.

L'État du Congo a exporté, en 1905, 49,684 kilos d'arachides.

La Belgique a importé, en 1906, 504,970 kilos d'huile d'arachide d'une valeur de 404,000 francs.

Le **Nulla panza,** bel arbre à grandes gousses renfermant de grosses graines oléagineuses, croît en abondance dans toute la région forestière de l'État. Il fournit une huile employée en savonnerie.

On n'en exporte plus actuellement du Congo.

Citons encore d'autres plantes oléagineuses moins importantes : le *ricin,* employé en pharmacie, le *coton,* la *sésame,* l'*oba,* l'*arbre à beurre,* etc.

H. — Plantes tinctoriales.

Les principales plantes du Congo sont l'*indigotier,* l'*orseille,* le *rocou* et les *bois de teinture.*

L'**indigotier** est uniquement cultivé au jardin botanique d'Eala à titre d'échantillon. Il a été décidé de ne plus le propager, le produit ne pouvant rivaliser avec l'indigo minéral dont le prix de revient est de beaucoup inférieur.

L'**orseille** est une plante de l'ordre des lichen, qui vit sur les arbres de la forêt équatoriale, en y prenant un très grand volume. On l'a signalée dans le Bas-Congo, le Kwango et l'Ubangi. Elle fournit une belle couleur rouge-violet. Le prix de ce produit n'est guère rémunérateur : il est aujourd'hui de fr. 0,40 le kilo.

Le **rocou** est un élégant arbuste, donnant des graines d'où s'extrait une teinture rougeâtre. Sa valeur économique est minime.

Au Mayumbe plusieurs **bois de teinture** ont été signalés : nous les examinons au chapitre consacré à l'exploitation des forêts.

Il existe encore un grand nombre de plantes tinctoriales moins importantes, mais leur exploitation est encore moins digne de remarque que les précédentes.

I. — AUTRES PLANTES.

L'inépuisable végétation tropicale permet la culture d'une foule d'autres plantes utiles dont les principales sont :

Parmi les *épices, aromates* et *denrées coloniales :* le *poivrier,* le *gingembre,* le *piment,* la *maniguette* de Guinée, le *giroflier,* le *cardamome,* etc.; parmi les *plantes médicinales :* la *fève de Calabar,* le *tamarin,* l'*aloès*, le *cubèbe*, l'*euphorbia candelabrum* et les espèces qui produisent le *camphre*, la *strophantine*, l'*huile de croton*, la *quinine*, la *cocaïne*, etc.; parmi les *plantes à essences* : la *citronnelle* qui fournit l'essence de *verveine* de l'Inde (20 à 25 francs le kilo), cultivée au jardin d'Eala; le *vétiver* dont 70 ares sont en culture au même jardin et donnent une essence valant 150 francs le kilo; le *cannelier* de Ceylan, dont l'essence vaut de 6 à 15 francs le kilo; parmi les *plantes à parfum* qui viennent bien à l'Équateur et dans le Bas-Congo : le *patchouli*, la *ketmie musquée* dont la graine d'ambrette vaut 1 fr. 50 c. le kilo et le *basilic* (essence à 3 francs le kilo).

Enfin, le *vanillier* existe dans le district de l'Équateur, dans le Kasai et au Mayumbe, et divers *théiers* sont cultivés au jardin d'Eala.

CULTURES ALIMENTAIRES

Indépendamment des cultures industrielles, d'importantes cultures ont été établies dans le but de subvenir à l'alimentation du nombreux personnel indigène au service des Européens.

La base de la nourriture du nègre du Congo (voir ethnographie) est le *manioc*, le *maïs*, le *riz*, la *patate douce*, la *banane*, l'*arachide*, le *sorgho*, le *millet* et l'*igname*. On peut cependant, à ce point de vue spécial, diviser les territoires de l'État en deux régions : l'une s'étendant jusque près de Stanleyville et où domine le *manioc;* l'autre où l'on cultive surtout les *céréales* et qui comprend notamment les vallées du Lualaba, de la Tshopo et de la Lindi.

Parmi les plantes que nous venons d'énumérer un certain nombre ont été décrites au chapitre précédent, d'autres entrent pour une part relativement faible dans l'alimentation indigène.

Nous n'étudierons ici que les plus importantes.

Le **manioc** (variété usitée : *Manihot utilissima*) est une herbacée d'un à trois mètres de hauteur, donnant d'énormes racines de 20 à 40 centimètres de longueur et de la grosseur du poignet, qui contiennent une grande quantité de fécule (5 fois plus que le froment). C'est une plante originaire d'Amérique introduite par les traitants il y a peut-être deux siècles et propagée par les indigènes de la côte.

Il en existe deux variétés : la première, à tige verte, douce et inoffensive, est la plus généralement répandue; la seconde, à tige rouge, est amère et provoque des empoisonnements. Les principes toxiques que présente cette dernière espèce peuvent être facilement éliminés par ébullition dans l'eau.

Le manioc est cultivé dans presque tout l'État. Quoiqu'elle ait un rendement inférieur à l'autre, la variété douce est la plus répandue, sauf cependant chez les Azande.

Cette précieuse plante est d'une production étonnante; elle donne dans le Kasai jusqu'à

40 tonnes par hectare, soit de quoi suffire à l'alimentation annuelle de quarante noirs. Mais elle exige un terrain gras et fertile qu'elle épuise rapidement. Aussi les nègres sont-ils obligés à de fréquents défrichements de forêts, et ce n'est pas une des moindres causes de déboisement.

Le manioc est non seulement la nourriture la plus substantielle et la plus économique à donner au travailleur indigène, mais cette plante pourra peut-être devenir l'objet d'un commerce important. C'est, en effet, le manioc qui sert à fabriquer le *tapioca* dont on exporte de grandes quantités des Indes et du Brésil.

On estime qu'une usine destinée à traiter 24,000 tonnes de manioc par an nécessite un capital de premier établissement de 400,000 francs et un fonds de roulement de 65,000 francs.

La production d'une telle usine est la suivante : 810 tonnes de tapioca et 270 tonnes de fécule.

Le **maïs** (*Zea mays*) est une graminée des plus répandue dans tout le Congo. Très rustique, d'une culture facile, il donne annuellement deux récoltes dans le Bas-Congo et jusqu'à trois et quatre récoltes dans le haut fleuve.

C'est une céréale très nourrissante, fort goûtée des noirs qui mangent les épis rôtis ou bouillis.

Les tiges de maïs servent de fourrage au bétail indigène.

La Belgique a importé, en 1906, 510,976,723 kilos de maïs, d'une valeur de 61,317,000 francs.

Le riz est une graminée probablement importée au Congo.

Il y présente deux variétés :

Le *riz des marais* (Oryza sativa), qui veut un sol inondé ou très abondamment arrosé depuis les semailles jusqu'à la récolte, et le *riz des montagnes* (Oryza montana), qui a tous les caractères botaniques du riz des marais dont il diffère uniquement par de l'habitat; il aime un terrain léger, qui ne soit pas trop chargé d'eau.

Cette variété a été introduite par les Arabes dans la partie orientale du Congo et propagée par les Belges dans l'Uele, à l'Équateur, à Bangala et même jusque dans le Bas-Congo.

Les indigènes de ces contrées le prisent beaucoup, surtout ceux de Manyema. Ceux des autres régions n'y tiennent pas énormément.

Des rizières ont été établies dans plusieurs postes de l'État : à Basoko, à Ibembo, sur le Lomami, à Nouvelle-Anvers, etc.; elles ont donné de bons résultats.

Indépendamment de celles-ci, le riz est cultivé sur une grande échelle par les indigènes arabisés de la Province orientale, le long du Lualaba entre la Romée et Kasongo et dans la région qui s'étend entre Stanleyville et Mawambi.

Dans le courant de l'année 1906 on a négocié plus de 1,000 tonnes de riz sur le marché de Stanleyville.

La société de la voie ferrée du Congo supérieur

aux Grands Lacs africains en achète de grandes quantités pour la nourriture de son personnel. Ce riz indigène des Falls est la variété qui semble la plus susceptible de donner de bons résultats au Congo; il est notamment cultivé avec succès à Kitobola et à Gongolo (District des Cataractes).

La **patate douce** et l'**igname** donnent des tubercules féculents assez semblables, comme goût, à nos pommes de terre. Très saines et très nourrissantes, d'une vitalité, d'une production étonnantes, elles produisent plusieurs récoltes par an, certains plants d'igname portant jusque 26 kilos de fruits. L'igname comporte diverses variétés, toutes à tubercule souterrain. Ces deux plantes sont, avec le manioc, les produits les plus cultivés au Congo.

Les **bananiers** sont des plantes herbacées et vivaces appartenant au genre *Musa* et qui croissent dans tout l'État du Congo. Elles atteignent une hauteur de 4 à 6 mètres. Les fruits forment des grappes ou régimes pouvant peser jusque 40 et 45 kilogrammes.

Ces fruits sont très nutritifs et très appréciés, aussi bien des blancs que des indigènes, qui en consomment de grandes quantités.

On cultive au Congo de grandes variétés de *Musa* à fruits comestibles et à graines; citons parmi les principales le *Musa paradisiaca* ou bananier plantain et le *Musa sapientum* à petits fruits;

de plus, les Européens ont propagé le *bananier de Chine.*

Le bananier est d'une croissance extraordinairement rapide et sûre : on peut obtenir à l'hectare 1,100 pieds, fournissant 3,000 à 4,000 régimes pesant de 60 à 80 tonnes.

On pourra peut-être entreprendre l'exploitation commerciale de cette plante et l'exporter sous forme de fruits séchés ou de farine.

Les **sorgho** sont des graminées de 5 mètres de hauteur en moyenne, dont les graines donnent une farine de bonne qualité et servent aussi à faire une bière appelée *Pombe.*

Quoique existant dans tout le centre et l'est de l'État, elles ne se trouvent en grandes cultures et ne sont beaucoup consommées par les noirs qu'à l'est de Lomami, dans l'Uele et le Katanga.

Ces plantes aiment un sol assez fertile et un climat à longue saison sèche; elles conviennent donc à la savane.

Elles paraissent originaires du nord de l'Afrique et ont dû être répandues au Congo par les Bantu qui y renoncèrent presque totalement lorsqu'ils eurent appris l'usage du manioc.

Le **millet** et l'**éleusine** sont des graminées de beaucoup moindre importance, cultivées dans l'est et le nord. Elles donnent du fromage au bétail et certains indigènes en tirent de la bière.

Le **froment** n'est répandu que dans la partie sud et est de l'État, Manyema et Katanga. Il en existe des champs dans la plupart des établissements et dans certains postes de la Province orientale.

Les récoltes sont belles et fournissent un excellent pain.

On a essayé d'acclimater cette variété de froment dans le Congo central, mais les essais n'ont pas donné des résultats encourageants.

La culture des **plantes potagères** est de la plus haute importance au point de vue du confort et de l'hygiène des Européens.

Chaque poste est entouré d'un grand potager où croissent, à côté des meilleurs produits de la flore africaine, la plupart des légumes européens.

ÉLEVAGE DES ANIMAUX

Les animaux qui intéressent l'agriculture sont : 1° le *bétail*, 2° les *animaux de basse-cour.*

LE BÉTAIL

Dans tout pays agricole, le bétail est de première nécessité; en effet, grâce à la fumure, il permet, dans une notable proportion, l'amélioration des terres, et le supplément de force qu'il apporte à l'agriculture rend plus aisés le labourage et les travaux des champs.

A côté de ce résultat il en est un autre au moins aussi important : celui de la production de lait et de viande de boucherie, si nécessaires aux Européens sous ces climats tropicaux.

Enfin, n'oublions pas que l'emploi de bœufs a fait faire un grand pas vers la suppression du portage là où le chemin de fer ou les automobiles n'ont pas encore pu être utilisés.

Espèce bovine.

Les différents types de races que l'on rencontre au Congo peuvent être considérés comme le produit du mélange de deux espèces principales : le *bœuf* (bos taurus) et le *zébu* (bos indicus). Ce croisement s'est réalisé sur une grande échelle depuis des siècles, produisant une série de types intermédiaires qu'il serait très difficile de classer à côté du type original du zébu du Bengale, sans devoir passer sur les points qui les en différencient pour les rapprocher du bœuf.

Malgré cette variété de types, trois caractères se montrent fréquemment :

1° La grande longueur des cornes;

2° L'absence des cornes;

3° La présence d'une protubérance à la limite du cou et du garrot.

Ces caractères se manifestent aussi bien chez les

animaux se rapprochant du bœuf que chez ceux qui ont plus d'affinités avec le zébu.

Le bétail du Bas-Congo provient de la côte sud-ouest, et principalement du Benguela et du Mossamédès; une faible partie est originaire du Damaraland d'où elle a été importée par mer; celui du Kasai est originaire de l'Angola où il est vendu aux peuplades de l'ouest qui le cèdent aux indigènes; cependant, une partie du bétail du sud-ouest congolais provient du Barotseland par l'intermédiaire des peuplades des environs du lac Dilolo.

Le grand développement des cornes est dû vraisemblablement à l'intervention d'une race indigène de l'Afrique du sud : le bétail africander.

Quant à la bosse, on la trouve également dans cette race et chez la race à bosse de l'ouest du lac Nyasa, mais il est probable que l'origine de cette protubérance doit être rapportée au zébu.

La gradation vers le type zébu est très visible dans la région du nord-est de l'État; les troupeaux de Kalembe-lembe et de Baraka (N.-O. du lac Tanganika) se rapprochent de l'Africander par l'aspect de la bosse, mais la forme des cornes accuse un rapprochement plus intense du zébu; à Lado, nous rencontrons déjà le zébu pur; signalons encore la présence de la bosse dans le bétail de l'Ubangi.

Le bétail du Congo est très rustique et doué d'une grande puissance vitale. Mais comme toutes les races vivant en liberté il fournit d'assez mauvaises laitières, et des bêtes donnant à peine 50 p. c. de viande. Par contre, ces animaux conviennent fort bien pour la selle (Lusambo et Luluabourg), le bât et le trait.

Ce bétail pourra, sans doute, s'améliorer par le croisement avec d'autres races.

Pâturages.

Les graminées qui forment la savane ont toutes les qualités requises pour faire de bons pâturages. Seules les proportions qu'elles prennent diminuent leur valeur, en les rendant généralement coriaces, au point de ne plus offrir que leurs feuilles comme nourriture aux animaux.

Mais le bétail lui-même en modifie heureusement la nature. En les tondant lorsqu'elles sont encore jeunes, en les foulant, il les empêche de grandir, les rend plus touffues, plus tendres et plus nutritives. De plus, l'introduction de quelques légumineuses africaines et européennes pourra facilement améliorer encore la valeur des pâturages.

Les endroits qui conviennent le mieux sont ceux formés de bonnes terres situées autant que possible dans les vallons permettant une irrigation facile.

Les régions signalées comme particulièrement favorables au grand élevage sont celles du Bas-Congo, du Bas-Kasai, du Manyema, du Ruanda et du Katanga.

Postes d'élevage.

Le gros bétail n'existe à l'état naturel que chez les Ruanda qui en possèdent de nombreuses têtes,

chez les tribus voisines du lac Albert et celles de l'Unyoro, chez les Manyema et, moins souvent, dans le Katanga, le Kasai et le Kwango.

Le centre d'élevage le plus important et le seul au point de vue industriel est celui de l'île de Mateba (Bas-Congo), où une compagnie exploite fructueusement un troupeau de près de 7,000 têtes, qui servent à approvisionner de viande de boucherie les localités du Bas-Congo.

Le bétail a été introduit sur tous les points de l'État. Actuellement, presque tous les postes importants sont pourvus au moins de quelques bœufs de traction.

Parmi les postes d'élevage importants citons ceux de Zambi, Kitobola, Dolo, Yakoma, Lado, Ye, Mont Wati, Uvira, Luvungi, Rutshuru, Luluabourg et Lusambo. Alors qu'en 1900 le nombre de ces postes était de trente, il s'élève à soixante-dix en 1907.

Le nombre de têtes est monté de 924 en 1901 à 4,873 en 1905; actuellement les troupeaux du gouvernement comprennent plus de 5,000 têtes de bétail.

Rapport.

L'établissement dont il a été question plus haut et qui exploite le centre d'élevage de Mateba a donné, au cours de ses dix-neuf années d'existence, un bénéfice qui a varié entre 110,429 fr. 90 (en 1890) et 367,046 fr. 63 (en 1905).

Avenir de l'espèce bovine.

Quelque favorables que soient les résultats obtenus par l'établissement de Mateba, le grand élevage ne semble pas devoir être, dans les circonstances présentes, l'objet de spéculations commerciales.

Ce n'est pas ainsi que la propagation du bétail doit être envisagée en ce moment. Elle doit plutôt être considérée au point de vue de la colonisation proprement dite comme fournissant un auxiliaire indispensable aux planteurs et comme un moyen d'assurer la traction sur les routes; ces raisons suffisent d'ailleurs pour qu'elle soit encouragée par tous les moyens. Le premier sera l'amélioration de la race qui s'obtiendra par la disparition progressive du petit bétail et par la sélection et des croisements judicieux ayant pour but de donner aux bêtes plus de chair et plus de lait. Le second sera l'élevage dans chaque station d'un troupeau d'une cinquantaine de têtes environ, en attendant que les indigènes suivent cet exemple et en arrivent à compter leur richesse d'après la force de leurs troupeaux.

Espèce chevaline.

Le **cheval** n'existait pas au Congo à l'arrivée des Européens. Il y a été importé par le bas fleuve et par l'Ubangi.

Les chevaux du haras d'Eala viennent du *Sénégal;* la race propagée à Bambili et dans le haut Ituri est la race du *Cayor (Sénégambie).*

Dans les postes de l'Uele autres que Bambili existent des chevaux de race *barbe* importés de la région du Tshad. Nouvelle-Anvers possède des chevaux des *îles Canaries.* Les écuries des divers postes comptent une centaine de chevaux. Les haras les plus importants sont ceux de Bambili, Yakoma et Boma.

Les chevaux vivent parfaitement au Congo et peuvent être considérés comme un excellent auxiliaire de l'agriculture; ils manquent cependant de rusticité et, d'autre part, la rareté des routes rend leur utilisation difficile. Il est donc probable que d'ici longtemps leur élevage ne prendra pas une grande extension. Ils pourraient cependant rendre de sérieux services si les expériences de croisement avec les zèbres entreprises au Katanga concurremment avec les essais de croisement des ânes avec ces derniers donnaient de bons résultats; on pourrait obtenir de la sorte des sujets aptes à résister aux attaques de la mouche *tsé-tsé*.

L'âne est beaucoup plus résistant et plus utile que le cheval.

Deux bonnes races sont déjà assez répandues : l'*âne de Mascate* dans l'est, grand, bien bâti, aux jambes sèches et nerveuses, d'une résistance sans égale; l'*âne des Canaries,* réparti largement dans les postes du centre et de la côte, plus petit, moins rapide que le précédent, mais très résistant, parfaitement acclimaté et d'une grande utilité.

L'âne n'a pas très grande valeur, mais son entretien est peu onéreux. C'est une espèce dont la propagation est souhaitable : toutes ses qualités de simplicité et de robustesse peuvent trouver leur emploi au Congo.

Le **mulet**, qui, ainsi que l'âne, résiste aux plus dures privations et aux plus lourds travaux, est assez répandu au Congo, où il s'est très bien acclimaté.

Ce sont surtout les îles Canaries et parfois le Portugal et le Sénégal qui fournissent les mulets.

Si ces derniers sont moins répandus que les ânes et que les chevaux, il faut en chercher la raison dans leur prix élevé et dans l'impossibilité de leur reproduction.

D'ailleurs, l'âne remplace parfaitement le mulet dans ses divers services.

Espèce ovine.

Le **mouton**, répandu chez les indigènes du bassin du Congo, appartient, semble-t-il, à une variété de la *race soudanaise,* caractérisée par une toison de poils. Dans le Manyema et le haut Nil existe le *mouton à queue grasse.*

Très rustique, très prolifique, le mouton joue un rôle important dans l'alimentation au Congo.

De bons soins peuvent améliorer dans de sérieuses proportions sa valeur comme bête laitière et comme animal de boucherie.

Il est possible, bien que rien ne le prouve encore, que l'introduction de races étrangères, celle du *mérinos d'Algérie,* par exemple, amène dans l'avenir l'exploitation de la laine.

Espèce caprine.

La chèvre du Congo est, plus encore que le mouton, répandue dans tout l'État, sauf chez quelques rares peuplades du nord, les Azande par exemple.

C'est la chèvre commune, plus petite que celle d'Europe, mais, comme elle, très sobre et donnant, quand elle est jeune, une bonne viande. Les Mangbetu possèdent une race spéciale à poils longs.

L'élevage de la chèvre semble pouvoir être abandonné aux indigènes.

Espèce porcine.

Le porc est de race ibérique. Quoique répandu dans tout le bassin, il ne s'y rencontre pas d'une façon continue. Il complète, avec les deux espèces précédentes, le bétail indigène. Il fournit une chair moins fine que le porc d'Europe, mais pris modérément, et après un examen minutieux, il constitue un bon appoint à la consommation.

Animaux de basse-cour.

La poule commune, très répandue au Congo, est le seul oiseau de basse-cour élevé par les indigènes. Elle est médiocre pondeuse et généralement maigre.

La *poule,* le *canard* et le *pigeon* européens se sont très bien acclimatés au Congo et s'y répandent rapidement.

Essais.

L'importation **d'éléphants asiatiques** n'ayant pas donné de résultats, l'État a entrepris de domestiquer l'éléphant d'Afrique. Un établissement de domestication a été établi à Api (Uele). Il compte actuellement vingt-cinq sujets dont le dressage donne de bons résultats.

Le dressage des **zèbres** entrepris au Katanga donne également des résultats encourageants.

Le kraal comprenait en 1905 soixante zèbres en très bonne forme. Malheureusement depuis lors les animaux dressés ont été décimés par une maladie que l'on attribue à la piqûre de la mouche tsé-tsé.

Citons encore un parc à **autruches** dans l'Uele et quelques **dromadaires** dans l'Enclave à Ye; de plus, des **chameaux** originaires des îles Canaries ont été importés à Léopoldville.

Conclusions.

La courte étude que nous venons de faire laisse assez voir quel avenir de prospérité l'agriculture prépare à l'État du Congo. Le territoire est partagé presque entièrement entre la forêt et la savane, qui toutes deux conviennent à des cultures de rapport. A côté de l'ivoire et du caoutchouc, produits d'une exploitation immédiate, nous voyons certaines plantations et notamment le cacao prendre un vigoureux essor.

Si à l'origine l'État en est le principal propriétaire, quoique certaines sociétés aient déjà acquis un certain développement à ce point de vue, c'est que, comprenant ses devoirs, il a dû créer de toutes pièces des centres agricoles auxquels l'initiative privée n'eût pu assurer ni un capital suffisant, ni une main-d'œuvre régulière.

Depuis, dans certaines régions, les expériences ont donné des résultats favorables; l'organisation du travail s'est faite et les planteurs et les éleveurs ont pu s'établir avec des chances sérieuses de succès. Cette nouvelle phase n'est encore qu'à ses débuts; elle se développera progressivement.

Concentrant leur activité sur quelques produits d'une culture facile, d'une valeur économique connue et d'un écoulement assuré, les particuliers pourront peu à peu s'intéresser à des exploitations nouvelles, soit dans d'autres régions, soit d'autres produits.

Ces nouvelles plantations d'essai seraient étendues si l'expérience prouve qu'elles sont avantageuses.

Il serait imprudent de se borner à cultiver un nombre d'espèces trop restreint. Quelque rémunératrices qu'elles puissent être, elles pourraient, soit par suite d'une mauvaise récolte, soit par suite du mauvais état du marché, amener dans la colonie une crise intense dont les effets pourraient être désastreux. C'est en progressant dans ce sens que le bassin du Congo pourra devenir, comme le Brésil et les îles de la Sonde, un des grands fournisseurs des produits tropicaux du monde.

II

L'INDUSTRIE

INDUSTRIES EXTRACTIVES.

Les minéraux exploités au Congo sont le *fer*, le *cuivre*, l'*or*, l'*étain*, les *pierres* et le *sel*.

A. — Le fer.

De tous les minerais du Congo, le fer est le plus abondant.

On le rencontre en grande quantité dans toutes les parties de l'État sous forme de magnétite, d'oligiste ou de limonite.

La *région côtière* nous le montre dans le Mayumbe et vers Manyanga où il abonde en blocs d'oxyde de fer de grandes dimensions, hématite rouge, oligiste gris rougeâtre ou limonite brune, jaune ou rouge.

Dans la *région centrale*, c'est surtout la limonite qui prédomine. L'hydroxyde de fer s'est amassé, formant parfois des bancs de plusieurs mètres d'épaisseur. Le minerai y est surtout abondant au nord-est du lac Tumba, au confluent de l'Ubangi et dans les bassins de la Maringa et du Rubi.

Enfin, dans la *région supérieure*, il se trouve

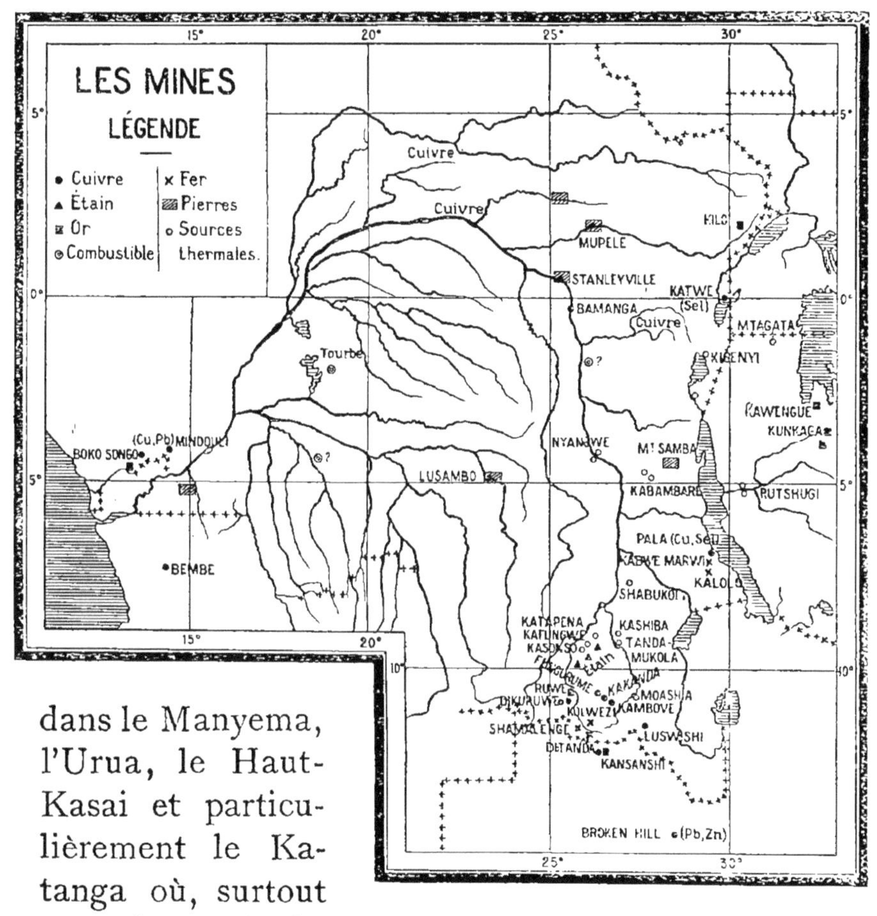

dans le Manyema, l'Urua, le Haut-Kasai et particulièrement le Katanga où, surtout au sud, vers la ligne de partage avec les eaux du Zambèze, il existe des amas d'oligiste et de magnétite, atteignant souvent des proportions énormes et constituant des gisements de minerai pouvant être classés parmi les plus riches et les meilleurs du globe. C'est par millions de tonnes qu'il faut les évaluer.

Extraction du fer. — L'extraction du fer est généralement pratiquée par certaines tribus qui en font une spécialité; ce sont, par exemple, les tribus de l'intérieur vers l'Équateur, les Samba chez les Baluba, les Balodi et les Banguli au Kasai, etc.

Les procédés d'extraction ne diffèrent pas sensiblement : la méthode dite « Catalane » est d'un usage général. Le minerai est le plus souvent à fleur du sol. Choisissant celui qui est le plus pur et le plus dense, les noirs le lavent, le brisent et le mêlent à du charbon de bois. Ce mélange est jeté ensuite dans une sorte de haut fourneau d'argile réfractaire, à la partie inférieure duquel aboutissent les tuyaux d'un soufflet. Le fer ainsi produit est très pur. On le martèle sur une enclume en granit, et l'on en fait soit des blocs destinés à être vendus à des tribus de forgerons, soit des objets ouvrés.

B. — Le cuivre.

Le **cuivre** existe aussi au Congo en quantités très considérables que nous classerons en trois groupes : le groupe côtier, celui du Katanga et celui de l'Ubangi.

Le *groupe côtier* comprend les mines de *Mindouli*, de *Boko-Songo* (Congo français) et de *Bembé*

(Angola), situées toutes trois hors de l'État, mais près de ses frontières, et il est bien vraisemblable que des gisements analogues se rencontreront dans l'État.

Dans les mines de *Boko-Songo* les venues cuprifères sont mêlées au minerai de fer; dans celles de *Mindouli* le gisement se présente en minces filons, formant un réseau veinulaire minéralisé en chalcosine (sulfure de cuivre noir très riche en cuivre). Ces mines sont activement exploitées par les natifs et leur produit est répandu à l'intérieur.

Le *groupe du Katanga* renferme 112 gisements de minerai d'une teneur moyenne de 15 p. c. de cuivre (1) et groupés dans une bande de terrain s'étendant de la Lualu, affluent du Lualaba, à la Kafubo, sur une longueur d'environ 325 kilomètres.

Ces gisements consistent généralement en collines allongées s'élevant à 50, 100 mètres au-dessus de la plaine environnante et que l'on pourra exploiter en galeries horizontales; dans les cas les plus défavorables on ne devra jamais descendre à plus de 40 mètres de profondeur.

Trente de ces gisements pourront donner, sans qu'il soit nécessaire de dépasser cette profondeur, plus de 15 millions de tonnes.

Les plus importants sont ceux de *Kambove*,

(1) Aux États-Unis, cette teneur est de 10 % au maximum, le plus souvent 2 à 3 %, et en moyenne 5 %; de plus, pour obtenir ce minerai, il faut descendre à des profondeurs variant entre 300 et 1,600 mètres.

de *Kolwezi*, de *Dikuruwe* et de l'*Étoile du Congo*.

Le *groupe de l'Ubangi* est formé par des mines qui doivent exister dans l'*Ubangi-Bomu*, au nord des frontières de l'État, mais qui n'ont pas encore été visitées jusqu'ici.

Enfin on signale aussi des gisements de cuivre à *Bamanga*, au nord-est de Ponthierville.

Extraction du cuivre. — Au point de vue industriel on en est encore à la phase de préparation des exploitations. Comme le minerai est oxydé, le grillage n'en sera pas nécessaire pour la fusion. On pourra utiliser ou le procédé par fusion, soit au haut fourneau, soit au four électrique, ou le procédé par réduction dans des fours à réverbère, ou bien encore des procédés par voie humide. L'exploitation sera singulièrement facilitée par l'existence des chutes du Lualaba et de la Lufira, qui sont susceptibles de fournir une force motrice que l'on a évaluée pour les premières seules à 125,000 chevaux.

Avenir.

La masse énorme de minerai de fer et de cuivre déjà reconnue au Congo montre assez la richesse minière du pays, et il n'est pas douteux que lorsque les voies de communication actuellement en voie de construction seront achevées, l'État indépendant verra se développer chez lui l'industrie extractive dans des proportions que,

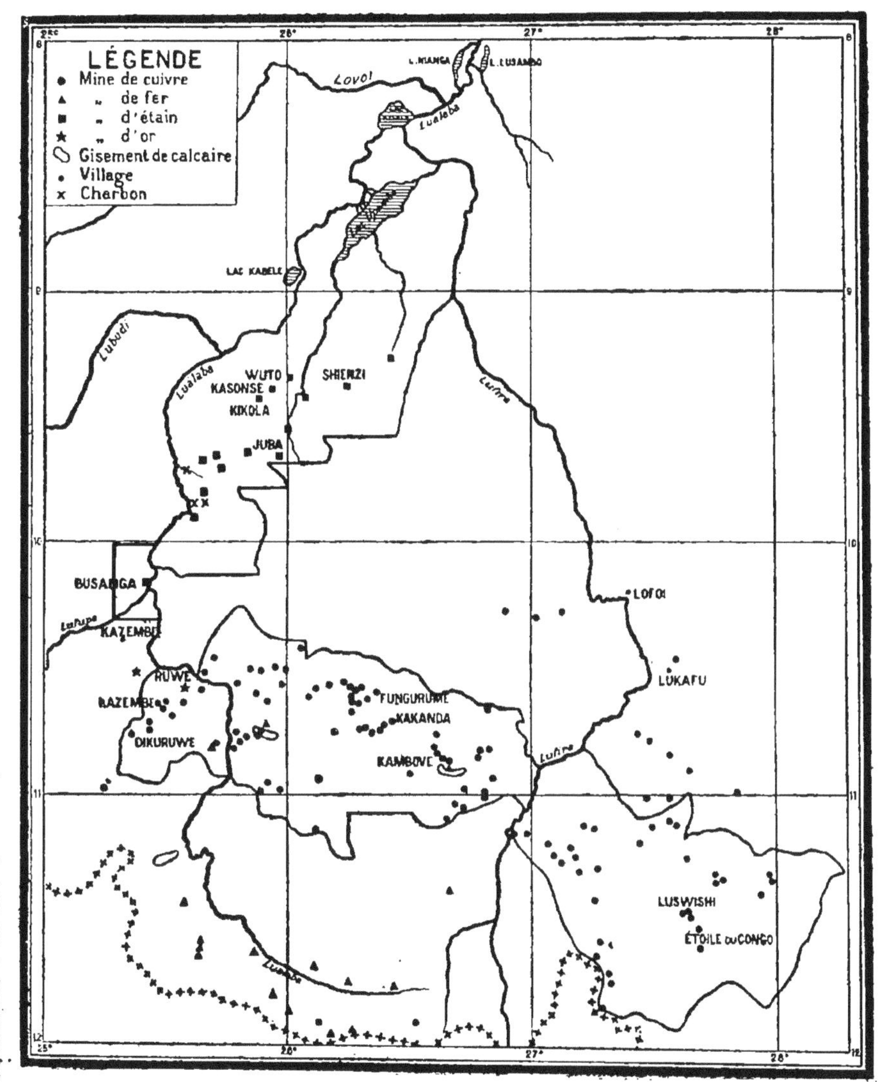

Les mines du Katanga.

il y a quelques années à peine, il eût été téméraire d'espérer.

Exportations du cuivre en 1906 : 7,912 kilos, d'une valeur de 1,186 fr. 80.

C. — L'OR.

L'or dont on avait nié si longtemps l'existence au Congo est exploité actuellement dans deux centres miniers : le *groupe du Katanga* et le *groupe de Kilo.*

Groupe du Katanga. — Les prospecteurs ont découvert l'or au Katanga sous trois états différents et en relations intimes avec les gisements de cuivre. On le trouve d'abord dans le minerai de cuivre qui se montre faiblement aurifère (Kambove); le deuxième état est dû à l'enrichissement du minerai d'or grâce à la destruction du minerai de cuivre (placer aurifère de Kambove); enfin, dans le troisième genre de gisement (Ruwe), l'or est compris dans des bancs rocheux, en compagnie de platine et de palladium; il est d'ailleurs probable qu'il provient de la destruction d'anciens gisements de cuivre.

La quantité produite jusqu'en 1906 a dépassé comme valeur un million de francs.

Groupe de Kilo. — Des prospecteurs ont été envoyés en 1902 pour faire l'étude minière de la région nord-est vers la crête de partage du Congo et du Nil. Dès 1903 ils firent la découverte dans le bassin du haut Ituri, à l'ouest du lac Albert, d'alluvions aurifères.

Ces mines de Kilo donnaient déjà en mars 1906 de 15 à 20 kilogrammes par mois.

Les champs aurifères sont traités généralement par la méthode dite « hydraulique ».

Exportation de l'or en 1906 : 274 kilog. 672, d'une valeur de 851,483 fr. 20 c.

D. — L'ÉTAIN.

L'**étain** existe au Katanga où l'on a découvert une zone de gisements s'étendant sur plus de 140 kilomètres de longueur sur la rive droite du Lualaba et formant une bande se dirigeant presque en ligne droite depuis le confluent de la Lufupa dans la direction de Kayumba.

On a évalué à plus de 20,000 tonnes la quantité d'étain que renferment ces gîtes dans les seuls débris de la surface. Ces gisements sont comparables à ceux de la Malaisie.

Les filons stannifères sont composés de quartz et de cassitérite (oxyde d'étain).

En dehors de cette bande il y a lieu de signaler le gîte de Ruwe qui, en profondeur, devient surtout platinifère (36.11 p. c. de platine).

L'étain a été signalé également entre l'Itimbiri et l'Uele, ainsi que sur le Kasai.

Exportation de l'étain en 1906 : 5,362 kilos, d'une valeur de 21,448 francs.

E. — AUTRES MINÉRAUX.

Le minerai de cuivre de Kambove accuse une teneur moyenne de 42 grammes d'**argent** par tonne ; ce même métal se rencontre dans la mine de Ruwe (entre 5 et 30 mètres de profondeur) dans la proportion de 25.05 p. c. et le **palladium** dans la proportion de 6.06 p. c.

L'argent a encore été signalé dans le Mayumbe et sur le Lualaba.

On a reconnu également dans les roches cristallines des monts de Cristal des gîtes de **pyrrhotine nickelifère**.

Un gisement de **manganèse** a été découvert à environ 10 kilomètres au nord-ouest du poste de Lulua.

Le **plomb** existe au Kwilu, au Mayumbe et à la Mia (Bas-Congo) et le **zinc** dans l'Ituri.

La présence de la **houille** a été signalée au Katanga où des sondages en ont montré des couches comprises dans des schistes charbonneux. Quoique peu importantes, ces couches suffisent cependant pour autoriser des recherches actives. Des indices de charbon ont été relevés dans le bassin de Kasai et de l'Ulindi et on a signalé de la **tourbe** près du lac Léopold II.

Enfin des **terres rares** (sables à monazite et gemmes diverses) ont été indiquées dans le nord-est du bassin et des **diamants** ont été découverts au Katanga dans la paroi de la falaise qui forme la rive droite de la rivière Mutendele.

F. — Les roches.

Si la région centrale est généralement dépourvue de roches utilisables, la périphérie du bassin, au contraire, nous l'avons vu, renferme certaines roches dont l'exploitation ultérieure pourra être très utile dans le pays.

La partie orientale de la zone paléozoïque des monts de Cristal renferme entre le fleuve et le chemin de fer d'importants bancs de **calcaires** donnant d'excellentes pierres à chaux et même des marbres susceptibles d'un beau poli. Plusieurs carrières ont été exploitées pour la construction du chemin de fer. D'autres bancs de calcaire ont été signalés sur la Likati, sur la rive droite de l'Aruwimi entre les villages de Mupele et de Bolamboli, sur la rive gauche de cette rivière à une heure en aval du poste de Panga, sur le Rubi, au mont Samba et dans les environs de Stanleyville.

Enfin le Katanga renferme également quelques gisements de calcaire : ce sont ceux des environs de Kambove, de Kansuki et de Swana Moni.

G. — Le sel.

Les indigènes de la côte extraient le **sel** de l'eau de la mer. Ceux de l'intérieur le tirent soit de sources thermales, soit des cendres de végétaux aquatiques qu'ils lavent.

Les noirs recueillent le sel par évaporation et en font un commerce suivi, source pour eux d'une véritable richesse.

Les tribus qui n'ont pas cette ressource doivent se contenter de laver les cendres de végétaux aquatiques. Ils obtiennent ainsi un produit de mauvaise qualité, renfermant un peu de sel et beaucoup de chlorure et de sulfate de potasse.

H. — Les sources thermales.

Elles se rencontrent surtout au Katanga où on peut les grouper en deux régions :

a) **La région de Lualaba** comprenant les *sources sulfureuses de Kafungwe* (70°), les *sources de Kasonso,* les *sources sulfureuses de Katapena* et les *sources de Shabukoi* (eau chlorurée), échelonnées le long de la fracture est du Graben du Lualaba.

b) **La région de la Lufira** où l'on trouve les sources chlorurées et sulfatées de *Moachia,* la source de *Tanda-Mukola* (30°) et celle de *Kashiba* qui naissent le long de la fracture séparant la région affaissée de la Lufira moyenne du plateau de la Lufira supérieure (1).

Citons encore la source de Pakundi (41°) et les sources voisines de Kabambare et de Nyangwe.

INDUSTRIES MANUELLES

Les industries manuelles sont assez nombreuses quoique peu développées. Certaines tribus se spécialisent et vendent les produits de leur fabrication aux tribus voisines. Bien qu'obtenus

---

(1) Voir *Géologie*, page 13.

par des procédés rudimentaires, les produits de l'industrie indigène atteignent parfois un fini remarquable.

Industrie métallurgique.

L'industrie métallurgique est la plus remarquable; elle s'étend au fer et au cuivre.

Le **fer** est généralement acheté à l'état brut à d'autres tribus. Il sert à faire des armes, fers de lances, pointes de flèches acérées, des couteaux, des rasoirs, des houes, des harpons, etc.

Le **cuivre** sert surtout à embellir les armes et à faire des ornements de toilette, etc. Tous ces instruments sont très bien travaillés et leurs formes révèlent parfois un goût réel.

Parmi les meilleures tribus de forgerons citons les *Zapo-Zap* qui depuis longtemps déjà travaillent pour les Européens, les *Bakuba,* les *Mongo* de l'Équateur, les habitants du *haut Aruwimi,* les *Bondjo,* les *Beni-Marungu,* les *Tumba,* les *Samba,* les *Mangbetu,* les *Abarambo,* etc.

Industrie céramique.

L'industrie céramique est très pratiquée. Les **poteries** se font généralement à la main et parfois, chez certaines tribus, au tour; toutefois, ce dernier est encore très rudimentaire.

Les marmites, pots à bière, assiettes, vases, etc., sont agrémentés de dessins gravés ou en saillie qui ne sont pas dépourvus de valeur artistique.

Les poteries les plus remarquables sont celles de la *région maritime*, du *Bas-Congo*, des *Bateke*, des *Babuma*, de l'*Équateur*, des *Bangala*, du *haut Ubangi*, de l'*Aruwimi*, de l'*Uele*, du *Kasai* et du *Kwango*.

VANNERIE.

La vannerie a atteint une véritable perfection et souffre la comparaison avec les meilleures vanneries européennes. Cette industrie a pris au Congo une grande extension depuis son utilisation dans le commerce des gommes.

Un grand nombre d'indigènes confectionnent régulièrement des paniers destinés à l'emballage du caoutchouc; une compagnie en achète à elle seule plus de 50,000 chaque année.

TISSAGE.

L'industrie du tissage utilise les fibres de nombreux palmiers ainsi que le coton et le chanvre. A l'aide d'un métier analogue aux anciens métiers européens, les nègres confectionnent des étoffes très serrées, résistantes et d'une grande variété de dessins.

Conclusions.

Les richesses agricoles du Congo offrent au colon un champ d'action vaste et rémunérateur. Si l'industrie ne peut pas, à l'heure actuelle, entrer en ligne de compte dans la situation économique du pays, les importants gisements miniers découverts dans le cours de ces dernières années assurent aux industries extractives, dans un avenir peu éloigné, un rôle considérable.

Les industries menacées par l'importation des produits européens supportent malaisément la concurrence avec ces derniers et, comme conséquence de cet état de choses, certaines d'entre elles se modifient, d'autres disparaissent même complètement.

Par contre, il est hors de doute que la nouvelle situation économique créée par l'arrivée des blancs provoquera l'éclosion, parmi les indigènes, d'industries nouvelles.

III

COMMERCE

Le commerce général de l'État, en 1906, s'est élevé à fr. 106,483,059.33 dont :

Fr. 76,781,358.86 pour les exportations.

Fr. 29,701,700.47 pour les importations.

Le commerce spécial (1), le seul qu'il faille faire entrer en ligne de compte dans l'évaluation exacte du mouvement du pays, s'élève à fr. 79,755,419.78, en augmentation de 12.77 p. c. sur le chiffre de l'année 1905.

COMMERCE COMPARÉ EN :

1906 : Nyassaland Protectorate . . .	6,983,975	fr.
1904 : Congo français	24,311,891	»
1905-1906 : Afrique orientale anglaise.	25,124,950	»
1905-1906 : Uganda.	7,859,625	»
1905 : Afrique orientale allemande . .	34,506,263	»
1905 : Angola.	58,192,500	»
1905 : Kamerun	28,477,875	»

(1) Le commerce « spécial » est celui des marchandises produites par l'État ou lui destinées pour la consommation.

Le commerce « général » comprend, en plus, les produits en transit.

EXPORTATIONS

Les **exportations** (commerce spécial) se sont élevées à fr. 58,277,830.70, se décomposant comme suit :

COMMERCE SPÉCIAL. — **Produits exportés.**

		Quantités.		Valeur.
Arachides	kilog.	17,347	fr.	3,816.34
Café		74,916		74,916.00
Caoutchouc		4,848,931		48,489,310.00
Copal blanc		868,735		1,085,918.75
Huile de palme		1,994,628		1,196,776.80
Ivoire		178,207		4,455,175.00
Noix palmistes		4,895,570		1,468,671.00
Cacao		402,429		563,400.60
Or brut		274,672		851,483.20
Peaux brutes		4,894		9,788.00
Riz		91,019		45,509.50
Étain		5,362		21,448.00
Minerai de cuivre		7,912		1,186.80
Marchandises diverses				10,430.71
Donnant un total de				58,277,830.70

Pour fr. 54,304,695.71 de ces marchandises (commerce spécial) ont été exportées à destination de la Belgique.

Nous avons vu précédemment quels sont les principaux produits de rapport de la colonie. Ils sont fournis au commerce partie pour la régie, partie pour les diverses sociétés ou particuliers dispersés sur toute l'étendue du territoire.

En dehors des sociétés de transport, 81 firmes sont établies actuellement au Congo; parmi elles 8 sociétés congolaises, 46 sociétés belges et 27 sociétés étrangères ont engagé, dans les différentes branches de l'activité économique, un capital total de 60 millions

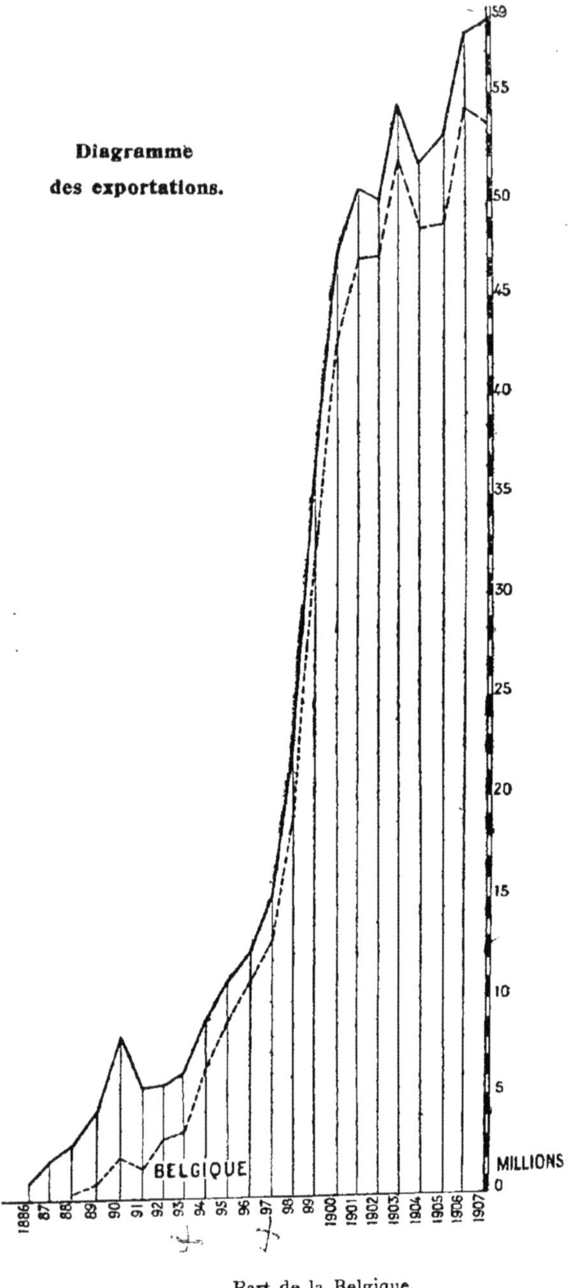

de francs réparti approximativement comme suit :

Exploitations forestières	40
Exploitations agricoles	7
Industrie minière	13
Total. . .	60 millions.

IMPORTATIONS

Les **importations** (commerce spécial) se sont élevées à fr. 21,477,589.08.

La part de la Belgique dans ces importations a été de fr. 15,285,291.56, le pays suivant immédiatement (l'Angleterre) n'important que pour fr. 2,740,721.45.

Parmi les produits importés on peut distinguer les marchandises d'échange, c'est-à-dire destinées aux indigènes, et les divers matériaux nécessaires à l'outillage de la colonie.

Les **marchandises d'échange** sont principalement des tissus, des perles et du fil de laiton. Mais le plus ou moins de valeur de telle ou telle variété de ces produits diffère, suivant les régions, sans cause bien déterminée.

Les **tissus** qui s'importent au Congo sont les tissus de coton écrus, blanchis, teints ou imprimés, les tissus de laine et de toile teinte. Il faut y joindre les couvertures de coton ou de laine imprimées, de coton écru et teint, de laine et jute, et de bourre de soie, les châles, etc.

Les Congolais aiment surtout les tissus à bon

marché, aux couleurs éclatantes; certaines peuplades apprécient cependant les étoffes de bonne qualité.

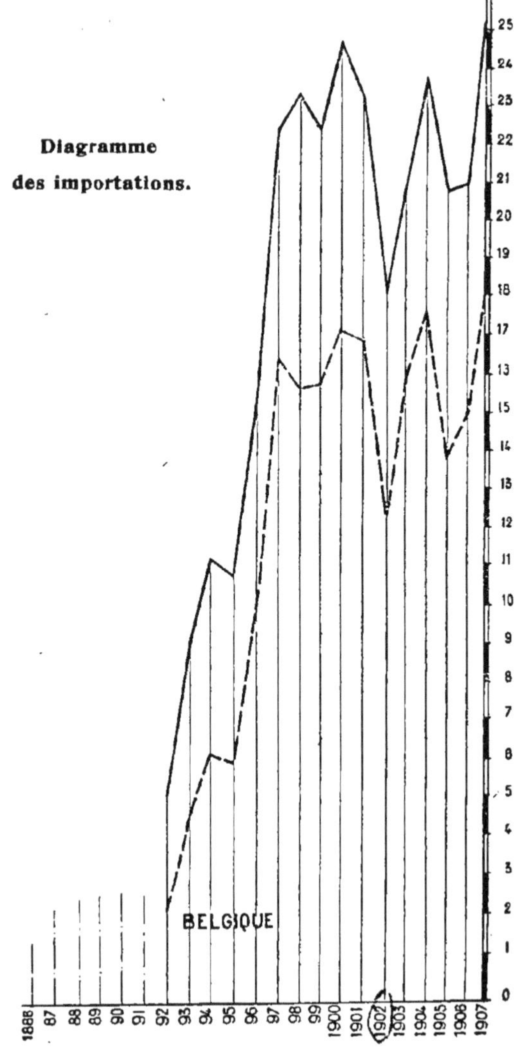

— — — — Part de la Belgique.

Les **perles** constituent une monnaie des plus répandue et dont les variétés demandées diffèrent encore une fois avec les régions.

Le fil de laiton coupé en morceaux (Mitako), le **sel**, la **bimbeloterie**, les **cauries**, la **ferblanterie**, les **fusils à silex**, etc., achèvent de former les principales marchandises d'échange.

L'outillage de la colonie exige principalement du matériel de chemin de fer et de navigation, des matériaux de construction, de campement, d'exploitation de mines, des marchandises agricoles, des métaux ouvrés, etc. Les **denrées alimentaires** destinées aux agents et aux colons entrent aussi pour une large part dans les importations.

Conclusions.

A l'encontre de la métropole on peut dire qu'une colonie du genre de celle qui nous occupe est en pleine santé économique quand elle exporte beaucoup de matières premières et qu'elle importe beaucoup de produits manufacturés. Est-ce le cas pour le Congo? La nature des marchandises échangées nous permet de voir, citées à la sortie, toutes les richesses d'un pays tropical en voie de développement; à l'entrée, tous les matériaux nécessaires à l'outillage d'une colonie naissante en pleine activité organisatrice. La comparaison avec les statistiques des années antérieures fait constater, à l'exportation, la substitution progressive à l'ivoire de produits agricoles d'une exploitation constante comme le caoutchouc, l'huile de palme, les noix palmistes, le cacao; elle montre la progression des importations des tissus, du sel et des verroteries, au détriment de celles de l'alcool et des armes à feu.

Enfin, il ressort de l'examen de la part relative des divers pays dans ces échanges que seules, ou à peu près, les nations coloniales y prennent part et qu'une fois de plus le commerce suit le pavillon. La Belgique qui, dans les premiers temps, y figurait à peine s'y voit représentée actuellement pour la plus large part.

Il suffit de jeter un coup d'œil sur les diagrammes (pages 398 et 400) pour constater la progression du commerce congolais. De 13 millions en 1892 il s'est élevé à 41 millions en 1897 et à 106 millions en 1906.

Cette progression extraordinaire montre qu'il est permis d'augurer favorablement de l'avenir.

IV

COMMUNICATIONS

Pour qu'une colonie riche, peuplée et bien gouvernée soit en mesure de prospérer, il est nécessaire qu'un système de communications rapides et peu coûteuses permette d'amener ses produits sur les marchés du monde, dans des conditions suffisamment avantageuses pour soutenir la concurrence.

COMMUNICATIONS EXTÉRIEURES.

L'État du Congo est desservi par un certain nombre de lignes régulières de navigation à vapeur qui sont :

1. **La Compagnie belge maritime du Congo** qui relie *Anvers* à *Banana, Boma* et *Matadi* par un service direct et sans transbordement (1). Départ d'Anvers toutes les trois semaines.

---

(1) Frêts d'Anvers à Banana, Boma, Matadi et Noki :

Conserves, vivres, vin, bière, tabac non fabriqué, bougies : 40 shillings plus 10 %.	par 1,000 kilos ou 40 pieds cubes.
Tissus, vêtements, souliers, cigares, mercerie, parfumeries : 50 shillings plus 10 %	

2. La compagnie portugaise **Empreza national de navigaçao** qui unit *Lisbonne* à l'*Angola* par un service bi-mensuel (départ de Lisbonne le 7 et le 22), faisant escale à *Cabinda, San Antonio do Zaïre* (embouchure du Congo), *Ambriz, Loanda, Novo Redondo, Lobito, Benguella, Mossamedès, Bahia do Tigrès, Porto Alexandre* (1).

3. La compagnie française des **Chargeurs Réunis,** dont les vapeurs quittent le *Havre* le 22 de chaque mois, et *Bordeaux* le 25 de chaque mois.

Les escales sont *Banana, Boma* et *Matadi* (2).

4. La **Woerman Linie** dont les vapeurs partent d'*Anvers* le 13 de chaque mois, et font escale à *Cabinda, Banana, Boma* et *Matadi* (3).

---

(1) Fret direct d'Anvers à un port de l'Angola avec transbordement à Lisbonne :

Quincaillerie et articles ordinaires .sh.	35/	par tonne de poids ou au mesurage à l'option de l'armement.
Riz	32/6	
Articles de valeur moyenne	40/	
Articles fins	45/	
Explosifs et cartouches.	90/	

plus 10 % pour Ambriz, Loanda, Novo Redondo, Lobito, Benguella, Mossamedès, Bahia do Tigrès, Porto Alexandre;
plus 20 % pour Cabinda et San Antonio do Zaïre.

(2) Frets : de 35 à 100 francs d'après la nature des marchandises par tonne ou au mètre cube.

Bijouterie : 1 % *ad valorem*.

La compagnie accepte des marchandises sur connaissement direct d'Anvers.

(3) Frets :

Bois non ouvré . . . . . . .sh.	22/6	par tonne au poids ou au cubage plus 10 %.
Sel	30/	
Riz, briques, charbon, ciment, poterie, chaux, fer, savon, etc.	35/	
Spiritueux	37/6	
Eaux minérales, bière, cognac, pain, verrerie, fusils, quincaillerie, goudron, provisions, tabac, etc. . . .	42/6	
Perles, laiton, tissus, coton, poudre, allumettes	52/6	

5. **L'African Steamship C° et la British and African steam Navigation C°** (service combiné). Point de départ : *Liverpool*, tous les mois et escales aux ports de la côte occidentale d'Afrique (1).

Outre ces services réguliers, d'autres navires, vapeurs et voiliers visitent les ports du Bas-Congo.

TÉLÉGRAPHES.

Le réseau intérieur de l'État indépendant du Congo est relié au réseau mondial par la ligne terrestre et le câble du Congo français.

VOIES DE PÉNÉTRATION.

Par le Soudan anglo-égyptien.

Le Nil, navigable de Kartum à Redjaf (2) sur 1,900 kilomètres, sert de voie de pénétration.

---

(1) Frets :

Marchandises	Fret	
Sel	30/	par tonne plus 10 % primage.
Briques, ciment, charbon, poteries, sacs de riz, fer, pots en fer, chaux, riz, sucre, bois ouvré	35/	
Genièvre et rhum	37/6	
Eaux minérales, bière, pain, fonte, cordages, feutre, farine, meubles, verrerie, fusils, quincaillerie, liqueurs, machinerie, coutelas, couleurs, pipes, provisions, vins, goudrons, tabac	42/6	
Perles, objets en laiton, coton, drogueries, parfumeries, lainages, bicyclettes, machines à coudre, jouets	52/6	
Métal jaune et toutes marchandises non énumérées, poudre	52/6	

(2) Transport d'Alexandrie à Redjaf : £ 28.10 la tonne.

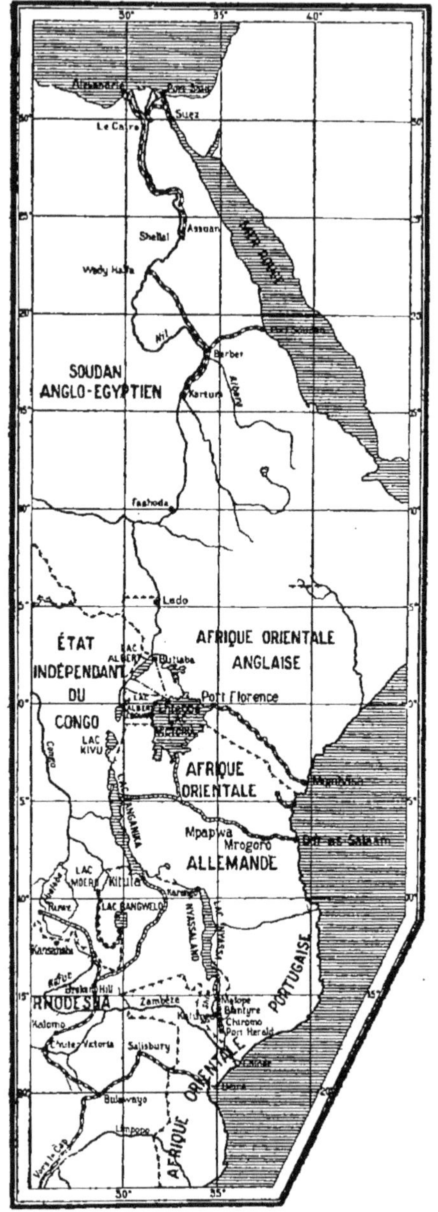

Les voies de pénétration orientales.

On arrive à la première de ces localités de la façon suivante :

D'Alexandrie à Shellal (près d'Assouan, première cataracte) en chemin de fer ;

De Shellal à Wady-Halfa (deuxième cataracte) en bateau à vapeur ;

De Wady-Halfa à Kartum en chemin de fer ;

En tout trente à trente-cinq jours d'Alexandrie à Lado.

On peut également partir de la mer Rouge à Port-Soudan (1), d'où un chemin de fer vient rejoindre à Atbara (530 kilomètres environ) le tronçon Wady-Halfa-Kartum.

(1) Transport de Port-Soudan à Redjaf : £ 26.10 la tonne.

Par l'Afrique orientale anglaise.

Un chemin de fer conduit de Mombasa (océan Indien) à Port-Florence (Kisumu) sur le lac Victoria (963 kilomètres environ); de là deux vapeurs de 600 tonnes font le service sur le lac et réunissent Port-Florence à Entebbe, point d'origine de trois routes :

1. Entebbe-Butiaba (nord-est du lac Albert), route carrossable sur laquelle les transports se font par chariots à bœufs;
2. Entebbe-Niamerunga (sud-est du même lac);
3. Entebbe-Kasinga (nord du lac Albert-Édouard) (1).

La durée du trajet de Mombasa à Butiaba est évaluée à environ un mois.

Par l'Afrique orientale allemande.

Un chemin de fer reliant Dar-es-Salaam à Mrogoro est ouvert au trafic. Mrogoro est le point de départ d'une route de caravanes se dirigeant par Mpa-Pwa et Tabora sur le lac Tanganika qu'elle

---

(1) Transport par le chemin de fer de l'Uganda et les steamers faisant la traversée du lac Victoria :

Spécial 1 anna (*)
Inter 1 2/3
1re classe 2 2/9
2e classe 3 1/2
3e classe 5
4e classe 9
5e classe RS 1-4-0

} par tonne et par mille. D'Entebbe à Butiaba, transports par chariots à bœufs : Rs 6 par charge de 30 kilogrammes.

(*) 1 anna = 1 penny.

atteint à Ujiji. Un service de vapeurs est établi sur le lac.

Une ligne de chemin de fer est projetée suivant le même tracé, mais il s'écoulera encore longtemps, semble-t-il, avant l'achèvement de cette voie qui pourra détourner vers la côte orientale le commerce des pays riverains du Tanganika et du Kivu.

Par la Rhodésie et le Nyasaland.

1° Le réseau des chemins de fer du Sud-Africain détache vers le nord une ligne qui atteint Broken-Hill, localité située à environ 300 kilomètres des frontières de l'État (1). On peut atteindre ce réseau soit par le sud en partant du port de Capetown, soit par l'est, et dans ce dernier cas c'est le port de Beira qui forme tête de ligne.

Le trajet du Cap à Broken-Hill dure sept jours, celui de Beira à la même localité cinq jours et dix-sept heures. La voie ferrée sera prolongée au delà de Broken-Hill vers la mine de l'Étoile du Congo, puis vers Ruwe (321 kilomètres jusqu'à la frontière congolaise et 369 kilomètres de la frontière à Ruwe) en passant par les principales mines de cuivre du Katanga.

2° La grande crevasse du centre africain forme

---

(1) Transports du Cap à Broken-Hill : £ 16 la tonne (classe 4, grosses marchandises).
Autres marchandises : 1re classe £ 2-0-1, 2e classe 1-8-8, 3e classe 0-19-7 par 100 lbs anglaises.
Transports de Beira à Broken-Hill : £ 13 la tonne (classe 4).

une belle voie de pénétration vers le sud-est de l'État. On remonte le Zambèze et son affluent, le Shire, depuis le port de mer de Chinde jusqu'à Katunga.

De Katunga à Matope, une route contourne les rapides et les chutes du Shire et sera remplacée par un chemin de fer actuellement en construction. Ce dernier part de Port-Herald et se dirigera sur Matope en passant par Chiromo et Blantyre.

A Matope on reprend la voie d'eau (Shire) pour aboutir au nord du lac Nyassa à Karonga. De cette localité part la route « Stevenson » qui aboutit à Kituta sur le Tanganika (1).

La durée du trajet de Chinde à Kituta est de trente-deux jours.

Par l'Angola.

Un chemin de fer en construction reliera la baie de Lobito (Océan atlantique) au Katanga.

COMMUNICATIONS INTÉRIEURES.

La configuration géographique du Congo (15,000 kilomètres de réseau navigable sillonnant le Congo central, séparés de la mer par 400 kilomètres de cataractes et laissant dépourvus de voies de pénétration le nord-est, l'est et le sud de l'État) dicta le plan à suivre pour doter la colonie d'un

---

(1) Transports de Chinde à Kituta : £ 48 par tonne de 20 cwt ou 40 pieds cubes.

réseau complet de voies de communication : outiller le haut fleuve, le rattacher d'un côté à la mer, de l'autre aux frontières orientales et méridionales.

A. — Voies fluviales.

Bas Congo.

Le bas Congo est navigable pour les navires de mer jusque Matadi, soit sur une longueur de 150 kilomètres. Le chenal est constamment modifié par le courant; aussi de bons pilotes y sont-ils indispensables.

Les passes présentent quelques hauts-fonds; le travail d'amélioration se poursuit constamment, de sorte que dans un avenir assez peu éloigné l'accès du fleuve sera devenu sûr et relativement commode.

Le bas Congo offre trois ports naturels en eau profonde et parfaitement abrités : *Banana, Boma* et *Matadi*.

Banana, à l'embouchure du fleuve, présente une rade large et sûre.

Mouvement du port en 1906 :

Navires au long cours :

218 jaugeant 512,790.00 tonnes.

Navires caboteurs :

360 » 34,599.98 »

547,389.98 tonnes.

L'importance de **Boma** est principalement due à sa situation de capitale de l'État.

MOUVEMENT DU PORT EN 1906 :

Navires au long cours :

208 jaugeant 480,102.00 tonnes.

Navires caboteurs :

378 » 57,680.10 »

537,782.10 tonnes.

Matadi, par sa situation au terminus de la navigation maritime sur le bas Congo et à la tête de la ligne du chemin de fer vers le haut fleuve, est en outre devenu le grand port de transit des produits du Haut-Congo.

Un quai est en construction à Boma, mais les deux autres ports en sont dépourvus; des jetées en tiennent lieu.

Le port de Banana possède trois phares dont l'un, à 11 kilomètres au nord du port, empêche les navires de dépasser l'embouchure vers le sud et dont les deux autres marquent l'entrée du fleuve.

MOUVEMENT COMPARÉ.

Ports de l'Angola : 366 bateaux de 617,649 tonnes en 1905.

Ports du Congo français : 100 bateaux de 163,086 tonnes en 1905.

Ports de l'Afrique orientale allemande : 930 bateaux de 1,156,824 tonnes en 1905.

Communications.

Onze vapeurs desservent les trois ports du bas fleuve.

Deux steamers naviguent sur le Shiloango.

Tonnage de la flottille du bas Congo : 500 à 600 tonnes.

HAUT CONGO.

Le haut Congo et ses affluents forment un vaste réseau hydrographique auquel l'administration fait apporter de continuels perfectionnements. Encombré d'îles et de bancs de sable, subissant d'ailleurs de fréquentes et importantes variations de niveau, il a exigé, pour être utilisé comme voie navigable, un matériel naval spécial, composé de bateaux à fond plat, d'un faible tirant d'eau, actionnés généralement par une roue arrière (sternwheel) et donnant des vitesses variables.

Le tonnage de ces bateaux oscille entre 5 et 500 tonnes.

Le matériel de navigation intérieure est encore complété par des remorqueurs, des barges, des allèges, etc.

En partant du Stanley-Pool, le *Congo* est navigable aux vapeurs jusqu'aux Stanley-Falls, soit sur plus de 1,600 kilomètres de développement.

A Ponthierville s'ouvre un nouveau tronçon navigable sur 315 kilomètres et qui conduit à Kindu (en aval de Sendwe).

Enfin le dernier bief navigable du *Lualaba* se

développe à partir de Kongolo jusqu'aux chutes de Konde sur 640 kilomètres.

Le *Kasai* peut être remonté par les vapeurs depuis son embouchure jusqu'aux chutes Wissmann.

La plupart de ses affluents sont navigables : la *Lulua* jusqu'à Luebo, le *Sankuru* jusqu'à Pania-Mutombo, la *Fini-Lukenie* jusqu'à Lodja, le *Loange* jusqu'au 6° latitude sud, la *Djuma* jusqu'aux chutes Archiduchesse Stéphanie et le *Kwango* jusqu'aux chutes François-Joseph avec interruption à Kingunshi.

L'*Irebu* donne accès au lac Tumba.

L'*Ubangi* permet la pénétration des vapeurs jusqu'à Yakoma, mais non d'une façon courante à cause des rapides que l'on rencontre entre le 4e degré de latitude nord et Mokoange, à Banzyville et à Setema.

La *Busira Tshuapa* et son affluent la *Momboyo* sont accessibles aux steamers sur de grandes longueurs.

L'*Ikelemba* peut être remonté jusqu'à Bombimba.

La *Lulonga* est formée du *Lopori* et de la *Maringa,* rivières accessibles sur de grandes distances.

Monveda est le point terminus de la navigation à vapeur sur la *Mongala-Dua.*

Le *Rubi* est navigable jusqu'à Buta avec interruption près d'Ibembo.

L'*Aruwimi* permet la pénétration des vapeurs jusqu'à Yambuya.

La navigation est possible dans le *Lomami* jusqu'à Bena-Kamba.

Le *Luapula* est accessible jusqu'à Kiambi; en amont du lac Moero s'ouvre un nouveau bief navigable limité à Kasenga.

Enfin la *Lufira* ne permet la navigation à vapeur que jusqu'à Kayumba.

Des travaux hydrographiques importants et de toute nature ont été effectués pour permettre la navigation intérieure dans les meilleures conditions possibles : c'est ainsi notamment que tout un matériel spécial de dragueurs, de dérocheuses à pilon, etc., a été envoyé en Afrique pour permettre l'amélioration des passages difficiles; des cartes hydrographiques ont été dressées par un personnel spécial, etc.

Léopoldville et **Kinshasa** sont les principaux ports fluviaux, chantiers navals de montage et de réparation des steamers de l'administration et des négociants.

Ponthierville possède également un chantier naval comprenant un atelier et des slips.

Dima, siège de la direction de la Compagnie du Kasai, constitue un petit port fluvial.

Un slip y est établi.

Communications par vapeurs.

Les stations du *haut Congo* sont réunies par une ligne régulière de navigation de *Léopoldville* à *Stanleyville* et retour. Ce service comporte un départ du

Stanley-Pool, les 1er, 11 et 21 de chaque mois. Le trajet se fait en vingt-deux jours à l'aller et un peu plus de la moitié du temps à la descente.

Un service régulier existe aussi entre *Léopoldville* et *Lusambo* (et même Pania Mutombo à la saison favorable). Les départs ont lieu de Léo les 8 et 23 de chaque mois. Le trajet de Léo-Lusambo prend dix-huit jours et un peu plus de la moitié pour le retour.

Seize steamers ont leur port d'attache à Léopoldville ; leur tonnage varie de 10 à 500 tonnes.

Vingt-cinq steamers assurent la navigation dans le bief navigable du fleuve ou de ses affluents ou servent à d'autres usages.

Les différents ports d'attache sont Coquilhatville (2 st.), Nouvelle-Anvers (1 st.), Bumba (1 st.), Basoko (1 st.), Stanleyville (2 st.), Ponthierville (1 st.), Lac Léopold II (3 st.), Lusambo (1 st. sur le Sankuru), Libenge (2 st. sur l'Ubangi), Basankusu (4 st. sur la Lulonga), Mobeka (1 st. sur la Mongala).

Cinq steamers, dont un sur la Likati, n'ont pas de port d'attache déterminé.

Enfin, un vapeur navigue sur le Tanganika.

Au total, l'État possède sur le haut Congo quarante et un steamers jaugeant globalement 2,780 tonnes.

Un steamer assure également le service sur le Nil dans le bief Lado-Redjaf.

Outre cette flottille, les corporations religieuses possèdent huit vapeurs et les sociétés commerciales un total de trente steamers, ce qui porte à soixante-dix-neuf le nombre de steamers flottant sur le haut Congo.

Par barques à rames.

Les communications sur les parties du fleuve et de ses affluents non accessibles aux steamers se font par des embarcations à rames, européennes ou indigènes.

Le bief *Manyanga-Isangila* est occupé par un service d'allèges en acier appartenant à l'État.

Les transports en amont des stations terminus de la navigation sont assurés par les bateliers indigènes. Leurs pirogues, qui ont une capacité de transport allant jusqu'à 5 tonnes, se réunissent souvent en convois importants.

B. — Voies terrestres.

Chemins de fer.

A. — Voies achevées.

1. La voie ferrée contournant les chutes Livingstone de *Matadi* à *Léopoldville* (398 kilom.) est exploitée depuis le 1er juillet 1898. L'achèvement de ce chemin de fer a provoqué une révolution complète dans l'économie du Haut-Congo, dont la plupart des produits n'avaient pu autrefois être jetés sur les marchés européens. C'est, en effet, moins une voie ferrée réunissant deux villes qu'un

canal unissant deux mers, et cette œuvre accomplie au milieu de difficultés extraordinaires a exercé une influence considérable sur le développement économique de l'État du Congo.

2. Le chemin de fer vicinal du Mayumbe, de *Boma* à la *Lukula* (60 kilom.), met la fertile région du Mayumbe en communication avec le Congo maritime.

3. Le chemin de fer de *Stanleyville* à *Ponthierville* (127 kilom.) qui contourne les chutes de Stanley. Cette ligne est la première d'un vaste réseau destiné à relier les territoires de la Province orientale au réseau navigable du Haut-Congo.

B. — Voies en construction.

4. La ligne de *Kindu* à *Kongolo* qui atteindra vraisemblablement un développement de 320 kilomètres et qui constitue le second tronçon du réseau ferré de la Province orientale.

Actuellement le rail a atteint le kilomètre 67, la plate-forme le kilomètre 102, et l'attaque le kilomètre 118.

C. — Projets principaux.

5. Une ligne d'un point de la partie navigable du *haut Lualaba*, à la *région minière du Katanga* et à la *frontière méridionale de l'État.*

6. Une ligne unissant *Stanleyville* au *lac Albert* par Bafwaboli, Mawambi, Irumu, Mahagi (1,120 k.).

7. Une ligne de *Kongolo* au lac *Tanganika.*

8. Une ligne du *Stanley-Pool* au *Katanga*.

9. Une ligne reliant *Lado* sur le Nil à la *frontière nord-est* de l'État.

10. Une ligne unissant les *mines du Katanga* au réseau de la *Rhodésia* par la frontière sud.

11. Une ligne reliant les *mines du Katanga* à la ligne de *Lobito Bay* (Benguella).

Réseau ferré comparé.

Afrique orientale anglaise : 422 kilomètres.
Afrique orientale allemande : 627 kilomètres.

Routes.

On peut classer les routes en deux catégories : les routes de **grande communication** et les routes **secondaires**.

A. Les **premières**, que l'on a construites spécialement en vue du roulage et sur certains secteurs desquelles les transports s'effectuent par chariots à traction soit mécanique (automobiles), soit animale, sont les suivantes :

1. La *route Congo-Nil* (913 kilom.) qui relie Buta à Redjaf. On peut la diviser en deux tronçons unis par un bief navigable de 215 kilomètres entre Bambili et Nyangara.

a. Le tronçon Buta-Bambili, d'une longueur de 200 kilomètres, dont 25 sont achevés dans la partie la plus difficile de la route; deux camions automobiles y font le service.

b. Le tronçon Nyangara-Lado (500 kilom.). La

route est achevée de Faradje à Lado et bien près d'être terminée jusque Faradje. Des essais avec automobiles « Thornycraft » n'ont pas donné les résultats qu'on escomptait.

Des chariots à bœufs sont employés entre Loka et Faradje :

Quatre chariots de Loka à Ye (42 kilom.), six de Ye à Aba (70 kilom.), six de Aba à Faradje.

Trois cent cinquante bœufs assurent ce service.

De Redjaf à Loka, les conditions locales interdisent l'emploi des animaux de trait. A titre d'essai, un certain nombre d'ânes sont également employés au transport.

2. La *route carrossable Pania Mutombo - Buli* (450 kilom.). C'est une belle voie de communication, d'une largeur de 4 à 5 mètres, sur laquelle les transports se font par chariots à bœufs; le trajet pour ces derniers s'effectue en vingt-sept jours environ de Pania à Buli (1).

Deux chariots et quatorze taureaux y font actuellement le service.

Des essais de charrettes à bras ayant donné des résultats satisfaisants, quarante-deux de ces véhicules ont été expédiés sur les lieux.

B. Les **routes secondaires** sont généralement des voies de quelques mètres de largeur, plus souvent encore des sentiers, où le sol a simplement

---

(1) De Buli on peut descendre jusqu'à Ankoro (2 jours à la descente, 6 à la montée) ou Kikondja puis se servir des routes secondaires que nous verrons plus loin et atteindre soit le lac Moero, soit le Katanga.

été aplani. Les petits cours d'eau se passent sur des ponts, ceux d'une certaine importance dans des bacs.

A des distances correspondant à une étape normale (15 kilom.) sont construits des postes où blancs et noirs trouvent un abri pour la nuit. C'est sur ces voies qu'en l'absence de plus en plus rare de véhicules et d'animaux de trait ou de bât, les noirs portent les marchandises réparties en charges de 35 kilogrammes.

Parmi les principales routes secondaires :

Dans le Bas-Congo :

Deux routes conduisent dans la région du Mayumbe :

1. La route *Zambi-Tshoa-La Lemba.*

2. La route *Boma-Luki-Lukulu-Buku Tshela.*

Du chemin de fer des Cataractes se détachent deux routes également :

1. La route *Thysville-Luozi* (5 jours).

2. La route *Thysville-Tumba Mani* (8 jours).

Dans le Haut-Congo :

1. Vers le Bomu : la route *Ibembo* (*Gô*) - *Likati-Bondo-Gufuru* (15 étapes).

2. Vers le Bomokandi : la route *Ibembo-Buta-Zobia-Poko-Rungu-Duru-Gombari-Arebi* (34 étapes).

3. Vers le Nil et la Ruzizi-Kivu : la route *Stanleyville - Bafwaboli - Bafwasende - Avakubi - Mawambi - Irumu-Mahagi (lac Albert)* (57 étapes) ou *Mawambi-Beni-Rutshuru.*

4. Vers la Ruzizi-Kivu : la route *Kirundu-Lubutu-Walikale* (22 étapes) et la route *Fundi Sadi* (sur

l'Elila), *Micici-Shabunda-Mulungu* (20 étapes).

5. Vers le Maniema : les routes *Nyangwe-Kama* (15 étapes) et *Kasongo-Kama.*

6. Vers le Tanganika : la route *Kasongo-Kabambare-Niembo-Kalembelembe-Baraka* (17 étapes) avec embranchement de *Kabambare* vers *Toa* (Albertville) (23 étapes).

7. Vers le lac Moero et la frontière sud-est : la *route Pania Mutombo-Paula* et *Mandoko* (divisée en deux tronçons unis par la partie navigable du Luapula entre Ankoro et Kiambi (2 jours à la descente, 6 à la montée) :

a. Le tronçon Pania-Kabinda-Kisengwa-Ankoro (19 étapes);

b. Le tronçon Kiambi-Pweto (1) (lac Moero)-Lukonzolwa - Kilwa - Kipaïla - Kalonga - Paula ou Kalonga-Kavalo-Mandoko (Kafunga).

8. Vers le Katanga : la route *Pania Mutombo-Lulua* divisée en deux tronçons que réunit la partie navigable de Lualaba entre Kikondja et Bukama :

a. Le tronçon Pania Mutombo-Kabinda-Kabongo-Kikondja.

b. Le tronçon Bukama-Lulua.

Les routes 7 et 8 sont réunies par une excellente voie qui quitte la première un peu au sud de *Kilwa* pour se diriger par *Lukafu* vers les localités de la région minière : *Kambove*, *Ruwe*, *Lulua* (point

---

(1) Un projet de route carrossable de Kiambi à Pweto a dû être abandonné à cause des ravages de la mouche tsé-tsé qui rendait impossible l'emploi de bœufs de traction.

terminus de la seconde) et *Kayoyo*. Cette route est cyclable de Lukafu jusqu'à 15 kilomètres de Kambove. Un embranchement réunit cette dernière localité à *Tenke* et *Musofi*.

9. Vers le lac Dilolo : la *route Lusambo-Kandakanda-Katola-Dilolo* (41 étapes).

10. De *Lomela*, point terminus de la navigation sur la rivière du même nom, une route conduit à *Lodja*, où se termine la Lukenie navigable, et de là vers *Lusambo*.

11. De *Luebo*, extrémité navigable de la Lulua, part également une route à destination de *Lusambo*.

12. Des *chutes François-Joseph*, sur le Kwango, des routes conduisent à *Panzi, Saum Kinzi, Mwana Uta* et *Rungela*.

Indépendamment de ces voies de communication, un grand nombre de petites routes réunissent entre eux les différents postes de l'État.

Ces grandes routes terrestres seront successivement transformées en chaussées de grande voirie avec ponts, etc., aménagées en vue du roulage et sur lesquelles circuleront des automobiles, des chariots et des animaux de bât. Ce travail sera considérable et très onéreux; aussi faudra-t-il beaucoup de temps pour le mener à bien. En attendant que ce but soit atteint, rien n'empêchera de passer par des améliorations successives dont les premières consisteront à élargir ces pistes, à les aplanir, en un mot à permettre d'y substituer au portage les animaux de bât : éléphants, bœufs et ânes.

Télégraphes et téléphones.

1. La ligne *Boma-Lukula* (80 kilom.) qui suit le tracé du chemin de fer vicinal du Mayumbe.

2. La ligne *Boma, Matadi, Léopoldville, Coquilhatville* (1,179 kilom.). Elle doit être prolongée jusqu'à *Stanleyville.*

3. La ligne *Kasongo, Kabambare, Baraka* et *Uvira* (425 kilom. environ).

4. Le câble sous-fluvial de *Kinshasa* à *Brazzaville* unissant le réseau télégraphique congolais au réseau français et par lui au réseau mondial.

5. La ligne téléphonique *Stanleyville-Ponthierville* le long du chemin de fer.

6. La ligne téléphonique qui suit le chemin de fer en construction de *Kindu* à *Kongolo.*

Des essais de télégraphie sans fil ont été entrepris entre Banana et Ambrisette, mais ils n'ont pas donné des résultats encourageants.

Réseau télégraphique comparé.

Congo français : 1,400 kilomètres.
Afrique orientale anglaise : 2,288 kilomètres.
Nyasaland Protectorate : 1,118 kilomètres.
Afrique orientale allemande : 2,193 kilomètres.
Angola (1906) : 3,136 kilomètres, 63 bureaux télégraphiques.

Conclusions.

Il est inutile d'insister sur les grandes facilités de communication qu'offre le Congo. Peu de pays d'Afrique ont été aussi privilégiés sous le rapport des voies naturelles. L'étude des communications proprement dites nous a permis de voir leur énorme et heureux développement et le peu de travaux qu'il faudra faire pour étendre encore leur action de la région centrale aux confins du pays.

Le Nil, le chemin de fer de l'Afrique orientale anglaise, le réseau ferré de la Rhodésia et le chemin de fer de Lobito Bay au Katanga sont appelés à jouer un rôle important dans le développement économique des régions périphériques du nord, de l'est et du sud de l'État. Il serait difficile et prématuré d'indiquer dès à présent la limite de leur sphère d'action.

Quoi qu'il en soit, le Bas-Congo restera l'exutoire commercial obligé de tout le bassin du Congo central, et c'est dans ses ports que viendront transiter les produits de la majeure partie de l'État du Congo, du Congo français et d'une partie du Kamerun.

GÉOGRAPHIE HISTORIQUE

GÉOGRAPHIE HISTORIQUE

Dans le courant de l'année 1484, Diego Cam, amiral portugais parti avec l'ordre de reconnaître la côte d'Afrique le plus loin possible vers le sud, découvrait l'embouchure du Congo et plaçait ses territoires sous l'autorité de son roi, don Juan II.

« Durant les trois siècles qui suivirent leurs premières découvertes, dit Reclus, les Portugais n'apprirent à connaître avec quelques détails que la région voisine des côtes. »

Cependant de nombreuses expéditions furent envoyées dans l'intérieur du continent pour y trouver de l'or et en assujettir les habitants au roi de Portugal.

Grâce à ces voyages et aux informations des indigènes, on apprit que le fleuve Zaïre (Congo) naît dans les profondeurs de l'Afrique et que dans la région des sources se trouvent de grands lacs; toutefois, aucune carte n'aurait pu à cette époque donner le tracé détaillé du cours fluvial reconnu par les explorateurs, et les dessins reproduits sur les globes essayent de concilier les renseignements précis dus aux voyageurs portugais avec les légendes africaines et les traditions classiques de Ptolémée.

Jusque dans les cartes du XVIIIe siècle on voit se maintenir ces fausses conceptions géographiques, bien que Mercator, dès 1541, eût régulièrement limité les bassins fluviaux par des lignes de faîte.

L'ère des explorations scientifiques dans le bassin du haut Congo commence à la fin du siècle dernier, avec l'expédition de José de Lacerda e Almeida. En 1798, ce voyageur partit du Mozambique et pénétra jusque dans la région des grands lacs; mais lors de son retour il fut massacré, et, sauf la connaissance sommaire de son voyage, tout fut perdu : notes, dessins, observations astronomiques. En 1806, une expédition plus heureuse se fit à travers le continent, des bords de l'Atlantique à ceux de la mer des Indes; des *pombeiros* ou « chefs de caravanes » accomplirent cet exploit, mais on ne connaît pas même leur itinéraire précis; on sait seulement qu'au delà du Kwango, l'un des principaux affluents occidentaux du grand fleuve, ils parcoururent le versant méridional du bassin du Congo et rejoignirent le chemin de Lacerda dans la région des lacs, pour descendre sur le Zambèze.

En 1816, le capitaine James Tuckey, envoyé par l'Angleterre pour résoudre le problème du Congo, remonta le fleuve jusque près d'Isangila au milieu d'incroyables difficultés. Arrivée là, l'expédition, qui avait déjà perdu la majeure partie de son personnel, se vit privée de son chef et, incapable de pousser plus loin, rentra en Europe en y apportant les premiers renseignements exacts sur le bas Congo.

Ce désastre semble refroidir les voyageurs et jusqu'en 1843 il n'est question d'aucune exploration. C'est alors que le Portugais Graça découvre le royaume de Muata-Yamvo sur le plateau de Lunda, et que onze ans plus tard (1854) Livingstone, dans sa première grande traversée de l'Afrique, reconnaît le lac Dilolo.

Mais, sur l'autre côté du continent noir, une autre expédition s'organisait pour en percer les ténèbres. Burton et Speke, partant à la conquête des sources du Nil, découvraient le lac Tanganika (1857-1858) et, les premiers, en faisaient une reconnaissance en canot, sans savoir que le lac appartenait au bassin du Congo.

Livingstone restait dans la même ignorance lorsque, de 1869 à 1872, il découvrait, en partant du Zambèze, le lac Moero, le Luapula, le Bangwelo, et que, remontant ensuite vers le nord, il naviguait sur le Tanganika et atteignait le Lualaba à Nyangwe.

Toutefois, la solution du problème était proche. Au cours de son célèbre voyage à travers l'Afrique (1874), Cameron lève toute la partie méridionale du Tanganika, découvre la Lukuga et, arrivant à Nyangwe, entrevoit la vérité. Il traverse l'Urua et le Katanga et atteint la côte occidentale.

Enfin Stanley, déjà célèbre depuis qu'il avait retrouvé, en 1872, au bord du lac Tanganika, Livingstone que l'on croyait perdu, quittait le lac Victoria au début de l'année 1876, suivi d'une forte caravane de Zanzibarites. Après avoir visité le Tanganika, il arrivait à Nyangwe et, s'adjoignant des forces arabes, s'embarquait le 5 décembre 1876 pour commencer la première descente du grand fleuve.

Le 4 janvier 1877, il était aux Stanley-Falls où les Arabes le quittaient. Après avoir, au milieu de difficultés énormes, contourné les chutes, il s'engageait à nouveau sur le fleuve. Sept mois plus tard, il atteignait la côte, ayant franchi les chutes Livingstone, livré trente-deux combats, et vaincu, par une force de volonté remarquable, tous les obstacles que la nature avait accumulés sur son chemin.

L'Afrique comptait un grand fleuve de plus.

L'ASSOCIATION INTERNATIONALE AFRICAINE

Pendant que Stanley se préparait à Nyangwe à descendre le Congo, un événement important pour la géographie africaine se passait en Europe.

Le roi des Belges, Léopold II, dans une conférence géographique qu'il avait convoquée à Bruxelles, le 12 septembre 1876, proposait aux savants, aux géographes et aux explorateurs d' « ouvrir à la civilisation la seule partie de notre globe où elle n'ait pas encore pénétré, de percer les ténèbres qui enveloppent des populations entières ... ».

A cet effet, il fondait l'*Association internationale africaine*, qui devait créer, à travers l'Afrique, une suite ininterrompue de stations scientifiques et hospitalières, devant servir aux voyageurs de points de départ et de ravitaillement pour leurs explorations. De 1877 à 1880, quatre expéditions belges furent organisées pour remplir ce programme et aboutirent à la création du poste de Tabora et des stations de Karema et de Pala sur le Tanganika.

Mais les découvertes de Stanley venaient de faire connaître une importante voie de pénétration par l'ouest de l'Afrique; il fallait en profiter dans le plus bref délai.

Le roi Léopold II fonde le *Comité d'études du Haut-Congo* (25 novembre 1878) sous la présidence du général Strauch, et, le 23 janvier 1879, une première expédition, sous les ordres de Stanley, quitte l'Europe pour l'embouchure du Congo. Le 14 août elle est à Banana, où elle trouve une flottille de vapeurs et de barques, envoyée par le Comité d'études. Elle remonte le fleuve et, à la fin de l'année, une première station, *Vivi,* est fondée au point terminus de la navigation. Une année se passe à construire une route de Vivi à *Isangila,* puis une autre à transporter les steamers à travers la région des chutes Livingstone et, le 29 novembre 1881, l'expédition, mise dans l'obligation par le fait de l'occupation française de passer par la rive gauche, fonde la station de *Léopoldville* sur le Stanley-Pool et lance son premier vapeur sur le haut Congo.

L'année 1882 est employée à remonter le grand fleuve. Stanley fonde *Msuata*, explore le *bas Kasai*, la *Fini* et découvre le *lac Léopold II*. Forcé par la maladie de rentrer en Europe, il laisse au Congo le capitaine Hanssens, et celui-ci fonde le poste de *Bolobo* qui devait être reconstruit par le lieutenant Liebrechts l'année suivante, puis celui de *Kwamouth*.

Cette même année est marquée par l'exploration du *Kwilu-Niadi* (fleuve du Congo français actuel) par Grant Elliot, Liévin Vandevelde et Hanssens.

Mais Stanley est guéri. Le 9 mai 1883, il est de nouveau à Léopoldville, d'où il part pour fonder la station de l'*Équateur* et explorer la *Lulonga* et le *lac Tumba*. Trois mois plus tard, au cours d'un nouveau voyage, il crée le poste de *Lukolela*, visite les tribus *Bangala* et *Bazoko*, remonte jusqu'à Yambuya l'Aruwimi qu'il suppose être le bas Uele, et fonde la station des *Stanley-Falls*.

Peu de temps après il quittait le Congo, laissant au capitaine Hanssens le soin d'achever son œuvre.

Le 24 mars 1884, ce dernier, partant de Léopoldville, découvrait l'embouchure de l'Ubangi, fondait la station de *Bangala* (actuellement *Nouvelle-Anvers)*, explorait la *Mongala* et le *Rubi*, créait le poste de

Basoko et, redescendant dans le bas Congo, mourait des suites de ses fatigues (4 décembre 1884).

Mais Stanley et ses adjoints ne furent pas seuls, à cette époque, à enrichir la science géographique de données nouvelles : dès 1880 Thomson avait reconnu la *Lukuga* et von Mechow le moyen *Kwango;* de 1882 à 1884 Junker avait parcouru le bassin de l'*Uele* et une partie de celui de l'*Aruwimi;* pendant les années 1883 et 1884 Giraud avait reconnu le lac *Bangwelo,* remonté une partie du *Luapula,* rejoint le lac *Moero* et le *Tanganika;* à la même époque l'expédition allemande de Böhm et Reichard explorait le *Katanga.*

Le 17 juillet 1884 le lieutenant allemand von Wissmann, qui venait de se signaler par une traversée de l'Afrique de l'ouest à l'est, quittait Malange(Angola) pour entreprendre aux frais du roi des Belges l'exploration du Kasai. En novembre, il fondait la station de *Luluabourg* et, descendant la rivière sur un radeau, arrivait inopinément, en juillet, à *Kwamouth* après avoir découvert des pays exceptionnellement riches et peuplés.

Ces cinq dernières années d'explorations et de travaux incessants avaient donné à l'Association plus de cinquante traités de soumission des chefs indigènes.

Mais, dans l'entre-temps, le *Comité d'études* n'était pas resté inactif en Europe : il s'était transformé en *Association internationale du Congo* et, poursuivant maintenant ouvertement son but politique, s'était constitué en société souveraine des immenses territoires du Congo, sur lesquels celle-ci s'efforçait de faire reconnaître par toutes les puissances ses droits incontestables.

Le 10 avril 1884, les États-Unis reconnaissent son pavillon comme celui d'un pays ami. Le 15 novembre de la même année, une conférence se réunit à Berlin dans le but de régler les questions en litige en Afrique.

Elle dresse l'*Acte général de Berlin* auquel adhère l'*État indépendant du Congo,* qui s'est substitué à l'Association.

Le roi Léopold II assume, avec l'assentiment des Chambres, la souveraineté du nouvel État dont le gouvernement est immédiatement organisé.

Le premier administrateur, sir Francis de Winton, en proclame la constitution à Boma (1er juillet 1885).

Le jeune État entre dès lors dans la période de développement et crée en Europe et en Afrique ses divers rouages administratifs.

L'ÉTAT INDÉPENDANT DU CONGO.

Le travail d'exploration se continue sans relâche.

L'année 1885 est marquée par les explorations de l'Anglais Grenfell dans l'*Ikelemba,* la *Mongala,* le *Rubi,* le *Lomami* et le bas *Ubangi.* Ce missionnaire remonte ensuite, en compagnie du lieutenant allemand von François, la *Tshuapa* et la *Lulonga,* pendant que Kund et Tappenbeck partent de

Léopoldville, traversent la région située entre le Kwango et le Kasai, franchissent celui-ci et pénètrent jusqu'à la *Lukenie.*

Vers la même époque, Capello et Ivens parcouraient le *Katanga* et poussaient jusqu'à Bunkeia.

Pendant l'année 1886, la commission de délimitation des frontières franco-congolaises opère dans le Haut-Congo; le docteur Wolf explore le *Sankuru* et le *Lubefu;* le lieutenant Gleerup remonte le *Lualaba* et traverse le *Manyema;* le capitaine Van Gèle remonte une partie de l'*Ubangi;* le lieutenant Baert explore la *Mongala;* Hakansson et le professeur von Schwerin reconnaissent une partie de l'*Inkisi;* von Wissmann et Paul Le Marinel partent de Luluabourg pour Nyangwe; enfin Grenfell et Mense remontent le bas *Kwango* et cherchent à relier leur itinéraire à ceux de Wolf et de von Mechow.

Au point de vue politique et économique, signalons la translation de la capitale de *Vivi* à *Boma,* un premier contact sanglant avec les Arabes (Stanley-Falls) et la fondation, en Belgique, d'une première société commerciale au Congo, d'un syndicat pour la construction du chemin de fer des cataractes et d'une ligne belge de navigation entre Anvers et le Congo.

En 1887, nous voyons Van Gèle explorer le *Lopori* et le *Rubi,* von Schwerin longer la côte de l'État et l'expédition Stanley au secours d'Emin Pacha remonter le *Congo* et l'*Aruwimi,* inconnu encore en amont de Yambuya.

C'est cette même année que Dupont, directeur du Musée royal d'histoire naturelle de Bruxelles, accomplit une mission scientifique jusque Kwamouth, que le commandant Jungers lève la carte du bas Congo et que Van Gèle, après avoir franchi la passe de Zongo, est arrêté dans son exploration de l'Ubangi par un accident de steamer.

L'année 1887 voit encore s'accomplir les reconnaissances du capitaine Cambier, qui étudie la région des Cataractes où se construira plus tard le chemin de fer et du capitaine Thys qui pousse jusqu'à Bangala sur le fleuve et à Luebo sur la *Lulua* après s'être livré à une étude sérieuse du Bas-Congo.

A cette époque, dix ans se sont écoulés depuis le moment où Stanley descendait pour la première fois le grand fleuve, et ces dix années ont suffi pour explorer sommairement le réseau navigable de l'immense Congo central et pour créer un État colonial plein d'avenir.

Mais on ne s'arrête pas là : chaque année marque un nouveau progrès et la croisade antiesclavagiste du cardinal Lavigerie vient encore donner un nouvel essor aux expéditions africaines.

En 1888 Van Gèle, accompagné des lieutenants Georges Le Marinel et Hanolet, franchit à nouveau les rapides de Zongo et résoud définitivement la question de la connexion de l'*Ubangi* et de l'*Uele,* vérifiant ainsi l'hypothèse de M. Wauters; A. Delcommune commence son exploration du fleuve.

Pendant les années 1889 et 1890 Stanley rejoint Emin-Pacha sur le *lac Albert;* le levé du chemin de fer des Cataractes est mené à bonne fin; Vandevelde explore le sud du *Stanley-Pool;* Delcommune remonte les principaux affluents de gauche du Congo : le *Lomami* jusqu'à Bena Kamba, l'*Aruwimi*, la *Lulonga*, le *Ruki*, le *lac Tumba*, le *Kwango* et la *Djuma*. Bodson navigue sur la *Tshopo;* le capitaine Roget explore le bassin de l'*Uele;* aux confins de l'État, Stanley, prenant le chemin du retour, découvre la chaîne du *Ruenzori* et le *lac Albert-Édouard;* Dhanis explore le *Kwango* et la *Wamba;* Hodister remonte la *Mongala* et ses affluents, et Sharpe et Thomson explorent les environs des *lacs Bangwelo* et *Moero*.

C'est vers cette époque également que le savant M. Dupont fait paraître ses remarquables « Lettres sur le Congo » et que la mission scientifique du capitaine Delporte jette les premières bases de la carte définitive de l'État.

Chargé par le gouvernement belge de procéder en Afrique à des observations astronomiques et magnétiques, cet officier s'embarque à Anvers le 3 juillet 1890, accompagné du capitaine Gillis, qui devait plus tard faire paraître le compte rendu des travaux de la mission.

Malheureusement la maladie ne tarde pas à terrasser le chef de cette dernière, et le 26 mai 1891 le capitaine Delporte expire à la Pozo, près de Matadi.

Détermination du méridien d'Ango-Ango et du

parallèle de Noki ; fixation définitive de la latitude et de la longitude de 35 points entre Banana et les Stanley-Falls, tels sont les résultats des travaux remarquables de cette mission.

De 1889 à 1891 Junker publie la relation de ses voyages dans la région de l'*Uele*.

A partir de 1891 les explorateurs tendent à sortir de la région centrale qui avait absorbé jusqu'alors la majeure partie de leurs efforts pour se diriger vers la périphérie des territoires congolais.

Cette tâche est menée à bien presque exclusivement par des Belges.

Dans le courant de cette année, l'expédition Van Kerckhoven, une des plus mémorables qu'ait vues l'État depuis sa fondation, opérait sur l'*Uele* et, au milieu des plus grandes difficultés, arrivait à occuper les riches territoires azande et atteignait le Nil où des postes étaient fondés.

Nilis et de la Kethulle, partant de Rafai sur le *Bomu,* pénétraient dans le *Dar-Banda,* le *Dar-Fertit* et arrivaient, en 1893, à Katuaka, sur l'*Ada,* affluent du *Bahr-el-Arab.*

Enfin une deuxième expédition, celle conduite par Hanolet, se dirigeait vers le nord-ouest par la vallée du *Bali* et du haut *Koto,* pénétrait dans le bassin du *Shari* et fondait un camp à Belle (1894).

En trois ans les régions situées au nord de la boucle du Congo sont reconnues et occupées bien au delà des frontières actuelles.

Ces expéditions eurent pour résultat l'exploration d'une région peu connue dont Schweinfurth et Junker n'avaient décrit que les aspects généraux.

Dès 1890 l'exploration méthodique du *Katanga* et de l'*Urua* était organisée de façon à obtenir des résultats scientifiques importants.

Paul Le Marinel, parti de Lusambo le 23 décembre 1890, parvenait à Bunkeia, résidence de Msiri, le grand chef du Katanga, le 16 avril 1891, et fondait le mois suivant un poste à Lofoi, à proximité de celle-ci. Dès le mois d'août il était rentré à Lusambo.

A ce moment deux expéditions quittaient l'une le *Lomami*, l'autre la Belgique, et deux mois plus tard la troisième partait de Zanzibar. Ces trois expéditions convergentes avaient pour objectif Bunkeia.

La première, conduite par Delcommune, partait de Gandu (mai 1891), passait près du lac Kisale, atteignait Bunkeia (octobre 1891), pénétrait dans l'extrême sud, puis, descendant le *Lualaba* jusqu'aux chutes de Zilo, se rendait de là au Tanganika et rentrait à Lusambo (janvier 1893) après avoir suivi la *Lukuga* et découvert le confluent du *Luapula-Lualaba*.

La seconde, sous les ordres de Bia et de Francqui, auxquels était adjoint le savant géologue Cornet, quittait Lusambo le 11 novembre 1891 et arrivait à Bunkeia (janvier 1892), d'où elle rayonnait pendant de longs mois dans tout le pays, poussait jusqu'au *Bangwelo* et au *Moero*, franchissait les gorges de *Zilo* qui avaient arrêté

Delcommune, remontait une partie du Lubudi et rejoignait enfin Lusambo trois jours après l'arrivée dans ce poste de l'expédition Delcommune. Elle rapportait en Europe d'importantes observations qui la classent parmi les premières au point de vue des résultats scientifiques.

Quant à Stairs, qui conduisait la troisième expédition venue de Zanzibar, il partait de Pala (lac Tanganika) en octobre 1891 et arrivait deux mois après à Bunkeia où il renversait Msiri et ramenait ses hommes par le *Moero,* le *Tanganika,* le *Nyasa* et la vallée du *Zambèze.* Il mourait à la côte en juin 1892.

Reconnaissance du fleuve supérieur, de la région des lagunes et des lacs, du *Lofoi,* de la *Lufira,* du *Lualaba,* du *Lubudi,* solution du problème de la *Lukuga,* études géologiques de Cornet, tel est le bilan scientifique de ces quatre expéditions.

Pendant cette même période (1891-1894) d'autres explorateurs précisèrent en différentes régions de l'État nos connaissances géographiques : dans la région des lacs Emin et Stuhlmann (1891), puis Lugard (1892), arrivés de la côte orientale, traversaient le pays environnant le lac Albert-Édouard, dont ils achevaient de fixer les contours; de 1891 à 1893 Baumann se rendait dans la région des sources du Nil; un peu plus tard (1893-1894) le lieutenant Von Götzen explorait le *lac Kivu* et les monts *Virunga;* dans le sud-ouest de l'État, Lehrmann (1892) et la commission de délimitation de la frontière Congo portugaise, Grenfell et

Gorin (1893) rapportaient des itinéraires nouveaux.

La campagne conduite victorieusement par Dhanis contre les Arabes pendant les années 1893 et 1894 et les explorations de Jacques, Descamps et Long dans les environs du lac Tanganika avaient comme résultat la reconnaissance de toute la région située entre celui-ci et le coude du Sankuru.

Après cette même campagne, Lothaire explorait la région située au sud de l'Aruwimi et atteignait le premier la Semliki par l'ouest.

En 1895 le lieutenant Lange reconnaît la *Ruzizi* et Weatherley étudie les lacs *Moero* et *Bangwelo.*

En 1896 le lieutenant Brasseur continue l'exploration de l'*Urua,* achève l'étude de la région des lagunes et remonte la vallée du *Luapula* jusqu'au lac *Moero.*

En 1897 Versepuy, dans sa traversée de l'Afrique de l'est à l'ouest, descend l'Aruwimi.

Cette même année est marquée par la révolte de l'avant-garde de Dhanis, qui marche sur le Nil; malgré les difficultés sans nombre que cet événement allait susciter pendant plusieurs années à l'État, l'œuvre d'exploration ne fut jamais complètement arrêtée, et nous voyons des officiers dirigeant des expéditions militaires trouver le moyen de lever des itinéraires à travers des régions inconnues: c'est ainsi notamment que le lieutenant Glorie reconnaît le cours moyen de l'*Elila* et le cours supérieur de l'*Ulindi* (1899).

Tous ces longs et rudes travaux avaient amené

l'occupation effective de l'État du Congo : il restait à compléter l'œuvre par une étude plus détaillée de son territoire. C'est à cette tâche que s'employèrent les officiers et agents de l'État pendant les années suivantes : indépendamment des itinéraires qui se multiplient à l'infini autour des postes de l'État, itinéraires trop nombreux pour pouvoir être cités, des explorations remarquables viennent encore augmenter le nombre des points levés d'une façon rigoureuse et permettre l'établissement de cartes plus complètes et plus exactes.

L'année 1899 est signalée surtout par le départ de la mission scientifique du Katanga conduite par le commandant Lemaire et dont les résultats sont réunis en seize mémoires qu'accompagne une carte en deux feuilles à l'échelle du millionième de l'itinéraire parcouru du 24 mars au 3 juillet 1900. Partant de Stanleyville, cet itinéraire suit le fleuve jusqu'à Kasongo, puis se dirige vers le lac *Tanganika* qu'il touche à Toa, longe le lac jusqu'à Pala pour rejoindre le lac *Moero* qu'il quitte dans la direction de l'ouest pour recouper la *Lufira,* le *Lualaba,* le *Lubudi* et atteindre le *Kasai;* il rejoint ensuite le lac *Dilolo* et longe, en la recoupant un grand nombre de fois, la ligne de faîte *Congo-Zambèze.*

Au cours de ce voyage, d'intéressants problèmes furent résolus, notamment la question des sources du Congo, et le commandant Lemaire détermina la latitude et la longitude de 299 points et l'altitude de 181 points.

C'est en 1899 également que l'ingénieur Adam fait la reconnaissance de la vallée de l'Aruwimi et lève une partie du tracé d'un chemin de fer de 1,120 kilomètres entre Stanleyville et le lac Albert. Une sérieuse contribution à la science géographique fut apportée par le commandant Cabra pendant son séjour au *Mayumbe* et lors de la délimitation des frontières séparant le territoire de l'État de l'enclave de Cabinda : 31 points furent déterminés astronomiquement au cours de cette dernière opération, dont 6 en dehors des frontières et 25 sur la frontière même. La position de ces derniers est marquée par des bornes ou piliers géodésiques ou des pyramides en pierre.

Parmi les explorations intéressantes de l'année 1900 citons celle de Moore au *Tanganika :* elle avait pour but l'étude biologique de ce lac, la reconnaissance de ses environs au point de vue géologique et l'exploration des régions situées au nord du lac : *Ruzizi, Virunga, Kivu, Albert-Édouard* et *Albert.* Moore, on le sait, repousse avec Cornet la théorie du Relikten See pour le Tanganika ; son cartographe, Malcoln Fergusson, eut l'occasion de rectifier la frontière de ce lac en reportant sa partie septentrionale plus à l'ouest qu'elle n'était généralement indiquée sur la carte.

Dans le courant de la même année, le capitaine Hermann, membre de l'expédition Congo-allemande chargée de délimiter de concert avec le commandant Bastien les frontières entre l'État indépendant et la sphère d'influence allemande, lève la carte de la région du *Kivu;* Poulett Weatherley explore les lacs *Bangwelo* et *Moero;* MM. Chesnaye, Lyons et Kennely poussent des reconnaissances dans la partie la plus méridionale du territoire de l'État; Grogan rentré à Londres donne lecture d'une note relative au voyage qu'il a exécuté en 1899 dans la région du *Kivu,* de l'*Albert-Édouard,* de l'*Albert,* des *Virunga* et du *Ruenzori.*

En 1901 la société « Tanganika concessions limited » envoie au *Katanga* différentes expéditions dirigées entre autres par Grey et Holland, qui viennent encore augmenter les connaissances de géographie physique que l'on possédait déjà sur cette région, notamment par les savants travaux de M. Cornet, professeur à l'École des mines de Mons et à l'Université de Gand; ce dernier continue à centraliser tous les documents qui se publient à ce sujet et il ne se passe guère d'année sans qu'il fasse paraître de nouvelles et intéressantes brochures qui forment dans leur ensemble une base sans laquelle aucune étude géographique sérieuse ne peut être entreprise.

Les commandants Sillye et Siffer, partis de Kabambare sur Baraka, puis le long des lacs *Tanganika* et *Kivu,* étudient la partie septentrionale de la chaîne occidentale du Graben. C'est dans le courant de la même année que M. Droogmans, secrétaire général du Département des finances, fait paraître les quinze premières feuilles de la carte de l'État du Congo au 100,000^{e}, avec le volume de notices sur le Bas-Congo.

En 1901 et 1902 le commandant Cabra s'occupe de la détermination du parallèle de Noki qui forme frontière entre l'Angola et l'État indépendant : 42 points sont relevés lors de ce travail.

L'année 1902 est également marquée par l'envoi en Afrique de la mission Jacques à la recherche du tracé le plus avantageux pour la construction d'un chemin de fer reliant un point du Congo accessible à la navigation à la vapeur, à la région minière du Katanga ; cette mission reconnaît la *Lufira*, exécute une série de levés reliant Kambove à Kalengwe, Tenke et Guba, puis explore les branches supérieures de la *Dikuluwe* et descend la vallée de la *Kaluila*.

En octobre 1902 le commandant Lemaire quitte Yambuya à la tête d'une mission scientifique vers les confins des bassins du Congo et du Nil. Il longe l'*Uele* et la *Dungu*, puis, partant de Faradje, il rayonne vers le nord en recoupant à quinze reprises la ligne de faîte Congo-Nil. Il détermine astronomiquement 144 points et 122 altitudes.

L'année suivante M. Droogmans fait paraître la carte du Katanga qui constitue le document scientifique le plus complet sur ces territoires ; le commandant Cabra fixe la frontière de l'État entre Kaonga et la crête de partage des eaux du Congo et de Niadi-Kwilu, et détermine la position exacte de cette ligne de faîte.

Deux missions étrangères, l'une de Frobenius, consacrée à l'étude ethnographique de la région du *Kasai*, l'autre de Cunnington envoyée aux lacs

Tanganika et *Nyasa* à l'effet de compléter les travaux scientifiques de Moore, opèrent en 1904.

La même année et l'année suivante le commandant Jacques reconnaît entre Kasembe et Kamba, sur le *Sankuru*, un tracé de voie ferrée reliant la région minière du *Katanga* au bassin du *Kasai*.

En juillet 1905 une mission s'embarque pour le Congo à l'effet de continuer cette étude entre Kamba et le Stanley-Pool en longeant la ligne de faîte *Kasai-Lukenie*. Le travail exécuté à cette époque entre Bandundu sur le Kwango et Kamba est continué par une nouvelle mission.

M. Ckiandi étudie en ce moment le tracé d'un chemin de fer devant desservir la région minière et unir cette dernière, d'une part, au chemin de fer du Bas-Congo au Katanga et, d'autre part, au réseau de la Rhodésie.

En 1906 le duc des Abruzzes réunit des données précises sur le *Ruenzori*.

L'année suivante (1907) une commission anglo-belge lève le tracé d'un chemin de fer reliant le *Nil* aux environs de Lado, à la frontière du Congo.

Une commission de délimitation des frontières nord et ouest des territoires gérés par le Comité spécial du Katanga, qui avait commencé ses travaux dans le courant de l'année 1906, a opéré la détermination astronomique du 5e parallèle sud et du méridien 23° 54" de longitude est et fixé ces limites sur le terrain par des bornes.

Les gouvernements congolais et anglais se

sont mis d'accord pour faire opérer, dans l'Afrique équatoriale, la mesure d'un arc du 30e méridien : le premier a désigné pour collaborer à cette mesure M. Dehalu, de l'Observatoire de Cointe, répétiteur à l'Institut astronomique de l'Université de Liége, qui s'est embarqué récemment pour le Congo.

Trente ans à peine se sont écoulés depuis le jour où, quittant les Arabes dévastateurs et s'engageant sur le haut Congo pour atteindre, à la suite de combats incessants, la rive occidentale d'Afrique, Stanley décrivait sur la carte encore vierge le tracé du grand fleuve. Trente ans, mais trente ans d'un travail écrasant, d'un labeur acharné de tous les instants, où chaque année fut marquée par des découvertes, chaque jour par un progrès; trente ans qui ont suffi pour reconnaître entièrement le vaste réseau hydrographique, pour substituer presque partout la science à l'inconnu, la civilisation à la barbarie, pour créer un vaste empire colonial doté d'un outillage remarquable, pour produire, en résumé, selon le mot d'un publiciste français (1), « une œuvre à laquelle il ne manque plus que le recul de quelques siècles pour être appréciée à sa juste valeur ».

---

(1) Henri Dehérain, *Revue des Deux-Mondes*.

APPENDICE

APPENDICE

Nous avons rédigé ce traité en tâchant d'établir des groupements, des vues d'ensemble, en simplifiant le plus possible la terminologie forcément compliquée d'un pays récemment sorti de l'inconnu, en nous efforçant constamment, enfin, de dégager l'idée géographique de toutes les anecdotes dont elle a été encombrée jusqu'ici.

Nous avons eu le souci constant de produire un livre exact, méthodique, qui marquera peut-être un léger progrès dans la connaissance de la géographie du Congo.

Indiquer les sources auxquelles nous avons puisé et justifier l'emploi des matériaux que nous avons trouvés ainsi, tel est le but de cet appendice.

DE LA TRANSCRIPTION DES NOMS INDIGÈNES

Nous avons adopté les règles admises par l'Etat indépendant; celles-ci figurent au *Recueil administratif*. Elles ont été proposées par M. Droogmans, secrétaire général du département des finances, et adoptées dans les trois départements.

Le son véritable de chaque nom, tel qu'il est prononcé par les indigènes, sera pris comme base de l'orthographe.

Etant donné que la représentation phonétique parfaite de chaque son ne peut être obtenue au moyen de notre alphabet et des signes orthographiques, on s'appliquera à indiquer, le plus exactement possible, la prononciation locale, avec les caractères ci-après :

1° Les voyelles *a*, *e*, *i*, *o* et les consonnes *b*, *d*, *f*, *j*, *k*, *l*, *m*, *n*, *p*, *r*, *t*, *v*, *z* se prononcent comme en français;

2° Les voyelles *a* et *o* auront toujours le son bref, comme dans *cas* et *coke*. Exemples : *Palabala, Lukolela*.

L'allongement d'une voyelle sera indiqué par un accent circonflexe. Exemples : *Kitâmo, Malêla;*

3° *C* et *q* disparaîtront, comme faisant double emploi, et seront remplacés par un *k;*

4° *E* (sans accent) aura toujours le son de l'*é* fermé en français. On l'emploiera également pour représenter le son *ai*, tel qu'il se prononce dans le mot *gai*. On écrira donc Bakange, Mokoange et non Bakanghé, Mokoangai;

5° *G* aura toujours le son dur, comme dans gare, quelle que soit la voyelle qui suit immédiatement. On écrira Isangila, Giri, Agenge, Kenge, et l'on prononcera comme si l'on écrivait Issanguila, Ghiri, Aguengue, Kenghé;

6° *H* ne sera employé que dans l'articulation sh;

7° *I* semi-voyelle sera représenté par un *y* comme dans yard. Exemples : Yambuya, Yalundi, Yakoya. Les sons ya, ye, etc., ne seront jamais représentés par ja, je, etc. On écrira donc Bayanda, Bayeye, Bapeye, et non Bajanda, Bajeje, Bapeje. On ne terminera jamais un mot par *y;* la voyelle *i* sera la seule employée dans ce cas. Exemples : Noki, Dri;

8° *J* sera employé uniquement pour représenter le son qu'il a dans le mot jour. Exemples : Bunji;

9° *O* (avec un accent circonflexe) servira à représenter le son *au* tel qu'il se prononce dans aube. On écrira : Jôrembe, Bôra, et non Jaurembe, Baura;

10° *S* aura toujours le son sifflant du ç, comme sinistre. On écrira : Isangi, Kasongo, Yakusu, et l'on prononcera comme si l'on écrivait : Issangui, Kassongo, Jakussu;

11° *U* représentera toujours le son *ou* français. Exemples : Rubi, Ubangi, Uele;

12° *W* demi-voyelle se prononcera comme dans le mot anglais *William*. On aura soin de ne pas confondre les Wa, we, wi, etc., avec ua, ue, ui. En écrivant wa, we, wi, l'accent tombe entièrement sur les voyelles a, e, i, tandis qu'en écrivant ua, ue, ui on représente deux sons distincts dans chacune de ces diphtongues et d'égale importance au point de vue de l'émission (ua prononcez ou-a, ue prononcez ou-e, ui prononcez ou-i). Exemples : Niangwe, Kwilu, Muala, Duela, Duizi;

13° *X* ne sera jamais employé;

14° L'articulation représentée en français par *ch* s'écrira *sh*. Exemples : Shonzo, Tshuapa, prononcez comme si l'on écrivait : Chonzo, Tchuapa;

15° Les *sons doubles* seront figurés par les lettres représentant les sons qui les composent. Exemple : Tshumbiri;

16° *Deux voyelles juxtaposées* se prononceront séparément. Ainsi *ai* se prononcera a-i comme dans le mot maïs; *ao* se prononcera a-o comme dans cacao; *au* se prononcera a-u (u, ayant le son ou) comme dans la première syllabe de caoutchouc; *ei* se prononcera e-i, comme dans les mots déifier, velléité. On écrira donc Rafai et Kasai et non Rafaï et Kasaï;

17° *Ph* ne sera jamais employé;

18° Toutes les lettres se prononceront;

19° Les *voyelles* ne seront *doublées* que lorsqu'il y aura deux sons distincts à représenter. Exemples : Zuulu se prononcera Zou-ou-lou; Oosima se prononcera O-o-si-ma;

20° Les *consonnes* ne seront *jamais doubles*. Exemples : Mangbetu, Bangaso, Kasai, Kobo;

21° Les lettres *M* et *N* que font sonner souvent les indigènes devant des noms commençant par des consonnes seront négligées. On écrira, par conséquent, Zobe au lieu de N'Zobe, Doruma au lieu de N'Doruma, etc.;

22° L'emploi des *accents* et du *tréma* sera absolument banni, sauf en ce qui concerne l'accent circonflexe dans les cas indiqués au 2° et au 9°;

23° A titre exceptionnel on conservera l'orthographe de certains noms, lorsqu'elle a été consacrée déjà par un long usage. Tel : Congo;

24° On n'ajoutera jamais d'*s* au nom de peuplades comme marque de pluriel. On écrira donc : les Mombutu, les Bangala, les Gombe (1).

En ce qui concerne les colonies voisines, nous avons respecté l'orthographe généralement admise dans chacune d'elles.

CARTOGRAPHIE

Le Congo est un pays neuf. Il y a trente-cinq ans sa carte était presque blanche; il y en a trente, c'était une simple courbe de Banana à Nyangwe; aujourd'hui c'est un fouillis

---

(1) Cette règle est logique : la plupart des noms des tribus ont déjà, en effet, leur pluriel dans le mot lui-même : le préfixe *ba*, par exemple, met au pluriel les noms « bantu ». Certains noms de peuplades ont même plusieurs pluriels : Ababua est du nombre; *a* est le pluriel azande et *ba* le pluriel bantu.

de rivières et de lacs, de villages et de tribus, découverts avec une rapidité prodigieuse.

Divers géographes ont dressé des cartes du Congo relativement complètes et exactes; celles de M. Wauters et de M. Dufief sont à citer.

Mais construites sur quelques rares positions seulement, auxquelles il a fallu ramener tous les itinéraires, souvent sommairement établis, des explorateurs, elles présentent de notables erreurs.

Le service géographique du gouvernement s'occupe activement d'établir une carte définitive.

Les travaux du regretté commandant Delporte ont posé les premiers jalons de cette œuvre considérable. Elle a été reprise par les commandants Lemaire, Cabra et Bastien, qui ont multiplié les observations astronomiques, particulièrement dans les régions frontières. Ces travaux se poursuivent.

Dès maintenant le service de la carte publie des cartes provisoires d'une remarquable exactitude.

Nous nous sommes servis pour nos cartes hors texte de la dernière édition parue (1907).

Les cartes hors texte ont été gravées par la maison Ehrard, de Paris.

Les cartes dans le texte sont exécutées par la maison J. Malvaux. Les dessins préliminaires sont dus à l'obligeante collaboration de M. l'ingénieur F. Friedrichs.

PRÉLIMINAIRES

Les limites données sont celles qui résultent des conventions suivantes : Protocole du 29 avril 1887, arrangement du 14 août 1894, conventions du 25 mai 1891, déclarations du 24 mars 1894, arrangement du 12 mai 1894.

Nous n'en avons pris, bien entendu, que les grandes lignes, faisant abstraction des questions de détail.

On trouvera ces conventions dans les *Lois en vigueur dans l'Etat indépendant du Congo*, par O. Louwers.

L'évaluation de la superficie est donnée d'après les calculs du commandant Le Marinel.

L'évaluation de la population du Congo a donné lieu à des estimations très divergentes : Stanley donne le chiffre de 36 millions (*Cinq années au Congo*, p. 569); Vierkandt, celui de 11 millions (*Die Volksdichte im westlichen Africa*); Reclus adopte celui de 20 millions (*Nouvelle géographie universelle*, tome XIII, p. 148), et, enfin, Wagner et Supan celui de 14 millions.

Nous avons écarté *a priori* les deux premiers chiffres comme exagérés dans les deux sens, et pris la moyenne des autres, ce qui nous a donné 17 millions.

GÉOLOGIE

L'importance géographique de la géologie n'est plus à démontrer. Elle est la base véritablement scientifique, l'introduction indispensable à l'étude rationnelle du pays. La géologie, en effet, en tant qu'elle se borne à en étudier les formes superficielles, est le principal facteur de l'aspect et de la richesse d'une contrée. C'est elle qui, par la nature des matériaux constitutifs, fait les montagnes rocailleuses ou les collines ondulées, les landes marécageuses ou les plaines fertiles; elle qui, modifiant la nature des végétations, détermine les conditions d'existence de la faune et finalement des hommes, influençant ainsi toute la géographie physique.

Quelles que soient la difficulté et les possibilités d'erreur d'un pareil travail à l'heure présente, nous avons voulu ouvrir notre livre par un chapitre géologique. Sans doute, les géologues qui ont visité le Congo n'ont guère été nombreux jusqu'ici, mais la remarquable unité de ce vaste bassin a permis de déduire de l'étude qu'ils ont faite de certaines parties importantes les grandes lignes géologiques des régions qui ont échappé jusqu'ici à leurs investigations.

Nous nous sommes servi surtout pour rédiger notre formation du sol du Congo des savants travaux de M. le professeur Cornet : Die Geologischen Erbgenissen der Katanga-Expedition, parues dans les *Petermann's Mittheilungen*, de 1894; Les Formations post-primaires du bassin du Congo (*Annales de la Société géologique de Belgique*, Liége 1894); Les Dépôts superficiels et l'érosion continentale dans le bassin du Congo (1896); Les Etudes sur la géologie du Congo occidental entre la côte et le confluent du Ruki (1897); La Géologie du bassin du Congo d'après nos connaissances actuelles (1897); Les Notes sur les roches du mont Bandupoi et du haut Uele (1898) (ces quatre dernières études publiées dans le *Bulletin de la Société belge de géologie, de paléontologie et d'hydrologie de Bruxelles*); Les Dislocations du bassin du Congo : I. Le Graben de l'Upemba (1905); II. La Faille de la chute de Wolf (1907) (*Annales de la Société géologique de Belgique,* Liége); Les Notes sur la géologie du Mayombe occidental (1906) (*Mémoires et publications de la Société des sciences, des arts et des lettres du Hainaut,* Mons); Le Rapport sur les terrains de la région du chemin de fer; Les Contributions à la géologie du bassin du Congo (*Notes sur la Géologie du bassin du Kasai,* juillet 1907), et les divers articles qu'il a fait paraître dans le *Mouvement géographique.*

M. le professeur Cornet a bien voulu revoir notre travail avant sa publication.

Nous avons aussi consulté les *Lettres sur le Congo,* de M. Dupont, directeur du Musée d'histoire naturelle de Bruxelles (Paris 1889), et pour la région du Haut-Aruwimi et de la Semliki, le livre de Stuhlmann : *Mit Emin Pacha in's Herz von Afrika* (Berlin 1894).

Nous avons adopté les désignations « grès blanc » et « grès rouge » de Dupont, qui parlent mieux à l'esprit des profanes que les noms de système du Lubilasch et du Kundelungu.

Notre histoire du sol du Congo résume l'état actuel de nos connaissances et forme une introduction logique au chapitre de l'orographie.

Nous nous sommes efforcés de supprimer soigneusement tous les termes spéciaux, n'y laissant que quelques noms de roches facilement compréhensibles. Un renvoi donne, en outre, les grandes divisions des terrains, suivant leur âge et leur nature.

Carte. — Nous n'avons voulu faire figurer dans notre carte que les grandes divisions des terrains, sans entrer dans le détail de leur stratigraphie. Ne nous basant que sur des cartes partielles déjà existantes, ou sur des renseignements certains, nous avons préféré laisser en blanc les régions inconnues, plutôt que de faire un dessin qui, pour sembler complet, eût été erroné.

La *Région des monts de Cristal* a été faite d'après les données de Cornet, notamment au sujet de l'infléchissement de l'archéen vers la mer au nord et au sud du Bas-Congo. Les *Formations éruptives* sont reproduites d'après Dupont. Le *Kasai,* d'après Cornet, Notes sur la géologie du bassin du Kasai.

Le *Katanga,* également d'après Cornet, Les Formations

post-primaires, et F.-E. Studt, géologue attaché à la Tanganyika concessions Ltd (1908).

Le *Haut-Aruwimi*, le *Semliki* et l'*Est du Tanganika*, d'après Stuhlmann : *Mit Emin Pacha in's Herz von Africa* (Berlin 1894).

Le *Nord-Est du Tanganika*, d'après Baumann : Durch Massaïland zul Nilquelle. Certaines parties de ce lac d'après Moore : The Tanganyika Problem (Londres 1903).

Le *Marungu*, d'après H. Buttgenbach : Observations géologiques faites au Marungu (1904) (Extrait des *Annales de la Société géologique de Belgique*, t. XXXII (Mémoires), Liége, 1906).

La *Région à l'est et au sud-est du Luapula*, d'après L.-A. Wallace : N.-E. Rhodesia (*Geographical Journal*, 1907).

La *Région au nord du Bas-Congo*, d'après Maurice Barrat : Sur la Géologie du Congo français (*Comptes rendus de l'Académie des sciences*), et mission Gendron (*La Géographie*, 1901).

Diverses corrections ou modifications ont été apportées d'après différents explorateurs.

La rivière Zuzwa, Zuli et le pic Crampel : *gneiss*, d'après Dybowski.

Le Kemo et Tomy : *granit*, d'après Maistre.

Entre le Bomu et l'Uele et les sources du Bruole : *granit* et *gneiss*, d'après Junker et Schweinfurth.

Le bassin de l'Uele (Uele proprement dit, Uele Makua, Uele Kibali, Bomokandi) : formations *archéennes*, d'après Cornet, *Notes sur des roches du mont Bandupoi et du haut Uele.*

Chute du Panga : *gneiss*, d'après Stanley (?).

A une heure en aval de Panga, aux environs de Banalia, le commandant Nahan a trouvé des *cherts* intercalés dans des *calcaires;* il faudrait donc placer la limite entre les terrains cristallins et les terrains primaires entre Banalia et l'endroit que nous venons d'indiquer.

Les « Portes d'enfer », d'après Mohun, et les monts Bambare, d'après Cameron : *granit.*

Les collines de Kilimatchia et de Kiluala : *granit*, d'après Cameron.

Les abords de la rive sud-ouest du Tanganika : rochers *granitiques*, d'après Thompson et Diderrich.

Le long du lac :

Vua : *quartzites*, *schistes* et *granite*, d'après Buttgenbach.

Kapampa : *granite*, d'après le même.

Rumbi : *granite*, d'après le même.

Tempwe : *gneiss*, d'après le même.

Kalolo : *granite* et *diabase*, d'après Questiaux.

Baudouinville et Rumbi : roches *granitiques* et *diabase*, d'après le même.

Rivière Lushinda : *microgranite*, d'après Buttgenbach.

Plateau de Kasere : *granite*, d'après le même.

Kintola : *microgranite* et *granite*, d'après le même.

Kikongo : *granite porphyrique*, d'après le même.

Kasamvu : *porphyre quartzifère*, d'après le même.

De Mikunga au lac : *granites*, *porphyres*, *quartzites* et *microgranites*, d'après le même.

Shienge sur le lac Moero : *granite*.

Bangui : *quartzite blanc*.

Entre la Lufra et la Loenge et entre la Loenge et la Kafubu : *schistes gris*, d'après le géologue Voss, adjoint à la mission scientifique du Katanga (commandant Lemaire).

D'après le même :

Village Okalinda : *granit*.

Ruisseau Luachi : dômes de *granit*, *grès tendres*.

Ruisseau Sombo : *granit*.

Ruisseau Kulechi : *grès tendre* et *schisteux*.

Ruisseau Kamwana : *grès*, *quartz*.

Camp Luakera : *quartz laiteux*.

Rivière Gabo : *schistes*, *veines de quartz*.

Rivière Kamitochi : *schistes siliceux*.

Ruisseau Kamisole : *quartz*.

Rive droite Kisora : *quartz*, *schistes siliceux*.

Mulaba : *Magnétite bleu* métallique fortement magnétique.

Rivière Ditemba : *Minerai de fer*, *quartz* (?).

Rivière Mwemwachi : *schistes*.

La rivière Luembo (9°20') : *granit*, d'après le docteur Max Buchner.

Katola : *granit*, d'après H. Buttgenbach.

Tshikenge (Lulua) : *granite*, d'après Wissmann (?).

Mukenge : *granit*, d'après Pogge.

Vallée du Lubefu (5°20 lat. S.) : *primaire*, d'après Cornet.

Système du grès rouge :

Au confluent du Lomami et aux Stanley-Falls, d'après Bauman. Sur le plateau de Lunda, d'après Pogge : « Im Reiche des Muata-Yamvo » (1).

De la Lufonzo à Kalolo : *grès* et *schistes*, d'après Questiaux.

---

(1) Nous avons figuré là du grès rouge, mais sans lui assigner de place exacte.

De Lusaka à Baudouinville : *grès* et *schistes, calcaires*, d'après le même.

Lukonzolwa, Pweto, Kisabi : *grès, schistes* et *calcaires*, d'après Buttgenbach.

Plateau de Kulumbulwa : *grès*, d'après le même.

Kitetema : *grès*, d'après le même.

A l'ouest de Mikunga : *grès*, d'après le même.

Système du grès blanc. — Entre la Maringa et le Lopori, d'après le commandant Ch. Lemaire.

Aux sources du Lovoi, à Nyangwe, sur la Rihamba (affluent de la Livuana), d'après Cameron.

La partie nord de la bordure de la cuvette centrale a été indiquée d'après les données de Stanley qui fait passer la limite des grès blancs entre Bolamboli et Mupi; un second point de repère nous est donné par le commandant Verstraeten qui a signalé du schiste en aval du village d'Eringa et du calcaire en amont de Buta.

Alluvions, d'après Cornet.

Carton I. — La caractéristique géologique du bassin du Congo, une ancienne mer intérieure, nous a paru mériter un carton spécial. Ainsi que nous l'avons dit, à l'origine tout le sol actuel du Congo était sous les eaux. Divers soulèvements ayant amené à deux reprises la formation de la cuve, une mer intérieure s'y forma, qui s'écoula par la suite. Dans le dernier de ces écoulements les parties élevées du fond émergèrent d'abord divisant ainsi le grand lac en un certain nombre de lacs secondaires, dont le principal occupait tout le centre du bassin. A son tour, celui-ci fut réparti, dans le travail d'assèchement, entre divers bas-fonds, et c'est ainsi qu'à côté des anciens lacs Kiniata, Kiubo (Djuo), Moero et Tanganika il s'en forma d'autres, tels que le lac Ubangi en amont des chutes de Zongo, le lac Kasai en amont des passes de Swinburne et le lac Lualaba sur le moyen Lualaba.

Nous avons représenté sur notre carton les anciens lacs dans l'état où ils devaient se trouver, à notre avis, à l'un de leurs derniers stades.

Nous y représentons comme existants les lacs Kiniata, Kiubo (Djuo), Moero, Lualaba, Tanganika et Semliki.

Carton II. — La formation des massifs du Katanga est indiquée d'après les renseignements tirés de l'étude de Cornet : *Les formations post-primaires du bassin du Congo.*

L'emplacement des failles est donné également d'après les renseignements verbaux fournis par le savant géologue.

Carton III. — La coupe dans les monts de Cristal est extraite des études du même auteur : *Sur la géologie du Congo occidental entre la côte et le confluent du Ruki.*

OROGRAPHIE

Les divers travaux qui ont été publiés sur la géographie physique de l'Etat du Congo depuis 1897, époque à laquelle a paru la première édition de cet ouvrage, ont eu pour résultat de confirmer le bien fondé de la classification rationnelle qu'avait adoptée son auteur.

Rappelons que, rejetant la division du bassin en trois terrasses séparées l'une de l'autre par des chaînes de montagnes, il faisait appel aux données de la géologie pour établir le groupement des hauteurs importantes

A cette époque déjà, l'auteur s'était largement inspiré de belles études de géographie physique du Congo, publiées par M. Cornet, professeur à l'école des mines de Mons, à la suite de ses voyages. Depuis, le savant géologue a continué ses travaux sur cette importante question et nous avons puisé dans ses intéressantes publications de précieux renseignements.

A l'origine, dit la géologie, l'Afrique faisait partie du continent de Gondwana qui s'avançait au loin dans l'Atlantique à l'ouest et embrassait l'Inde et peut-être l'Australie à l'est. Ce continent avait sans doute comme dorsale principale une chaîne qui, partant de l'est du bas Nil, se prolongeait par l'épais plateau des monts de l'Est africain allemand et s'infléchissait ensuite vers le sud en suivant la crête actuelle du Congo-Zambèze.

Cette chaîne, qui bordait ainsi dès le début le bassin du Congo sur deux de ses faces (est et sud) fut ensuite arasée presque partout par l'action des éléments atmosphériques, tandis que des plissements ou des éruptions postérieures donnaient à d'autres reliefs une plus grande importance.

Mais il est certain que cette communauté d'origine des parties orientales et méridionales de l'Etat n'avait pas été sans leur donner une analogie d'aspect que nous constatons encore aujourd'hui.

De la courbe de 600 mètres aux frontières nous voyons le sol s'onduler assez fortement et monter progressivement vers les régions montagneuses : ce sont les rives de l'ancienne grande mer intérieure, non pas de celle qui allait jusqu'aux Monts de Cristal, mais de celle qui devait s'étendre vers l'ouest bien au delà de ceux-ci et à laquelle nous devons les dépôts de grès rouge que l'on constate sur la partie occidentale de ces monts. C'est cette région ondulée que nous nommerons la *région supérieure*.

Le fond de la grande mer était sans doute sillonné par des chaînes de montagnes importantes qui provoquèrent, selon toute probabilité, le même phénomène qui se produisit plus tard dans le bassin du Congo lui-même, c'est-à-dire que, pendant l'assèchement, les Monts de Cristal cessèrent d'être immergés sous les eaux et déterminèrent la mer intérieure du bassin du Congo. Plus tard l'affaissement général vint donner approximativement à l'Afrique son contour actuel.

Nous sommes donc amenés à distinguer deux nouvelles régions :

1° La *région côtière*, comprenant les Monts de Cristal, qui pour avoir la même composition que la crête Congo-Zambèze, n'en doit pas moins être considérée séparément, puisqu'elle n'était qu'une chaîne secondaire du grand continent ;

2° La *région centrale*, qui embrasse cette zone où les eaux, ayant séjourné le plus longtemps, ont recouvert le grès blanc d'un épais dépôt et donné au sol une uniformité absolument caractéristique.

La région supérieure.

La *ligne de faîte Congo-Zambèze* a été étudiée d'après Cornet et le commandant Lemaire. Le géologue et l'explorateur ont coupé cette ligne en des points différents, et c'est ce qui explique leurs divergences de vues.

Le premier a trouvé à la ligne de partage un caractère d'indécision, un manque de netteté absolus; le second, partout où il recoupe ce qu'il appelle pittoresquement la « dorsale du commerce », n'a aucune hésitation : toujours la ligne de partage est nettement caractérisée, bien que souvent on n'y rencontre pas de relief marqué (Commandant Lemaire. Observations entre le 27e degré de longitude est et le lac Dilolo. *Belgique coloniale*, 1900, p. 304 et suiv.). La hauteur des monts Irumu (1,700 mètres) est donnée d'après Wallace. *Geographical Journal*, 1907.

En ce qui concerne les *massifs du Katanga*, nous avons fait un large usage de l'ouvrage de Cornet : Les dislocations du bassin du Congo (I. Le Graben de l'Upemba. Extrait des

Annales de la Société géologique de Belgique, t. XXXII. Mémoires, Liége 1905).

Les plissements schisteux des monts Kijika-Luelo, qui ridèrent le sud de l'Etat à l'époque primaire, prolongés par la chaîne granitique appelée par le géologue « Monts Bia », avaient formé avec la grande dorsale et dans l'angle du Katanga actuel un véritable golfe.

Le grès rouge qui s'y déposa par la suite constitue un bloc résistant qui eût été aplani depuis longtemps si des phénomènes de dislocation n'étaient venus rendre à ce pays le relief accidenté qu'il accuse encore de nos jours.

Les récentes études faites par M. le professeur Cornet ont mis en lumière la large part qu'il faut accorder aux phénomènes de dislocation dans la constitution des massifs montagneux du Katanga. Nous avons eu soin de nous en inspirer.

C'est longtemps après le dépôt du grès rouge, au début de la formation du grès blanc peut-être, que se formèrent la grande crevasse du centre africain, les crevasses secondaires du Katanga et leurs chaînes bordières.

Dès lors, peut-on faire du relief montagneux qui va des environs de la ligne de partage Congo-Zambèze aux Virunga et même à la crête Congo-Nil une seule et même chaîne? Nous ne le croyons pas.

Nous n'avons donc pas cru pouvoir assimiler à une seule chaîne les couches schisteuses et granitiques de la bordière occidentale et les dépôts sédimentaires de la majeure partie des Mitumba. Les premières sont nettement redressées (pendage au Mont Rumbi 45° Diderrich), tandis que les seconds sont des couches horizontales dont la tranche s'observe sur tous les massifs de la région.

C'est ainsi que nous sommes conduits à étudier dans la région supérieure deux systèmes montagneux : le premier, celui de la grande crevasse; le second, qui embrasse les massifs du Katanga. Nous rattachons accessoirement à ce dernier le vaste plateau de Lunda qui ne peut être négligé.

Dans l'appendice de l'édition précédente, l'auteur proposait de rendre aux Mitumba la limite que leur assignait Reichard dans son étude : *Bericht ueber die Reise nach Urua und Katanga* (Mittheilungen der Afrik. Gesellsch. in Deutschland 1885). Band IV. Heft 5, p. 303.

Nous avons adopté cette manière de voir d'une façon définitive en donnant comme limite septentrionale à cette chaîne un point situé à hauteur du cap Tembwe, et, en l'absence de noms locaux relevés par les explorateurs, nous avons adopté pour la bordière ouest du Tanganika l'appellation de *Chaîne occidentale du Graben.*

Les différentes altitudes dont il est fait mention dans l'étude de la grande crevasse sont puisées en majeure partie aux sources suivantes :

Capitaine Hermann, *Mittheilungen von Forschungsreisenden und Gelehrten*. Band XVII. Heft 1 (Berlin 1904).

Cependant nous n'avons pas accepté les chiffres qu'il donne pour la partie ouest de la grande crevasse, ceux-ci ayant été trouvés beaucoup trop élevés par le commandant Bastien auquel nous devons de précieux renseignements sur la région du Kivu; ce renseignement nous a d'ailleurs été pleinement confirmé par le capitaine Hennebert. Si certains explorateurs renseignent des chiffres plus élevés (von Götzen 2,700 m.), ce sont là des hauteurs isolées, mais la chaîne elle-même ne semble guère dépasser 2,000 mètres.

En ce qui concerne les volcans du Kivu, nous avons adopté les chiffres du capitaine Hermann.

Le Ruenzori est, au dire du duc des Abruzzes, une véritable chaîne; aussi avons-nous renoncé à la dénomination de massif qu'on lui donnait jusqu'en ces derniers temps, pour adopter celle de cet explorateur auquel nous empruntons d'ailleurs les quelques lignes qui se rapportent à ce sujet (*Geographical Journal*).

A. B. Fisher, *L'Uganda occidental*, a été consulté également.

Les monts Misosi-ya-mwezi, d'après Max Moisel cité plus haut et dont nous avons utilisé la *Karte von Deutsch Ost-Afrika* (Berlin 1907).

Le major E. Wangermée (Voyage au Congo par Mombasa; Cercle africain) et Hermann nous ont fourni des matériaux pour la rédaction de la partie qui a rapport aux monts Virunga.

Quant au plateau Congo-Nil, que nous avons étudié surtout d'après Ch. Lemaire (Mission scientifique Congo-Nil), nous le mentionnons moins pour son importance orographique que pour signaler l'existence, vers le nord, d'une ligne de faîte analogue à celle qui sépare au sud le Congo du Zambèze, crête qui représente le dernier vestige de massifs élevés. L'altitude du mont Pisga est donnée par Stanley : 1,400 mètres.

En avant des grandes chaînes nous avons signalé les

reliefs remarquables. Nombre de renseignements concernant l'Uele sont puisés dans le compte rendu de M. G.-F. Preumont à la société R. G. S. of London; le capitaine Bon de Renette nous a fourni sur cette région des renseignements d'autant plus précieux qu'il y a résidé pendant de longues années.

Ayant déterminé les hauts reliefs de notre région supérieure, nous en avons assuré les limites inférieures vers le nord, par une ligne qui correspond assez bien à ce banc pierreux que signale Wolf sur tous les affluents du Congo vers 5°30' de latitude sud et au changement radical d'allure du sol qu'a remarqué Cornet au delà de la faille de Kashimbi (Les dislocations du bassin du Congo).

La faille de la chute de Wolf, par J. Cornet (*Annales de la Société géologique de Belgique,* Liége 1907), vers l'ouest par une ligne longeant le Lualaba, ligne qui correspond à la limite entre les sites montagneux de l'est (lieutenant Henry) et les pays plats de l'ouest (Hódister).

La région centrale.

La hauteur de 460 mètres donnée au seuil Ubangi-Gribingui est approximative et basée sur les observations absolues de la mission Foureau-Lamy faites en deçà et au delà : Fort Crampel sur la Nana (438 m.) et Fort-Sibut sur la Tomy, affluent de la Kemo (442 m.) (Documents scientifiques de la mission saharienne. Paris 1905). A part cela, l'étude de la région centrale, pas plus que la description orographique de la RÉGION CÔTIÈRE, ne diffère sensiblement de celle de l'édition précédente de cet ouvrage.

Cartes. *Carte hypsométrique.* L'Afrique, de par la forme généralement tabulaire de ses montagnes, se prête bien à la représentation du relief du sol par les courbes de niveau. C'est ce qui nous a engagés à figurer l'orographie de l'Etat du Congo d'après ce système.

Les courbes choisies ont été celles de 200, 500, 600, 1,000, 2,000, 3,000 et 4,000 mètres.

La troisième courbe (600) présente l'avantage de délimiter à peu près la région supérieure.

En l'absence de cartes topographiques nous avons dû agir comme suit :

Prendre les altitudes observées qui se rapprochent le plus de la côte cherchée, au-dessus et au-dessous de celle ci; déterminer d'après ces chiffres et en supposant le sol incliné régulièrement entre les deux points, la côte ronde; réunir enfin ces points de côte ronde par une courbe s'infléchissant suivant les mouvements de terrain indiqués par les explorateurs (1). Lorsque les chiffres donnés par ceux-ci sur leurs cartes ne correspondaient pas avec leurs tableaux altimétriques, nous avons adopté les chiffres de ces derniers.

Nous nous sommes servis des levés topographiques des différents chemins de fer construits ou étudiés : chemins de fer des Cataractes, du Mayumbe, des grands lacs (Stanleyville-Mahagi, par l'ingénieur Adam, et Stanleyville-Ponthierville), du Bas-Congo au Katanga (ingénieur Passau).

Parmi les ouvrages et cartes consultés il y a lieu de citer :

Pour le Bas-Congo : carte de M. Droogmans et itinéraire de M. l'ingénieur Diderrich.

Pour le Congo français : résultat de la mission Gendron, *La Géographie*, 1901.

Le nord de l'Ubangi, d'après le capitaine Julien, *La Géographie*, 1901.

Région des sources du Pozo et San Salvador : Chavanne, *Reisen und Forschungen im alten und neuen Konkostaate*, Iena 1887.

Partie nord-est, Johnston, *The Uganda protectorate*, 1902.

Partie est, Max Moisel, *Karte von Deutsch Ost-Afrika*, Berlin 1907.

Partie sud-est, Expédition Jacques, *Mouvement géographique*, 1905.

Levé du lieutenant Lattes, *Mouvement géographique*, 1904.

Wallace, Carte et texte, *Geographical Journal*, avril 1907.

Ce travail a été long et compliqué, mais nous croyons qu'il sera d'une certaine utilité.

Nous avons, pour le mener à bien, consulté les chiffres de : Adam, Baumann, Bia, Briart, Cameron, Capello, Cornet, Delcommune, Delporte, Dybowsky, Francqui, Giraud, Grenfell, Herr, Ivens, Yunker, Johnston, Kund, Lemaire, Le Marinel, Livingstone, Lugard, Sharpe, Stanley, Stairs, Schweinfurth, Stuhlmann, Thomson, Tappenbeck, von

---

(1) Par suite de la nature accidentée du Katanga et du nombre d'observations qui y ont été faites, nous avons cru nécessaire d'établir au préalable, pour cette région, un croquis à grande échelle que nous avons ensuite réduit. Nous avons procédé de même pour les régions de l'Uele et des environs de Lusambo-Luluabourg.

Götzen, Van Gèle, von François, Wissmann, etc., etc.

Les chiffres de Delporte (1), explorateur géographe, spécialement outillé en vue d'une mission cartographique, ont été pris comme base.

C'est sur ces chiffres que s'appuient les altitudes déterminées par les levés topographiques des chemins de fer de pénétration construits ou en projet, altitudes qui constituent une deuxième série de chiffres qui offrent toute garantie de sécurité. Les altitudes données par le commandant Lemaire, qui disposait également d'un bon outillage, relevées avec grand soin, sont aussi dignes de confiance.

Carton I. — La région côtière a été tracée d'après Dupont, la région centrale d'après Kund et Tappenbeck et la région supérieure d'après von Götzen.

Carton II. — La région supérieure est faite d'après une coupe de Cornet.

Carte des massifs du Katanga. — Dessinée d'après les cartes de P. Reichard, *Bericht über die Reise nach Urua und Katanga*, et de Droogmans.

Carte de la grande crevasse. — Dessinée d'après le croquis de Moore (*The Tanganyika Problem*), complété par la carte de l'expédition du duc des Abruzzes, pour le Ruenzori et celle de Hermann (*Mittheilungen von Forschungsreisenden und Gelehrten*, Band XVII, Helft I, Berlin 1904) pour les environs de Kivu. La *Karte von Deutsch Ost-Africa* de Max Moisel (Berlin 1907) nous a servi également.

Carte du Ruenzori. — Dessinée d'après le duc des Abruzzes. The snows of the Nile. *Geographical Journal*, 1907.

Vue du Ruenzori. — D'après le même.

Vue des monts Virunga. — D'après Moore. *The Tanganyika Problem* (Londres 1903).

---

(1) Nous ne nous rallions nullement à l'avis de M. Kiepert qui, dans sa notice sur la carte qu'il a dessinée pour le livre : *Durch Afrika von Ost nach Westen*, préfère, pour les Stanley-Falls, l'altitude de von Götzen à celle de Delporte, sous prétexte que ce dernier, dans son *Astronomie et cartographie pratique*, conseille une formule qui n'est pas d'une rigoureuse exactitude. M. Kiepert oublie sans doute que ce livre a été rédigé par des géographes d'occasion ; quant à nous, quoique n'ayant pas eu communication de la formule dont le commandant Delporte s'est servi pour calculer ses altitudes, nous n'en avons pas moins plus de confiance dans ses chiffres que dans ceux d'un explorateur dont les instruments avaient certainement dû s'altérer au cours d'un voyage long et accidenté.

HYDROGRAPHIE

Cette partie de la géographie congolaise, qui fut une des plus rapidement connues, grâce aux travaux des explorateurs, parmi lesquels il faut citer au premier rang MM. Chavanne, von François et Grenfell, a fait depuis des progrès considérables par suite des importants travaux du service de navigation que l'Etat a eu la prévoyance de créer.

Depuis que ce service existe, de nombreuses cartes fluviales ont été dressées et remises aux capitaines de steamers qui, tout en assurant leur service journalier, ont fourni les renseignements et les observations nécessaires pour tenir ces cartes à jour. Le service de navigation s'est occupé également de l'étude des nouveaux biefs qui ont été ou sont sur le point d'être ouverts à la navigation et parmi lesquels il faut citer le bief Ponthierville-Kindu, étudié par le lieutenant Van der Maesen et M. Holmqvist, et celui de Kongolo aux chutes de Konde, dont la connaissance est due aux lieutenants Lattes et Mauritzen.

En ce qui concerne la *source* du Congo, différentes théories se trouvent en présence : l'une d'elles fait choisir le point le plus éloigné de l'embouchure, la seconde est celle du volume d'eau le plus imposant, et enfin la troisième, la plus rationnelle et la plus scientifique dans le cas du Congo, consiste à prendre comme source le tributaire qui peut être considéré comme *branche mère*.

La première théorie donnait comme source au Congo le plus long des affluents orientaux du Malagarazi; la seconde le Tshambezi, cours supérieur du Luapula; enfin, d'après la troisième, celle que nous adopterons, il faudrait considérer comme source le Kuleshi, dont les eaux se mêlaient déjà à celles du Congo à une époque où les tributaires de droite n'avaient pas encore creusé, au travers des Mitumba, le chenal qui devait en faire des affluents du grand fleuve (1).

Certains auteurs donnent comme source au Congo le Lubudi; cependant nous avons cru devoir nous rallier à

---

(1) C'est M. Wauters qui le premier a mis en avant cette hypothèse que l'auteur de la première édition (voir *Bulletin du Club africain d'Anvers*, nº 1) avait reprise en la basant sur les données géologiques et géographiques les plus récentes à cette époque et que les découvertes subséquentes ont d'ailleurs confirmée avec une légère variante résultant de l'étude faite sur place par le commandant Lemaire.

l'opinion du commandant Lemaire qui a traversé le Kuleshi et le Lubudi à la même latitude et constaté que le premier avait un débit au moins double du second.

Pour le choix des affluents à citer nous nous sommes basés :

1° Soit sur l'importance de leur bassin et du volume de leurs eaux. Ex. *Ubangi;*

2° Soit sur leur direction caractéristique indiquant une des parties de la configuration générale du bassin. Ex. *Ebola;*

3° Soit sur certains faits remarquables au point de vue géologique ou hydrographique. Ex. rivière *Kashimbi*, rivière *Lofembura*.

Nous sommes arrivés aussi à faire un choix judicieux dans ce fouillis de rivières.

Il est un autre point que nous avons essayé de fixer : c'est celui de la dénomination des cours d'eau.

Lorsque, au début de l'exploration, un voyageur rencontrait une grande rivière et qu'il demandait son nom aux indigènes, ceux-ci répondaient la plupart du temps dans leur dialecte : « grande eau » ; l'Européen inscrivait aussitôt le mot sur ses tablettes et le donnait comme nom du cours d'eau.

Un autre explorateur, rencontrant une rivière en un autre point, recevait la même réponse dans un dialecte différent et la donnait comme le véritable nom, et ainsi de suite. C'est de cette façon que le Kibali-Uele-Te-Du-Ubangi ne forme qu'une seule rivière; que le Sankuru et le Lubilash sont identiques; que le Lualaba devient le Kamolondo, etc.

Ces complications, de peu d'importance pour les spécialistes, ne peuvent qu'embrouiller l'étude de la géographie du Congo pour les non-initiés. C'est pour faire un premier pas dans cette voie de simplification que nous avons donné un seul nom à chaque rivière. Nous avons pris, autant que possible pour chacune d'elles, le nom relevé par celui qui l'a découverte (Ex. Semliki au lieu d'Isango), à moins que ce nom ne soit tombé en désuétude. (Ex. Rubi au lieu d'Itimbiri ou de Loika.)

Nous avons cependant fait exception à cette règle pour les noms qu'un long usage a consacrés. (Ex. Uele et Ubangi au lieu d'Uele.)

Citons parmi les auteurs consultés pour l'hydrographie :

Cameron, *A travers l'Afrique*, Paris 1878 (Lualaba).

Dupont, *Lettres sur le Congo*.

Donnay, *Belgique coloniale* (Bomu).

Lattes et Mauritzen, *Belgique coloniale* (Lualaba).

Heymans, *Belgique coloniale* (Ubangi).

Capitaine Julien, *La Géographie*, Paris 1902 (Cuvettes de l'Ubangi).

Borms, *Mouvement géographique*, Bruxelles 1905 (Fini).

Droogmans, *Notices sur le Bas-Congo*, Bruxelles 1901 (Shiloango).

Francqui, *Mouvement géographique* (Bangwelo).

L'évaluation de la *superficie des lacs* a été prise dans différents auteurs; celle du lac Léopold II a été calculée par nous.

Nous avons adopté pour le *lac Albert Edouard* la hauteur de 920 mètres adoptée par la commission de délimitation anglo-allemande.

Le chiffre de 1,476 donné pour le *Kivu* est celui de Moore, que l'on trouve reproduit dans une récente carte officielle anglaise.

L'altitude du *lac Tanganika* (854 m.) est celle donnée par Lancaster et finalement adoptée par Lemaire. Elle a été obtenue à l'aide des tables de Jordan, et le chiffre en a été déterminé par 222 observations du baromètre et du thermomètre faites aux mêmes moments à Daar-es-Salaam et au Tanganika.

Le commandant Lemaire, en appliquant la formule de Delporte légèrement modifiée, est arrivé au chiffre de 855 mètres.

On trouve dans les observations altimétriques de la mission scientifique du Katanga, publiées par le même officier, le chiffre moyen de $858^{m}44$ obtenu de la façon suivante :

Par la formule de Babinet	$855^{m}00$
Par la formule d'Angot	$860^{m}65$
Par la formule du bureau des longitudes . .	$856^{m}25$
Par la formule de l'observatoire de Belgique.	$861^{m}84$
Moyenne . . .	$858^{m}44$

Le capitaine Hermann donne 780 mètres comme altitude du même lac.

Nous avons adopté pour le *Moero* le chiffre de Lemaire ($972^{m}20$) résultant d'une moyenne obtenue par l'application de formules différentes :

Pour la formule de Babinet	$969^{m}50$
Pour la formule d'Angot	$974^{m}90$
Moyenne	$972^{m}20$

Weatherley nous a fourni l'altitude du lac *Bangwelo;* Giraud l'estime à 1,300 mètres.

D'après le commandant Le Marinel, il se pourrait, et cette supposition est basée sur les chiffres donnés par les levés du chemin de fer des grands lacs, que l'altitude donnée pour les lacs Albert-Edouard et Kivu fût trop faible.

Le *lac Dilolo* est étudié d'après le commandant Lemaire et M. Willemoës.

Le *régime du Congo* résulte surtout des études de Chavanne; l'estuaire sous-marin est décrit d'après Thomson (dans les notices sur le Bas-Congo de M. Droogmans).

La description de la Lufira a été corrigée d'après les observations faites en 1899 par le commandant Lemaire.

Il a constaté que les chutes de Djuo ont comme véritable nom Kiubo et qu'à cet endroit la Lufira coule encore en plaine; ce n'est que plus loin qu'elle pénètre dans les monts Mitumba.

Quant au débit des cours d'eau ce sont les résultats donnés par Tuckey, Chavanne, Grenfell, Stanley, Cameron et von François. Quoique Reclus émette des doutes sur les chiffres de ce dernier, nous les admettons comme ayant été relevés avec autant de conscience que ses observations astronomiques.

Le débit de l'Escaut a été obtenu de la manière suivante : il passe devant Anvers pendant un flot de six heures 57,089,455 mètres cubes avec une vitesse de 45 mètres à la minute (Bon Guillaume, *L'Escaut depuis 1830,* Bruxelles 1902); nous en avons déduit qu'en une seconde il y passait 57,089,455 : 21,600 = 2,643 mètres cubes.

Dans les conclusions nous avons donné au Congo le *dixième rang* parmi les fleuves du monde au point de vue de l'étendue, en nous basant sur les renseignements suivants :

Mississipi : 7,200 kilomètres, d'après Reclus, *Nouvelle géographie universelle* (Paris, 1892); 3,940 ou 5,880 en comptant à partir des sources du Missouri, d'après Vidal de la Blache et Camena d'Almeida.

Nil : 6,397 kilomètres, d'après Wauters. *Mouvement géographique*, 1905.

Ob ou Obi : 5,700 kilomètres, d'après Finsch, Reise nach west Siberien; 4,220 kilomètres, d'après Vidal de la Blache et Camena d'Almeida.

Yang-Tse-Kiang : 5,200 kilomètres, d'après le cours de

géographie de Vidal de la Blache et Camena d'Almeida (Paris 1908).

Amazone : 5,000 kilomètres, d'après le cours de géographie de Vidal de la Blache et Camena d'Almeida. Paris 1908.

Amour : 4,400 kilomètres, d'après Vidal de la Blache et Calmena d'Almeida.

Hoang-Ho : 4,192 kilomètres, d'après Vidal de la Blache et Camena d'Almeida.

Léna : 4,000 kilomètres, d'après Vidal de la Blache et Camena d'Almeida; Vitim Léna : 5,465, d'après Reclus.

Ienissei : 3,500 ou 4,700 kilomètres à partir de la source de la Selenga, d'après Vidal de la Blache et Camena d'Almeida.

Carte. *Le bassin du Congo.*

La partie ouest est dessinée d'après F. Rouget, *Expansion coloniale au Congo français.*

L'est, d'après Max Moisel, *Karte Von Deutsch Ost-Afrika.* Berlin 1907.

La partie sud-est, d'après L.-A. Wallace, *Geographical Journal*, 1907.

Les expansions du Haut-Congo.

Tracées d'après Rev. W. Grenfell. Map of the Congo River. *Geographical Journal*, 1902.

ETHNOGRAPHIE

L'étude de l'ethnographie est d'une importance capitale pour les peuples colonisateurs; elle conduit, en effet, à la connaissance de la psychologie, du tempérament et du caractère des indigènes qui seule permettra de travailler à coup sûr à la disparition des défauts de ces derniers et à la mise en relief de leurs qualités latentes; cette étude permet, de plus, d'aiguiller les différentes races vers les occupations dans lesquelles elles fournissent leur maximum de rendement.

Plusieurs auteurs ont déjà dévisagé la question sous ce jour, et pour montrer les résultats auxquels peut conduire une étude dirigée dans ce sens, nous citerons les conclusions auxquelles sont arrivés le docteur Max Schoeller et le lieutenant Desplagnes.

D'après Max Schoeller (*Mitteilungen über meine Reise nach Aequatorial-ost-Africa und Uganda*, 1896-1897, Berlin 1901-1904), sont seuls utilisables pour une exploitation agricole régulière les territoires occupés par les tribus « bantu »;

les races hamitiques ne conviendraient nullement pour le développement agricole et l'utilisation des richesses du pays.

Le lieutenant Desplagnes (*Le plateau central nigérien*, Paris 1907) écrit : « On peut conclure d'après la longue série d'observations et de faits exposés dans cette étude sur les populations nigériennes et soudanaises, que les primitifs négroïdes et les négrilles se sont généralement montrés toujours incapables de créer par eux-mêmes une « société organisée » et de soumettre à des règles leur individualisme intransigeant ...

« Quant aux tribus qui sont parvenues à une organisation sociale embryonnaire, elles ne le doivent qu'à un métissage continu et à une infiltration lente de populations venues de l'est ... Elles deviennent alors plus aptes à s'imprégner des idées civilisatrices importées du nord-est par des populations contenant des éléments asiatiques.

« Nous constatons également que les éléments ethniques étrangers, introduits par les populations colonisatrices ou envahissantes du nord disparaissent en Nigritie absorbés lentement par de nombreux métissages avec les aborigènes noirs ; et, chaque fois que le fonds des peuples primitifs nigrètes est arrivé à prendre une prédominance marquée ou la prépondérance politique, nous voyons la civilisation soudanaise subir une forte régression vers la barbarie. »

Le coup d'œil historique par lequel débute notre étude ethnographique a été rédigé principalement par l'étude des documents suivants :

Xavier Stainier, L'âge de la pierre au Congo (*Annales du Musée du Congo*).

Docteur Jacques, d'après Franz Muller (*Bulletin de la Société d'anthropologie de Belgique*).

Docteur Dryepondt, Conférence sur l'industrie congolaise.

Docteur Verneau, Les races humaines.

A.-B. Fischer, L'Uganda occidental.

LES BANTU.

Faisons remarquer tout d'abord qu'il n'existe pas de variété humaine « bantu » (Frobenius, *Ursprung der Kultur*), mais que les Bantu forment une *famille linguistique* (Halkin, Quelques peuplades du district de l'Uele).

L'immense groupe des peuples de langue bantu, qui

occupe l'Afrique centrale et méridionale d'une côte à l'autre, se divise, dit le *Dictionnaire de géographie de Vivien de Saint-Martin*, en Bantu méridionaux, Bantu orientaux et Bantu occidentaux ou du Congo. Mais M. Rousselet ajoute que Stuhlmann semble donner comme limite entre ces deux dernières grandes divisions, d'ailleurs plutôt géographiques, le Lualaba. Il en résulterait que les peuples Wagenia, Wavira, Vuanyema, etc., situés à l'est du fleuve, appartiendraient au groupe oriental.

C'est là, à notre avis, une mauvaise interprétation de ce que dit l'explorateur allemand.

Ainsi que nous l'avons déjà fait remarquer ailleurs, les peuples de l'Afrique, chassés de leurs demeures par leurs ennemis ou par une calamité quelconque, suivirent sans doute dans leurs migrations les voies naturelles. Or, ne l'oublions pas, au centre de l'Afrique, à la frontière orientale de l'Etat, s'étend la grande crevasse du centre africain, gigantesque fracture longue de 1,500 kilomètres, large de 100, bordée de deux chaînes de montagnes d'une altitude moyenne de 1,500 mètres et présentant des chaînes dépassant parfois 5,000 mètres de hauteur.

Cet obstacle longitudinal qui a limité presque partout l'extension de la flore et de la faune n'a-t-il pas arrêté aussi les hommes? N'est-il pas presque certain que, dans leurs migrations, ces hommes s'écoulèrent le long de ce système montagneux sans presque l'aborder? Tout nous le prouve : Stuhlmann trouve au sud de la crevasse la race pure des anciens Bantu (Wakondjo); les populations situées plus à l'ouest sont, selon lui, originaires du sud-ouest. Plus au sud, von Götzen, dans son voyage « Durch Africa von Ost nach Westen », est frappé par la différence complète des peuples situés à l'est et à l'ouest de la crevasse.

Sans doute les parties méridionales et septentrionales, où les montagnes s'abaissent en bordant de grands lacs, ont offert moins d'obstacles à la pénétration, et nous pouvons voir des tribus franchir les lacs Albert et Tanganika et s'établir sur leurs rives occidentales; mais, à part les Arabes, il est certain qu'on ne peut invoquer leur présence dans tout l'est du Lualaba pour assimiler les peuples qu'ils opprimaient aux Bantu orientaux. Pour profonde qu'ait été leur action, elle a été de trop courte durée (trente ans à peine) pour modifier suffisamment le caractère ethnographique des tribus du Manyema et de la partie orientale de la grande forêt. Nous adoptons donc, pour limite entre les deux groupes Bantu du nord, la grande crevasse.

Si les mœurs et l'aspect extérieur des peuplades congolaises ont été observés jusque dans leurs moindres détails, si les explorateurs ont décrit avec minutie les plus petites particularités qu'ils ont observées chez elles, les vues générales, les groupements ethniques avaient été négligés jusqu'en ces derniers temps.

M. Cyrille Van Overbergh, directeur général de l'enseignement supérieur, des sciences et des lettres au Ministère des sciences et des arts, est venu, avec la collaboration de M. De Jonghe, docteur en philosophie et lettres, combler très heureusement cette lacune par la publication de ses études sur les « Bangala » et sur les « Mayombe » qui ne sont que les premières d'une collection complète de monographies ethnographiques.

Il met ainsi fin à un état de choses qu'il fallait d'autant plus déplorer que la difficulté des groupements s'augmente tous les jours en raison des mélanges qui se produisent entre peuplades autrefois tout à fait séparées.

Le vaste bassin doit sans aucun doute être habité par des peuplades présentant des analogies et des dissemblances d'aspect ou de mœurs qui permettent de les réunir ou de les séparer.

Mais rien n'est plus difficile que ce groupement ethnique. La langue ne peut nous servir de base en pareil cas. « La langue, dit Lepsius, ne se laisse pas, il est vrai, séparer totalement des peuples qui la parlent; cependant il faut d'abord se pénétrer de cette idée que les peuples et les langues ne coïncident nulle part, d'après leur descendance et leur groupement, comme on le croit encore généralement. Les groupements de langue doivent être entrepris indépendamment des autres et ne doivent entrer en ligne de compte qu'en dernier lieu. Les caractères physiques, les dates ethnographiques et les traditions des peuples sont les meilleurs guides pour étudier la communauté de leurs caractères. »

Il est à remarquer d'ailleurs, en ce qui concerne la langue, que le vainqueur adopte généralement celle du vaincu.

Il est encore un autre facteur cependant qui, au dire de Stuhlmann, doit être pris en considération : c'est l'habitat. Des analogies de milieu et de circonstances ont donné des moyens semblables de subsistance et des usages, des mœurs, des industries analogues.

Quant aux documents anthropologiques, ils sont généralement insuffisants : les mesures prises sont incomplètes, isolées et ne dérivent d'aucune théorie d'ensemble. Dans ces conditions nous en sommes réduits à nous baser principalement sur la communauté d'habitat, qui, en effet, coïncide fort bien au Congo avec certaines particularités générales observées chez les habitants d'une même région.

Nous avons été ainsi conduits à diviser nos Bantu du Congo en *Bantu de la côte et de la brousse*, *Bantu des savanes* et *Bantu des forêts*, qui offrent certains caractères communs cités dans notre livre.

Sans doute, cette division n'est pas définitive; les frontières, entre autres, sont assez conventionnelles.

Il est à peine nécessaire de faire observer que des groupements établis sur des bases aussi insuffisantes ne peuvent être considérés comme définitifs : pour certains d'entre eux les caractères physiques, et notamment le tatouage, ont été notre seul guide. Aussi prions-nous le lecteur de considérer ces groupements comme un simple essai préparatoire à des travaux plus scientifiques qui ne seront réellement possibles que lorsqu'on possédera sur toutes les peuplades du Congo des renseignements sérieux ou des études semblables à celles déjà citées plus haut de M. Cyrille Van Overbergh.

Bantu de la côte et de la brousse.

Les caractères des Bantu de la côte ont déjà été suffisamment fixés pour qu'il soit nécessaire d'y revenir; nous y avons rattaché les Bantu de la brousse qui ont avec les premiers de grandes affinités de langue (Thonner, *Dans la grande forêt de l'Afrique centrale* (Bruxelles 1899).

Les *Muserongo* ont été étudiés surtout d'après le R. P. E. Callewaert, Les Mousserongos. *Bulletin de la Société royale belge de géographie*, n° 3 (Bruxelles 1905).

Les *Mayumbe*, d'après des renseignements divers.

Les *Bambumu*, d'après Costermans, *Bulletin de la Société d'études coloniales*.

Les *Banfumu*, d'après le R. P. R. Butaye, de la préfecture apostolique du Kwango (renseignements verbaux).

Bantu des forêts.

En ce qui concerne le groupe des Bantu sylvestres, nous en empruntons le nom à Stuhlmann qui classe sous cette dénomination tous les indigènes établis à l'ouest de la ligne Amadis-Bena Kamba. Nous avons étendu cette appellation à tous les peuples de la forêt, les habitants des contrées situées à l'est de la ligne précitée nous ayant paru présenter de grandes similitudes de mœurs avec leurs voisins de l'ouest.

Les principaux auteurs consultés sont :

Pour les *Bayanzi* : Costermans, *Bulletin de la Société d'études coloniales.*

Pour les *Bangala* : Cyr. Van Overbergh, *Les Bangala* (Bruxelles 1907).

Pour les *Mobali* : Thonner, *Dans la grande forêt de l'Afrique centrale* (Bruxelles 1899).

Nous avons appelé avec lui *Mobali* les riverains de la Dua (affluent de la Mongala) et considéré comme une branche de cette tribu les *Maginza,* nom que nous avons donné à tous les habitants de la région de l'entre Congo et Dua (les Mondunga exceptés). Nous avons renoncé à l'expression *Ngombe* par laquelle on a souvent désigné ces populations. Ngombe est, en effet, un terme du langage courant qui signifie soit « l'intérieur du pays » soit « les habitants de l'intérieur ».

Le mot *Moya* aurait la même signification. Enfin le nom de *Elombo* qu'on leur donne parfois est l'équivalent du mot « guerriers ».

Bien que les *Mondunga* diffèrent du tout au tout des peuplades qui les entourent, nous les avons classés provisoirement dans les Bantu, ne disposant pas de données suffisantes pour les rattacher à d'autres groupements.

Pour l'étude des *Ababua* nous avons utilisé les travaux du docteur Védy, *Bulletin de la Société royale belge de géographie,* de Tilkens et du lieutenant Perin.

M. J. Halkin a fait paraître dans le *Mouvement sociologique international* de mars 1907 une remarquable monographie sur « Quelques peuplades du district de l'Uele ». Nous ne nous sommes cependant pas ralliés à sa manière de voir en ce qui concerne les *Bakango;* il les considère, en effet, comme un groupe ethnique. Or, Bakango est également un de ces mots qui désignent une fonction indépendamment de la race : il signifie « pagayeurs ».

Les *Bakango* proprement dits comprennent deux catégories qui se rattachent à d'autres tribus : l'une est *Abarambo,* l'autre *Ababua.* Mais on a étendu ce nom à d'autres riverains de l'Uele : les *Abasango* (race des Mobenge), les *Mangbele* (race des Mangbele de Gumbari) et les *Adai* (à Nyangara), colonie jadis très puissante. C'est la raison pour laquelle nous avons classé les différents groupes *Bakango* dans les races auxquelles ils se rattachent. Alors que certaines tribus, par suite de guerres ou d'invasions, quittaient leur territoire, souvent les riverains sont restés sur les bords de la rivière, conformant petit à petit leurs mœurs et leurs habitudes à celles de leurs nouveaux voisins qui les ménageaient parce qu'ils avaient besoin d'eux. Ils ont formé de la sorte une « caste », selon l'expression du Dr Védy, jouissant d'une autonomie complète; mais nous nous refusons à voir en eux un « groupe ethnique ».

En ce qui concerne les *Mongo* et les *Kundu*, c'est surtout sur l'analogie du tatouage que nous nous sommes basés pour y rattacher les différentes tribus.

Les *Tumba* sont étudiés d'après Rossignon (*La Belgique coloniale*).

Les *Bolia*, d'après Borms (*Id.*).

Les *Imoma*, d'après X... (*Bulletin de la Société royale belge de géographie*, Bruxelles 1905).

Pour les populations de l'Ubangi, nous avons consulté le commandant Georges Le Marinel, Heymans, Donnay et Masui. C'est sur les conseils du premier que nous avons renoncé au terme de « Yakoma » par lequel on désigne souvent les « Abira », c'est-à-dire les groupes du confluent du Bomu et de l'Uele; c'est un terme du langage commun qui signifie « gens de l'amont ».

Les populations du Lomami au lac Albert sont étudiées d'après Stulhmann (*Mit Emin Pacha in's Herz von Africa*); Liebrechts et Masui (*Guide de l'Etat indépendant du Congo à l'exposition de Tervueren*).

En ce qui concerne les *Mongelima* nous avons utilisé l'étude du R. P. David Steinmetz, de la mission des Falls. Cependant un agent de l'Etat ayant séjourné longtemps dans leur région nous a affirmé que les Mongelima n'étaient pas une tribu, mais un groupement de soldats licenciés; le mot lui-même d'ailleurs aurait cette signification.

Bantu des savanes.

Ce groupement avait déjà été établi en partie par les ethnographes allemands depuis les explorations de Pogge et de von Wissmann. Nous l'avons précisé et complété.

L'étude sur les *Bambala*, les *Bangongo*, les *Bakwese*, les *Bambundu*, les *Bampende*, les *Bakole*, les *Bashilele*, les *Bankutu*, les *Lulua* et les *Bakete* résulte de l'examen de nombreux dossiers de la compagnie du Kasai qu'il nous a été donné de consulter grâce à l'obligeance du directeur, M. Lacourt, et de son secrétaire, M. Donnay. Les *Balunda* du Moero sont donnés d'après le lieutenant Brohez (*Bulletin de la Société royale belge de géographie*); nous y avons puisé également plusieurs renseignements sur les *Baluba*.

Les *Bayaka*, d'après E. Torday (*Notes on the ethnogr. of the Ba-Yaka*, Londres 1906).

En ce qui concerne l'intéressante tribu des *Bakuba*, les renseignements sont nombreux et intéressants : ce sont, notamment, ceux du docteur Dryepondt (*Conférence de l'industrie congolaise*, Cercle Africain), de Harroy : Les *Bakuba* (*Bulletin de la Société royale belge de géographie*, Bruxelles 1907), et du R. P. Huysmans (*Id.*, Bruxelles 1904).

Le *Bakuba* se présente, dès le premier abord, comme un type particulier n'ayant aucun rapport avec le type nègre, et supérieur, nous l'avons dit, à tous ses voisins. Au point de vue artistique, tout, depuis l'habitation jusqu'aux sculptures sur ivoire, révèle un degré très avancé ; de plus, tout y dérive du dessin linéaire, premier point de ressemblance avec l'art égyptien. Parmi les objets sculptés on remarque des cups en forme de tête, qui rappellent l'aspect de la tête du sphynx égyptien : deuxième point digne de remarque. Enfin, lorsqu'on étudie de près l'art bakuba, on remarque qu'il est arrivé depuis longtemps au stade actuel; en un mot, cet art est un vestige et non un progrès. Il est donc parfaitement permis de voir, dans toutes ces constatations, des traces de l'ancienne civilisation égyptienne; d'ailleurs, de récentes découvertes ont fait placer au Transvaal le siège du fameux royaume biblique d'Ophir, et on peut admettre que les anciens Egyptiens, dans la route qu'ils ont parcourue du nord au sud de l'Afrique, ont laissé sur leur passage des vestiges dont les Bakuba seraient l'un des éléments.

Les populations Bakuba constituent, en somme, un îlot au milieu de néo-populations environnantes.

Wolf, qui accompagnait von Wissmann, dit à leur sujet : « Les Bakuba ont tous les caractères d'une race pure; ils m'ont affirmé d'une façon très précise qu'ils venaient du nord-ouest et qu'ils ont conquis la région qu'ils occupent sur les Batua qu'ils ont subjugués ou chassés. »

Les *Batetela* ont été étudiés en partie d'après Borms (*Belgique coloniale*). Nous avons cependant préféré, au terme de *Songe* qu'il adopte pour la race, celui de Batetela consacré par l'usage et qui présente, en outre, l'avantage d'éviter toute confusion avec les *Basonge* qui sont des Baluba.

Les *Bankutu* sont rattachés aux *Basongo-Meno,* d'après Van Laere (*Belgique coloniale*). Les *Bisi-Marungu* sont signalés d'après le R. P. Weghsteen, des Pères blancs, qui nous a, par ailleurs, donné de nombreux renseignements verbaux sur les *Wahombo*, *Beni Nondo*, *Balumbwe*, *Beni-Marungu* et *Bayeke*. Les *Bango-Bango* et les *Wazimba*, d'après Borms (*Belgique coloniale*, Bruxelles 1902). Les *Beniki*, d'après de Croy (*Mouvement géographique*), et Dryepondt (*Conférence sur l'industrie congolaise*).

Les *Wabemba,* d'après le lieutenant Brohez (*Ethnographie katangaise. Bulletin de la Société royale belge de géographie*).

Les *Waholoholo*, d'après Ch. Delhaise (*Notes ethnographiques sur quelques peuplades du Tanganika*).

Les *Basanga*, d'après Cornet.

Les Bantu orientaux.

Une première étude de ces peuplades nous avait conduit à la division suivante :

1. Populations autonomes;
2. Populations sous des chefs Bahima;
3. Populations sous des chefs Batuzi,

établissant une distinction de race entre les *Batuzi* et les *Bahima*. Certes il existe certaines différences entre les premiers, dont l'invasion s'est produite bien longtemps avant celle des seconds et qui sont très mêlés de sang nilotique et bantu, et les Bahima qui sont moins mélangés. Mais un examen approfondi de la question, corroboré d'ailleurs par l'avis d'explorateurs qui avaient vécu sur les lieux et notamment du capitaine Bastien, nous confirma dans l'idée déjà émise par de Martonne que Batuzi et Bahima ne formaient qu'une seule et même race, les *Bahima*.

Nous avons consulté pour la rédaction de ce chapitre : A.-B. Fisher : *L'Uganda occidental* (*Geographical Journal*, Londres 1904); R. P. Gorju, missionnaire de l'Uganda (*Mouvement géographique*, Bruxelles 1905); Thévoz (*Belgique maritime et coloniale*, Bruxelles 1905).

RAMEAU NUBIEN. — GROUPE NUBA.

La savane septentrionale, peuplée par des tribus *nuba*, *nigritiennes* et *métissées*, offre une situation ethnographique des plus complexe.

Nous avons adopté pour la classification celle donnée par le Dr Verneau dans son ouvrage : *Les races humaines;* A.-E. Brehm (*Merveilles de la nature*, Paris).

Nous nous sommes servis pour étudier ces peuples du savant livre de Stuhlmann : *Mit Emin Pacha in's Herz von Afrika* (Berlin 1894).

L'étude des *Azande* a été laborieuse, étant donnés les renseignements souvent peu concordants fournis par divers auteurs; nous avons utilisé : Dr Védy (*Bulletin de la Société royale de géographie*, Bruxelles 1906); commandant De Bauw (*Belgique coloniale*), et renseignements verbaux et surtout les données précieuses qui nous ont été fournies par le commandant de Renette et qui nous ont permis de nous arrêter à la subdivision que nous avons choisie pour les *Azande*.

RAMEAU NIGRITIQUE. — GROUPE NILOTIQUE.

Nous avons consulté de Martonne : *La Vie des peuples du Haut-Nil* (*Annales de géographie*, Paris 1897); c'est à lui, notamment, que nous empruntons la division en *jeunes* et *vieux nilotiques*.

Le major Chaltin a bien voulu nous fournir une étude intéressante sur les populations de l'enclave de Lado; c'est, notamment, lui qui nous a mis en garde contre l'appellation de *Bau* ou *Bawuwu* par laquelle on désigne les populations de cette enclave et qu'on considère souvent comme la désignation d'une race. Ce terme est une injure, une expression de mépris employée par les *Azande* pour désigner les peuplades en question.

Enfin, nous avons encore utilisé des renseignements de J. Penman Browne (*Scottish geographical magazine*), du lieutenant Paulis et du sous-lieutenant Flamme : *Région du lac Albert (N.-O.) et du Haut-Nil* (*Bulletin de la Société royale belge de géographie*, Bruxelles 1904). Nous avons classé sous le terme générique de *Aluri* toutes les peuplades voisines du lac Albert étudiées par ce dernier; nous nous hâtons de dire que nous considérons cette classification comme très hypothétique, car nous avons dû nous baser uniquement sur ce fait que ces peuples occupent le même pays que les *Aluri* renseignés par de Martonne et Johnston.

RAMEAU NÉGRILLE. — LES NAINS.

Nous nous sommes ralliés provisoirement à l'opinion émise par M. J. Deniker dans *La Géographie,* de 1903, Distribution et caractères physiques des pygmées africains (négrilles), pour admettre l'existence au Congo d'un type unique de négrilles, les différences constatées entre ce qu'on croyait des types différents n'étant que des variations individuelles.

Cependant Stanley et plus récemment encore sir Harry Johnston (*The Uganda Protectorate,* London 1902) ont parlé de deux types différents de nains dans le nord-est de l'État et dans l'Uganda : les *Batua* et les *Mambuti.* Ces différences ne nous ont cependant pas semblé suffisamment contrôlées pour être admises sans plus, et nous croyons que le nain à peau noire résulte du même type que le nain à peau jaunâtre ou rougeâtre, mais transformé par le métissage.

Signalons en passant que le mot *Batua* désigne un grand nombre de nains rencontrés en des régions très éloignées l'une de l'autre : les *Batua* de l'Aruwimi, de la haute Tshuapa; les *Batua* de la Lokoro; les *Batoa* du Kasai. Ne serait-ce pas encore là un de ces noms communs que les Européens ont accepté comme désignant une tribu, alors que le mot *Batua* serait tout simplement l'équivalent *bantu* de notre mot *nain ?*

Il est à remarquer également que les *Batua,* à l'exception de ceux de Kasai, ont la peau de couleur claire; il est vrai que ces derniers sont fortement mélangés de sang bantu, comme le fait supposer d'ailleurs leur taille plus élevée que celle des autres nains.

Nous sommes de l'avis de sir Harry Johnston lorsqu'il nie toute analogie entre les nains du Congo et les *Bushmen,* tant au point de vue de l'origine qu'au point de vue des caractères physiques.

Les *Batoa* du Kasai ont été étudiés d'après Harroy. Les *Bakuba* (*Bulletin de la Société royale belge de géographie,* Bruxelles 1907); les *Batua* du lac Léopold II, d'après le commandant Schiötz, *Belgique coloniale;* les *Mambuti,* d'après J. Penman Browne (*Scottish geographical magazine*); les *nains du Tanganika,* d'après le R. P. Weghsteen, des Pères blancs.

PEUPLES MÉTIS.

L'étude des peuples métis n'a pas été exempte de difficultés. A première vue nous avions cru pouvoir rattacher chacun d'eux à la race avec laquelle il avait le plus d'affinités. Si la chose était relativement aisée pour certains d'entre eux, tels que les *Makrakra*, qui sont indubitablement une avant-garde azande en pays nilotique, pour la plupart des autres les renseignements sont insuffisants.

De plus, le métissage a été tellement accentué pour un grand nombre qu'on n'est plus en droit de les rattacher à leur race d'origine. Tel est le cas des *Lendu* qui seraient venus des pays situés à l'ouest du Nil blanc, chassés par les tribus du nord; ils seraient venus s'établir sur le plateau à l'ouest du lac Albert, puis, chassés par les *Aluri* et les *Banyoro*, ils seraient entrés dans la grande forêt qu'ils habitent encore aujourd'hui. Bien qu'ayant la figure presque hamitique, ils présentent, au dire de Stuhlmann et surtout du docteur Shrubsall, qui se base sur de sérieuses mesures anthropométriques, de grandes affinités avec les pygmées.

C'est d'ailleurs la raison pour laquelle nous avons renoncé à les classer parmi les nilotiques.

Dans ces conditions nous avons préféré réunir tous les peuples métis de cette région pour en faire une étude à part, en nous servant des données fournies principalement par Stulhmann, de Martonne, Shrubsall et Johnston.

On remarquera que nous plaçons les *Mangbetu* dans la classe des *Bantu-Nuba*. Cette opinion, déjà développée dans la *Belgique coloniale* (n° 5, 1897) par l'auteur de la première édition, s'était encore affermie depuis, par de nouveaux détails ignorés alors et qu'il tenait de M. Adam.

Cet officier, ayant séjourné pendant plusieurs années au milieu de ces peuplades, a pu les étudier complètement, écouter leurs légendes et retenir leurs traditions, alors que Junker s'était borné à les traverser et que Stulhmann n'avait fait que les approcher.

« Le Nepoko, disent les *Momvu*, est au Tik-tik (nains), le Kibali (haut Uele) est à nous, à nous seuls. Les Mangbetu nous ont pris nos territoires, ce sont des étrangers ici. » Et lorsqu'on leur demande d'où sont venus ces étrangers, ils montrent le sud-ouest.

Cette souvenance de l'arrivée des Mangbetu est trop nette pour ne pas être relativement récente. Le temps ne peut donc en avoir encore altéré suffisamment le souvenir pour que les indigènes indiquent le sud-ouest alors que leurs envahisseurs seraient venus du nord. C'est cette certitude qu'ont les Momvu du pays d'origine des Mangbetu, jointe aux remarques que nous avons déjà faites, qui nous a décidés à classer ces derniers de la façon figurée sur la carte. Nous avons encore consulté, pour l'étude de cette peuplade : Alban Lemaire, *Belgique coloniale;* docteur Védy, *Bulletin de la Société royale belge de géographie*, et lieutenant Cloesen.

Les *Abarambo* sont étudiés surtout d'après le livre du lieutenant Fernand Nys, *Chez les Abarambo*, et les *Mabodo*, d'après les renseignements du lieutenant Adam.

Quant au chapitre sur l'avenir des populations congolaises, il est rédigé surtout d'après le remarquable livre de Dupont : *Lettres sur le Congo*. Paris 1889.

Nous n'avons cité dans l'appendice que les principaux auteurs consultés; indépendamment de ceux-ci nous avons puisé une foule de renseignements dans diverses publications parmi lesquelles nous citerons : le *Mouvement géographique*, la *Belgique coloniale*, la *Belgique maritime et coloniale*, le *Congo*, etc., etc.

Enfin nous avons fait appel aux souvenirs d'un grand nombre de fonctionnaires et d'agents ayant séjourné dans la colonie.

Cartes.

Carte de la densité de la population. — Est faite d'après divers documents et d'après des renseignements puisés au cours de nos études.

La partie occidentale est dressée d'après F. Rouget, *Expansion coloniale au Congo français*, Paris 1906.

Le Mayumbe, d'après Cyr. Van Overbergh. *Les Mayumbe.* Bruxelles 1907.

La partie orientale, d'après Stuhlmann, *Mit Emin Pacha in's Herz von Afrika*, et sir H.-H. Johnston, *Uganda Protectorate*. Londres 1907. Le sud-est, d'après sir H.H. Johnston, *British central Afrika*. Londres 1898, et dans le Congo même d'après les rapports du docteur Polidori, attaché au comité spécial du Katanga, qui l'avait chargé de l'étude des effets produits dans cette région par la maladie du sommeil.

Carte ethnographique. — La carte ethnographique ne nécessite plus, après ce qui vient d'être dit, que peu d'explications. Elle n'offre de réellement intéressantes que les régions orientales et septentrionales. Pour ces régions nous nous sommes servis des cartes de Stuhlmann, de de Martonne et de plusieurs documents inédits.

Les lignes d'invasion sont figurées d'après des renseignements recueillis à diverses sources déjà citées.

Quant aux *stations préhistoriques*, elles sont indiquées d'après Dupont, Cornet, Christiaens et la carte de Xavier Stainier annexée à l'ouvrage : *L'âge de la pierre au Congo (Annales du Musée du Congo).*

Les populations des colonies voisines sont figurées d'après *Official Report on the administration of Rhodesia*, 1902, pour le sud-est; pour l'est, la *Karte von Deutsch Ost-Afrika* de Max Moisel.

Cartons.

Ils sont tracés d'après des sources déjà indiquées.

Dans le *carton n° 1*, la limite de l'habitation rectangulaire a été obtenue par l'étude détaillée des différentes tribus, et la partie nord-ouest de cette limite résulte de nos propres observations. La limite entre les fétichistes et les tribus ayant subi l'influence musulmane est tracée d'après divers renseignements.

Dans le *carton n° 2*, la limite du grain et du manioc est également la résultante de la mise en œuvre de renseignements obtenus au cours de notre étude; la partie nord-est notamment est tracée d'après du Bourg de Bozas (mission du Nil à l'Atlantique), *Bulletin de la Société de géographie*, 1904.

Les *populations industrielles* figurées dans l'Angola sont celles qui s'occupent du travail du fer (J. Monteiro, *Angola and the river Congo*).

La limite des *populations pastorales* est puisée à diverses sources; l'atlas (Wirtschafts-Atlas der deutschen Kolonien, Kolonial Wirtschaftlichen Komitee EV. Berlin) a notamment été consulté dans ce but.

PRODUCTIONS NATURELLES

RÈGNE VÉGÉTAL.

Nous avons, dans notre aperçu général, considéré le bassin du Congo comme étant compris en majeure partie dans la *zone végétale de la Guinée :* cette manière de voir n'est pas admise par tous les botanistes. C'est ainsi qu'on trouve dans la Flora of tropical Afrika, publiée par M. le colonel Prain, directeur des jardins de Kew, la division suivante de la région tropicale d'Afrique :

1° La Guinée supérieure;

2° La région centrale septentrionale, comprenant une partie de l'Ubangi et une partie de l'Uele;

3° La région nilienne, s'étendant sur l'enclave de Lado et sur une minime partie de la limite N.-E. de l'Etat;

4° La Guinée inférieure comprenant le Bas-Congo;

5° La région centrale australe, embrassant la presque totalité du Congo;

6° La région du Mozambique.

Comme le fait remarquer très judicieusement M. E. De Wildeman, cette division est artificielle, et il semble notamment qu'il eût été préférable d'étendre la région de la Guinée inférieure jusqu'à la limite est du bassin du Congo, plutôt que de la restreindre au Bas-Congo.

C'est la raison pour laquelle nous avons conservé la division adoptée dans la première édition de cet ouvrage.

La division de l'Etat du Congo en sept régions botaniques est empruntée à M. De Wildeman (1).

Nous nous sommes également ralliés à sa manière de voir en ce qui concerne les divers aspects sous lesquels apparaît la végétation de l'Afrique tropicale, et en particulier du Congo. Nous y avons ajouté la *savane boisée*, d'après les données de M. J. Cornet et de von Wissmann. Il ne faut d'ailleurs pas attacher une importance exagérée aux mots *savane* et *brousse* : beaucoup d'auteurs emploient indifféremment l'un ou l'autre pour désigner tout ce qui n'est pas forêt.

Il serait à souhaiter qu'on se mît d'accord pour adopter *ne varietur* une définition précise de ces deux aspects de la végétation.

Pour notre examen de la flore nous avons également consulté l'Etude sur la flore du Congo par Durand et Shinz, la notice botanique de Dupont dans ses Lettres sur le Congo et les consciencieux travaux de Dewèvre sur les plantes utiles du Congo.

A notre avis, il n'est pas nécessaire d'encombrer une géo-

---

(1) E. De Wildeman, *Les plantes tropicales de grande culture*. Bruxelles 1908.

graphie d'une foule de noms latins qui ne disent rien à l'esprit et n'ont d'intérêt que pour les spécialistes. Nous nous sommes bornés à citer les grandes divisions botaniques et, dans la foule des végétaux existants, les principaux parmi ceux qui présentent une utilité.

Carte botanique.

La limite de la forêt est indiquée d'après de nombreux croquis et renseignements soit écrits, soit oraux, donnés *pour le nord :* par Dr Brumpt, collaborateur scientifique attaché à la mission du Bourg de Bozas.

Pour l'est : Stuhlmann; Sir H. Johnston, *The Uganda Protectorate,* London 1902; Borms, *Belgique coloniale,* 1902, p. 259.

Pour le sud : Mission Emile Laurent, 1903-1904; von Wissmann, *Im innern Afrikas,* Leipzig 1888; Livingstone, *Explorations dans l'intérieur de l'Afrique australe* (traduit de l'anglais), Paris 1881 ; Dryepondt, directeur de la Compagnie du Kasai, et un grand nombre de renseignements tirés des rapports fournis par des agents de cette compagnie.

Pour l'ouest (y compris le Congo français) : A. Breschin. La forêt équatoriale au Congo, *La Géographie,* 1902; Bolle, directeur de sociétés au Congo français.

Règne animal.

La préface est rédigée d'après Wallace et le docteur Alph. Dubois (*Notice sur l'Etat indépendant du Congo,* Exposition de Liége, 1905).

Le règne animal proprement dit est décrit presque entièrement d'après les voyageurs précédemment cités. Nous avons aussi mis à contribution les études de M. Meuleman parues dans le *Catalogue officiel de l'Etat du Congo à l'Exposition de Bruxelles* 1897.

Règne minéral.

Est rédigé de la même façon.

Citons en particulier Briart, Stuhlmann, Buttgenbach et surtout Cornet, dont nous avons consulté les remarquables travaux.

CLIMAT.

Le rapport du Congrès national d'hygiène et de climatologie médicale de la Belgique et du Congo (Bruxelles 1898) a servi de base à la rédaction de ce chapitre.

Ce rapport fut l'œuvre d'une commission composée de MM. A. Bourguignon, J. Cornet, C. Dryepondt, Ch. Firket, A. Lancaster et E. Meuleman.

Certaines parties concernant le climat sont le résumé des études si complètes de MM. les docteurs Dryepondt, Dupont, Heylen et Poskin, parues dans le *Bulletin de la Société d'études coloniales,* la *Belgique coloniale* et le *Bulletin de la Société royale belge de géographie.*

Parmi les publications et ouvrages mis à contribution, il convient de citer également :

Dr Allart, *Mouvement géographique;* R. Radau, *Le rôle des vents dans les climats chauds.*

La première édition contenait une carte des hauteurs de pluie d'après Sievers. Nous avions réuni les éléments utilisables pour reviser cette carte nécessairement incomplète en l'état des connaissances climatologiques à cette époque, mais les documents dont nous disposions furent insuffisants pour donner un résultat sérieux. Le département de l'intérieur s'occupe de mettre en œuvre, sous forme d'un travail d'ensemble, les données climatologiques fournies par un grand nombre d'agents au Congo; ce travail n'est pas suffisamment avancé pour que nous puissions en tirer profit, mais nous nous réservons d'y puiser les éléments d'une carte du climat pour une édition subséquente.

GÉOGRAPHIE POLITIQUE ET ADMINISTRATIVE

En abordant la géographie politique nous rentrons dans les sentiers battus; alors que dans la partie précédente nous pouvions présenter un aperçu nouveau, attirer l'attention sur quelques points jusqu'alors plus ou moins négligés, le mérite du travail ne peut consister ici qu'à rendre le plus fidèlement possible les grandes lignes politiques et administratives, en allant puiser aux sources les plus récentes et les plus certaines.

Tel qu'il est rédigé, ce livre doit être considéré comme une partie d'un cours de géographie coloniale appliqué à l'examen d'un cas concret : le Congo. Dans ces conditions, il était nécessaire de détailler suffisamment les divers rouages administratifs pour que le lecteur pût se rendre compte de l'esprit qui préside au gouvernement de cet Etat, de la façon dont sont réglés les attributions et les rapports des fonctionnaires entre eux, de la manière dont fonctionnent les divers services, des grands résultats acquis dans une colonie qui doit entièrement se suffire à elle-même.

Notre livre s'adresse aussi au public; aussi avons-nous, pour le mettre à la portée de tous, fait précéder chacun des chapitres essentiels des généralités nécessaires pour faire ressortir les principes généralement admis en politique et en organisation coloniales.

Les généralités sur les colonies sont empruntées en majeure partie à Joseph Chailley et à Edouard Petit, *Organisation des colonies françaises;* nous y avons ajouté quelques idées personnelles.

Les détails politiques et administratifs sont tirés du *Bulletin officiel de l'Etat*, du dernier *Recueil administratif* du département de l'intérieur, élaboré par le secrétaire général de ce département, M. le major Liebrechts (15 juillet 1907), des *Recueils mensuels* du gouvernement local. Ils sont complétés par de nombreux renseignements qui nous ont été fournis obligeamment par des agents du gouvernement central.

La mission éminemment civilisatrice du service des cultes nous a engagés à lui attribuer un paragraphe spécial; la plupart des renseignements que nous donnons à ce sujet sont tirés de l'*Almanach du Congo pour 1908*, publié par les prêtres du Sacré-Cœur de Jésus.

M. le major Stassin a bien voulu revoir le chapitre de la force publique et M. Lauwers, professeur au Cours colonial et greffier au Conseil supérieur, s'est chargé de jeter un coup d'œil sur celui de la justice.

Nous nous sommes étendus, un peu à dessein, sur ces deux services, pour mettre en relief toutes les mesures prises par le gouvernement en vue d'assurer la garantie du droit et pour montrer les traits principaux d'une organisation militaire souvent citée en exemple.

En ce qui concerne les questions budgétaires nous avons fait appel à la compétence de M. le trésorier général Pochez et le chapitre des finances a été revu par M. le directeur De Keyser.

La dette publique est celle donnée par le *Rapport des mandataires du gouvernement belge à la Chambre des représentants.*

Pour le calcul des budgets comparés nous avons admis les valeurs suivantes : livre anglaise = 25 fr.; florin = 2 fr. 10; milreis = 5 fr. 65.

La brochure sur l'*Assistance médicale indigène* dans l'Etat indépendant du Congo nous a facilité la rédaction du chapitre du service sanitaire.

Nous avons classé les districts en deux catégories : ceux du Bas-Congo et ceux du Haut-Congo, la subdivision en districts de pleine occupation et districts d'occupation militaire, adoptée dans la première édition, n'ayant plus de raison d'être.

Les chiffres que nous citons sont tirés principalement du *Bulletin officiel de l'Etat indépendant du Congo*, de l'*Almanach du Congo* (Missions), du *Statsman's Year book*, du *Colonial office list*, de l'*Annuaire des colonies françaises*, de l'*Almanach Gotha* et M. F. Jourdier (*Belgique coloniale*).

Cartes.

Carte des cultes. — D'après la carte des emplacements occupés par les missionnaires du Congo, complétée par les renseignements puisés dans l'almanach cité plus haut et dans l'ouvrage de Bentley : *Pioneering in Congo*, et ceux que nous devons à l'obligeance de M. le directeur Kervyn.

Carte politique. — D'après la dernière carte publiée par les soins du gouvernement et sous la direction de M. le secrétaire général Liebrechts.

Les postes sont indiqués d'après la liste officielle des postes de l'Etat, corrigée par des renseignements fournis par des agents du gouvernement central.

GÉOGRAPHIE ÉCONOMIQUE

Ainsi que le professe à la Sorbonne M. Marcel Dubois, le distingué professeur de géographie coloniale, il est non seulement inutile, mais même dangereux, de citer dans les richesses d'une colonie tous les produits qui y croissent ou pourraient y croître. En dispersant ainsi l'attention des planteurs, en leur signalant une foule de produits au milieu desquels il leur est parfois difficile de discerner les meilleurs, on s'expose à voir leur choix s'égarer, à les faire courir au-devant d'un échec et en fin de compte augmenter le nombre des adversaires des colonies.

Il ne faut signaler, en principe, que les produits qui ont fait ressortir leur valeur et garanti leur rapport, à la suite d'une exploitation prolongée, ayant fourni d'une façon constante des résultats avantageux. Ce sont les seuls que le colon pourra cultiver avec la quasi-certitude d'une réussite. Plus tard, lorsque, établi sur les lieux depuis un certain temps, il aura pu voir le capital qu'il a engagé dans l'affaire et le travail qu'il a fourni produire des résultats rémunérateurs, il lui sera loisible d'étudier si d'autres champs sont dignes d'attirer son attention et de solliciter son activité.

Nous n'avons donc pas cité tous les végétaux qui pourraient devenir susceptibles d'exploitation, mais seulement ceux qui, dès maintenant, semblent être d'un rendement favorable. Nous avons cru devoir signaler également ceux qui, comme le café et par suite de circonstances qu'il était impossible de prévoir, n'ont pas répondu aux légitimes espérances qu'on avait fondées sur eux.

Nous avons traité autant que possible ces produits d'après le plan suivant : espèces, culture et aire de dispersion; rapport; avenir. Les cultures et l'aire de dispersion sont seules, il est vrai, du domaine de la géographie pure, mais la géographie coloniale a des exigences spéciales.

Nous avons puisé aux sources les plus autorisées, mais en ne citant que ce qui a trait à la géographie. Les généralités sont extraites de Joseph Chailley et nous y avons joint quelques idées personnelles. La nature du sol et le climat sont tirés des mêmes auteurs que les chapitres analogues de la géographie physique, mais ils sont rédigés au point de vue spécial qui nous occupe.

Exploitation des produits végétaux et animaux. — Forêts. — Les bois sont examinés d'après la brochure de M. Fichefet et d'après E. De Wildeman, conservateur au jardin botanique de l'Etat à Bruxelles, *Notice sur les plantes utiles ou intéressantes de la flore du Congo*, v. I, fasc. II, Bruxelles 1904. Nous avons consulté également Fusch, *Le Mayumbe*, publication de l'État indépendant du Congo, n° 10, Bruxelles 1893.

Gommes végétales. — L'introduction est tirée en partie d'une causerie donnée par le Ct Christiaens au Cercle africain.

Le classement des gommes au point de vue géographique est emprunté au Dr Robert Henriques, *Der Kautschuk und seine Quellen*, Dresde 1899. Nous avons également consulté à ce sujet Th. Seeligmann et G. Lomy. Torrilbon et H. Falconnet, *Le caoutchouc et la gutta-percha*, Paris 1896.

Il est fort difficile, sinon impossible, de donner une

nomenclature exacte des dénominations commerciales des différents *caoutchoucs ;* celles-ci, en effet, sont très variables, et des caoutchoucs provenant des mêmes végétaux ou des mêmes contrées peuvent changer de nom simplement parce que le mode de préparation a varié.

L'étude des espèces de caoutchouc et de leur répartition est faite d'après le *Carnet de route d'Émile Laurent* (24 septembre 1903 au 30 janvier 1904). *Mission Émile Laurent*, par E. De Wildeman, Bruxelles 1907; *Les lianes caoutchoutifères de l'État indépendant du Congo*, par E. De Wildeman et L. Gentil, Bruxelles 1904.

MM. Pavoux et Dewèvre ont également été consultés.

Les prix des différentes espèces de caoutchouc sont tirés de la *Revue annuelle par les courtiers Grisar et Cie* pour l'année 1906. Pour les caoutchoucs d'importance secondaire nous avons utilisé les *Tableaux des ventes de Bunge et Cie*, à Anvers.

Les quantités de caoutchouc des diverses espèces fournies par district ont été obtenues en totalisant les tableaux des ventes pendant un an. Notre classification des districts s'appuie sur ce travail.

Le tableau comparatif des valeurs du caoutchouc en 1895, 1906 et 1907 est tiré des mêmes documents.

Le chiffre donné pour le nombre de plants que comptaient les champs d'essences au 1er janvier 1907 est puisé dans une note de MM. Grisar et Co.

L'indication des grands centres de culture d'essences à caoutchouc est tirée du Rapport des secrétaires généraux au Roi-Souverain, Bruxelles, 22 mai 1907 (*Bulletin officiel*). Nombre de renseignements de détail insérés dans cet ouvrage sont d'ailleurs puisés dans ce même rapport, mais il eût été trop long de les signaler tous.

Les importations en Belgique du caoutchouc et d'une façon générale de tous les produits pour lesquels nous donnons des chiffres à ce sujet sont tirés du *Tableau général du commerce avec les pays étrangers pendant l'année 1906* publié par le ministère des finances.

De même le *Bulletin officiel de l'État du Congo* nous renseigne sur les exportations de la plupart des produits cités. L'importation du caoutchouc sur les principaux marchés du monde est celle donnée dans la revue des courtiers Grisar et Co et la production mondiale nous a été fournie par O. Warburg, *Tropenpflänzer*.

Les prix du *copal*, en 1906, revue annuelle Grisar.

Les prix de l'*ivoire* sont tirés de la revue annuelle des courtiers H. et G. Willaert pour 1907.

La majeure partie des renseignements sur le *cacao* sont dus à l'obligeance de M. l'ingénieur D. Diderrich; quelques-uns d'entre eux sont tirés de M. De Wildeman, *Les plantes tropicales de grande culture*. C'est dans ce même volume que nous puisons les chiffres de la production mondiale.

En ce qui concerne le *café*, nous avons cru intéressant de rappeler la situation des cultures de cette plante au moment où, comme nous l'avons dit, celles-ci commençaient à prendre de l'importance; cette partie est, en somme, le résumé du chapitre correspondant de la première édition.

La production mondiale est donnée par M. De Wildeman, *Les plantes tropicales de grande culture*.

Nombre d'informations sur le *tabac* sont tirées du Rapport au Roi : Les tabacs au Congo, par MM. V. A. Debuck frères. Nous les avons complétées par celles que nous a fournies M. Kindt, directeur du jardin colonial de Laeken.

Le chapitre de la *canne à sucre* est inspiré surtout du livre de Léon Colson : *Culture et industrie de la canne à sucre aux îles Hawaï et à la Réunion* (Paris 1905).

Nous avons tenu à donner pour le rapport l'exemple d'un pays de production moyenne (Réunion) à côté de celui d'un pays de forte production (Hawaï).

Pour l'étude du *coton* nous avons consulté Lalière : *Le Coton* (Paris 1906), le *Bulletin officiel* (mai 1907) et les renseignements de l'Office colonial (1907).

En ce qui concerne les plantes oléagineuses, l'*élaïs* nous fournit l'occasion de détruire une ancienne légende qui disait : « le palmier vient mourir sur le Bomokandi ».

« On le rencontre, en effet, » lisons-nous dans un article de la *Belgique coloniale*, signé par le commandant De Bauw, « sur la rive droite de cette rivière et même à Niangara. Mais, chose curieuse, si du Bomokandi, dans les environs de son confluent avec la rivière Makango, on se dirige vers la forêt Ababua, on ne rencontre pas de palmiers; de même à Bima, les palmiers sont aussi nombreux qu'à l'Equateur, alors qu'à Libokwa, à quatre heures de marche seulement au sud de cette localité, on n'en trouve plus de trace. »

L'aire de dispersion de l'*arachide* nous est donnée par E. De Wildeman : *Notices sur des plantes utiles ou intéressantes de la flore du Congo* (vol. I, fasc. III; Bruxelles 1905). Le rendement industriel est puisé à la même source : celui de 28 à 32 p. c. que nous donnons dans le texte est celui des arachides en cosses; décortiquées, ces dernières donnent de 36 à 46 p. c.; quant au pourcentage d'huile totale, toujours bien entendu pour l'arachide du Congo, il est évalué à 49 p. c.

Le traitement industriel du *manioc* est décrit par Colson et Chatel : *Culture et industrie du manioc.*

Le chapitre du *bétail* a été rédigé en prenant pour base les publications de M. le vétérinaire Meuleman : *L'Elevage des animaux domestiques au Congo* (*Bulletin de la Société d'études coloniales*, Bruxelles 1895).

Le Bétail au Congo : Bœuf et Zébus (*Ibid.*, 1907).

Les renseignements financiers sur le centre de l'élevage de Mateba sont extraits du *Recueil financier* (Bruxelles 1907).

Les *industries extractives* sont étudiées d'après Cornet : *Les Gisements métallifères du Katanga* (*Mémoires de la Société des sciences, lettres et arts du Hainaut*, 1894). H. Buttgenbach, directeur du service des mines au département des finances de l'Etat indépendant du Congo : *Les Gisements de cuivre du Katanga* (*Annales de la Société géologique de Belgique*, t. XXXI; Liége 1903-04). *Le Gîte auro-platinifère*, de Ruwe (*Ibid.* 1905). Rapport sur le travail de M. J. Cornet : *Les Dislocations du bassin du Congo*, tome Ier : Le Graben de l'Upemba (*Ibid.*, tome XXXII, 1905). L'Avenir industriel de l'Etat indépendant du Congo (Liége 1906). La Cassitérite du Katanga (*Annales de la Société géologique de Belgique*, t. XXXIII, 1906). Stuhlmann : *Mit Emin Pacha in's Herz von Africa.* Dupont : *Lettres sur le Congo;* Ponthier, Van Gele, etc. Nous avons également consulté, pour les mines de Mindouli et de Boko-Songo, les travaux des ingénieurs français Bel et Lucas.

En ce qui concerne les *sources thermales*, l'étude générale en a été faite d'après Cornet : Sur la distribution des sources thermales au Katanga (*Annales de la Société géologique de Belgique*, tome XXXIII, Mémoires, 1906); la source de Pakundi est citée d'après Cameron; la source voisine de Nyangwe est celle qu'a visitée le docteur Hinde.

Dans les *statistiques commerciales* nous ne tenons compte que du chiffre du *commerce spécial*, le seul qui doive entrer en ligne de compte dans l'évaluation du chiffre d'affaires d'un pays. Les chiffres sont tirés du *Bulletin officiel de l'Etat indépendant du Congo.* La note concernant la répartition des firmes établies au Congo est extraite de la brochure de

Ferdinand Goffart : *La Mise en valeur du Congo* (Bruxelles 1907).

Le *commerce d'importation* est rédigé d'après les renseignements statistiques du *Bulletin officiel.*

Quant aux *voies de communications et de pénétration*, elles sont étudiées d'après divers articles et renseignements épars; les communications par vapeurs, notamment, sont la coordination des renseignements donnés par M. Renotte, chef de bureau à l'Etat du Congo.

Les renseignements sur les *industries nouvelles* sont tirés de sources diverses. En ce qui concerne plus spécialement les *poteries*, nous avons utilisé les *Annales du Musée du Congo* (*Notes analytiques sur les collections ethnographiques du Musée du Congo.* Tome II, Les Industries indigènes. Fasc. I, La Céramique (Bruxelles, mai 1907).

Les *communications extérieures* et *intérieures* sont le résultat de la réunion d'une foule de renseignements dont il serait trop long d'énumérer les sources.

Signalons, cependant, que les chiffres relatifs aux frets et aux durées de trajets nous ont été donnés par l'Office colonial.

Le mouvement des ports est fourni dans le *Bulletin officiel.*

Les parties navigables des affluents du Congo sont données d'après les renseignements puisés dans les rapports des capitaines de steamers et des agents de l'Etat.

Le nombre de steamers qui composent la flottille de l'Etat, des sociétés et des missions, ainsi que la désignation de leurs ports d'attache, nous ont été fournis par M. Renotte.

Les routes du Katanga ont été étudiées d'après des renseignements puisés dans les dossiers du Comité spécial du Katanga, que M. le secrétaire général Droogmans nous a obligeamment autorisés à consulter; celles de l'Uele, de la Province orientale, du Lualaba-Kasai et du Kwango ont été obtenues par l'étude de dossiers dont nous devons la communication à l'obligeance de M. le major Lebrun.

La longueur du chemin de fer des Cataractes est celle donnée par M. l'ingénieur Goffin, et les données sur les chemins de fer des grands lacs nous ont été fournies par le commandant Le Marinel.

Cartes.

Du cacao. — Nous nous sommes bornés à donner une carte de l'extension des cultures de cacao dans la partie de l'Etat où celles-ci ont acquis une grande importance, c'est-à-dire au Mayumbe.

Nous devons à l'obligeance de M. l'ingénieur Diderrich, directeur de plantations au Mayumbe, les renseignements que nous y avons indiqués.

Du caoutchouc. — D'après les tableaux des résultats des ventes par inscription du caoutchouc à Anvers (Bunge et C°), complétés par des renseignements divers puisés notamment dans Laurent, De Wildeman, etc.

Voici la base que nous avons adoptée :

Grande production : plus de 600 tonnes.
Moyenne production : plus de 90 tonnes.
Petite production : moins de 90 tonnes.

Du bétail. — Les postes d'élevage sont indiqués d'après les renseignements fournis par des agents de l'administration centrale.

Le grand mélange des races ne nous a plus permis d'indiquer leur aire de dispersion.

Des mines. — D'après Cornet et Buttgenbach, *Rapport des délégués au C. S. du Katanga*, et divers déjà cités.

Pour les colonies limitrophes : à l'est, Max Moisel, *Karte von Deutsch Ost-Africa* (Berlin 1907).

Pour la Rhodésie : L. A. Wallace, *Geographical Journal* (London 1907) et E. de Renty, *La Rhodésie* (Paris 1907).

Pour l'Angola : G. Monteiro, *Angola and the river Congo* (London 1875).

Les voies de communication intérieures. — D'après divers renseignements pour le Congo même.

Pour les colonies voisines, partie navigable du Coanza : G. Monteiro, *Angola and the river Congo* (London 1875).

Partie navigable de la Sanga : J. Rouget, *Expansion coloniale du Congo français* (Paris 1906).

Télégraphe à l'est du Tanganika : Max Moisel, *Karte von Deutsch Ost-Africa* (Berlin 1907).

Routes Entebbe-Butiaba, etc., *Outline Maps of Uganda. Intelligence division* (War Office 1869).

Les moyens de pénétration dans la partie orientale du Congo, d'après des renseignements divers.

GÉOGRAPHIE HISTORIQUE

Nous avons consulté, pour décrire les découvertes des Portugais au XVe siècle, l'ouvrage de MM. Charles de Lannoy et Herman Van der Linden, *Histoire de l'expansion coloniale des peuples européens. Portugal et Espagne* (jusqu'au début du XIXe siècle) (Bruxelles 1907).

Les premières explorations qui suivirent cette découverte sont décrites d'après la *Nouvelle géographie universelle (Afrique méridionale)*, Elisée Reclus (Paris 1888).

Quant aux autres, elles sont empruntées à une foule de relations de voyages et documents originaux dont l'énumération serait fastidieuse. En ce qui concerne plus particulièrement les renseignements sur les missions envoyées récemment au Congo, nous les devons à l'obligeance de M. Arnold, directeur général du service du contrôle et du département des finances, et M. Kervyn, directeur du département des affaires étrangères.

Qu'il nous suffise de dire que, pour cette partie comme pour tout notre ouvrage, nous avons pris comme règle de nous adresser aux meilleures sources.

TABLE DES MATIÈRES

Pages.

Cartes.

Pages.

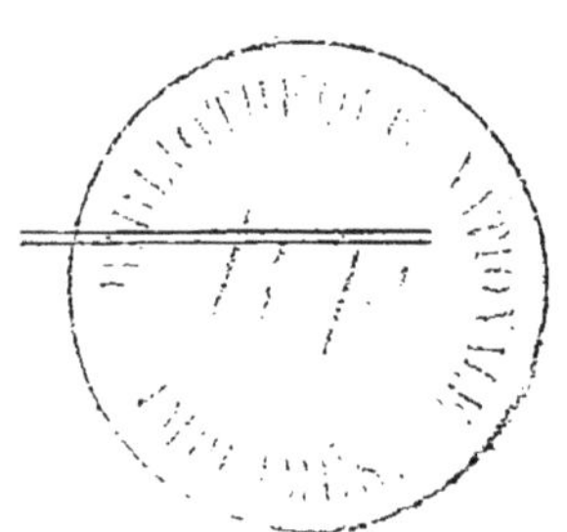

IMPRIMÉ PAR
ÉTABLISSEMENTS ÉMILE BRUYLANT
67, RUE DE LA RÉGENCE, 67
BRUXELLES

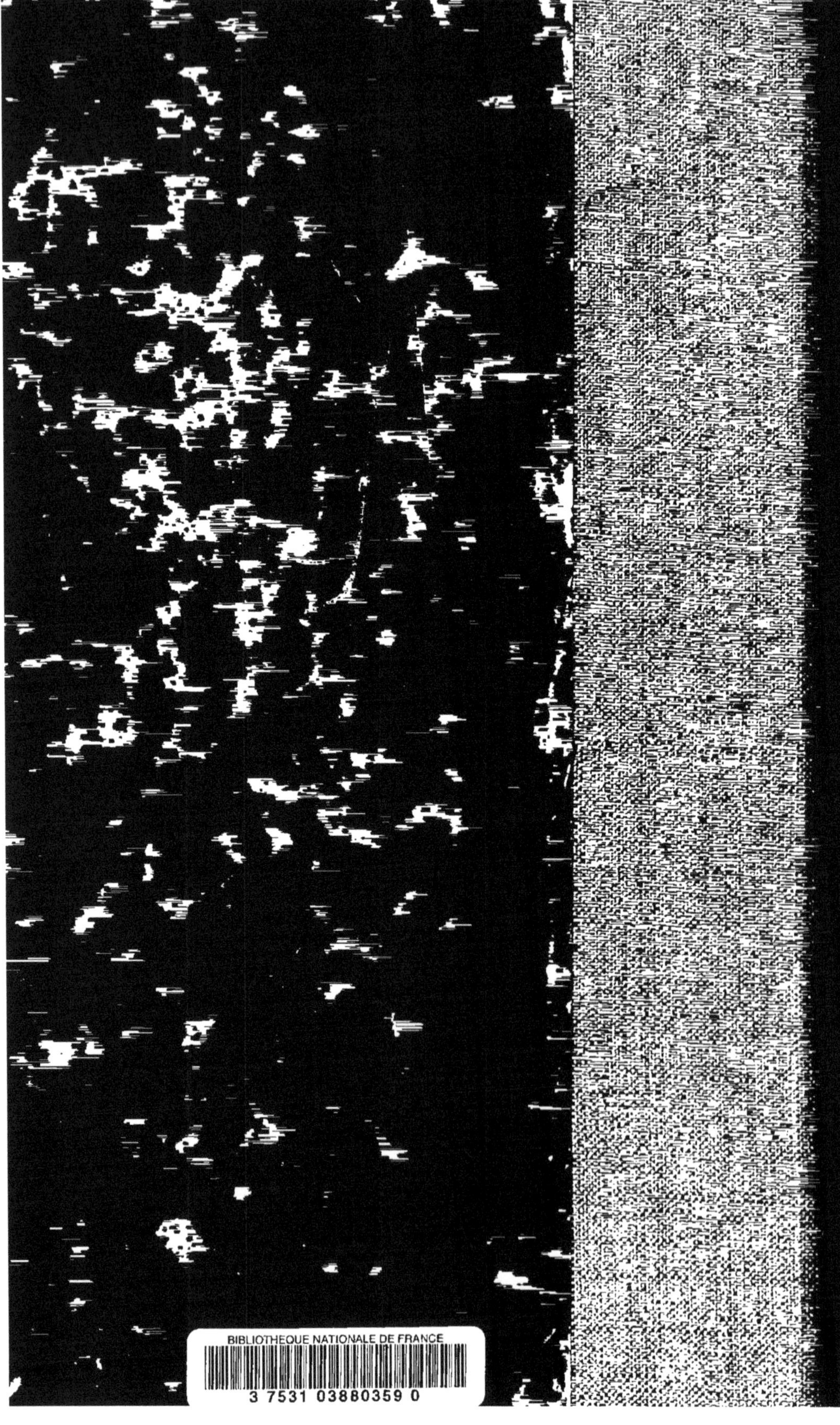

www.ingramcontent.com/pod-product-compliance
Ingram Content Group UK Ltd.
Pitfield, Milton Keynes, MK11 3LW, UK
UKHW021924210726
13857UKWH00008B/126